Technik im Fokus

Technik im Fokus

Photovoltaik – Wie Sonne zu Strom wird
Wesselak, Viktor; Voswinckel, Sebastian, ISBN 978-3-642-24296-0

Komplexität – Warum die Bahn nie pünktlich ist
Dittes, Frank-Michael, ISBN 978-3-642-23976-2

Kernenergie – Eine Technik für die Zukunft?
Neles, Julia Mareike; Pistner, Christoph (Hrsg.), ISBN 978-3-642-24328-8

Energie – Die Zukunft wird erneuerbar
Schabbach, Thomas; Wesselak, Viktor, ISBN 978-3-642-24346-2

Weitere Bände zur Reihe finden Sie unter
http://www.springer.com/series/8887

Julia Mareike Neles · Christoph Pistner (Hrsg.)

Kernenergie

Eine Technik für die Zukunft?

 Springer Vieweg

Herausgeber
Julia Mareike Neles
Christoph Pistner
Darmstadt, Deutschland
Kernenergiebuch@oeko.de

Konzeption der Energie-Bände in der Reihe Technik im Fokus:
Prof. Dr.-Ing. Viktor Wesselak, Institut für Regenerative Energiesysteme,
Fachhochschule Nordhausen
Wir danken der Stiftung Zukunftserbe für die freundliche Unterstützung.

stiftung zukunft**erbe** ˙˙˙

ISSN 2194-0770
ISBN 978-3-642-24328-8   ISBN 978-3-642-24329-5 (eBook)
DOI 10.1007/978-3-642-24329-5

Die Deutsche Nationalbibliothek verzeichnet diese Publikation in der Deutschen National-
bibliografie; detaillierte bibliografische Daten sind im Internet über http://dnb.d-nb.de ab-
rufbar.

Lektorat: Eva Hestermann-Beyerle, Springer DE
Unter Mitarbeit von: Katja Kukatz (Öko-Institut e.V.),
                       Monika Klingemann (Lektoratskontor)
Einbandentwurf: WMXDesign GmbH, Heidelberg

Gedruckt auf säurefreiem und chlorfrei gebleichtem Papier

Springer Vieweg ist eine Marke von Springer DE.
Springer DE ist Teil der Fachverlagsgruppe Springer Science+Business Media
www.springer.com

Einleitung

Im März 2011 erschütterten die Kernschmelzen von Fukushima, ausgelöst von einem Erdbeben und einem dadurch verursachten Tsunami, die Welt. In vielen Ländern hat das Ereignis dazu geführt, die zukünftige Rolle der Kernenergie zu überdenken – mit unterschiedlichen Ergebnissen. Vor diesem Hintergrund will das vorliegende Buch seinen Leserinnen und Lesern eine kompakte und verständliche Einführung in das Thema Kernenergie geben, damit sie die Entwicklungen nachvollziehen können. Es geht dabei nicht nur darum, welche Rolle die Kernenergie weltweit zur Energieerzeugung spielt, sondern auch um die großen Problemfelder der Kernkraft: Reaktorsicherheit, die Entsorgung radioaktiver Abfälle oder die Frage, welche Rolle die Kernenergienutzung bei der Weiterverbreitung von Kernwaffen spielt.

So führen die Autoren zunächst in die Grundlagen der Kernspaltung ein und erläutern die Entstehung radioaktiver Strahlung sowie ihre Wirkung auf den Menschen. Daran schließt sich ein Überblick über die Funktionsweise verschiedener Reaktortypen an, mit Schwerpunkt auf den weltweit am häufigsten eingesetzten Leichtwasserreaktoren. Aber auch derzeit in Entwicklung befindliche Reaktorkonzepte, kommen zur Sprache. Ein besonderer Schwerpunkt liegt auf dem Thema Sicherheit. Es wird das heutige Sicherheitskonzept von Kernkraftwerken erläutert. Beispiele aus der Betriebserfahrung zeigen aber auch die Grenzen der Reaktorsicherheit auf.

Tschernobyl und Fukushima stellen beide katastrophale Unfälle nach Einstufung der Internationalen Atomenergie-Organisation dar. Die Abläufe der beiden Reaktorkatastrophen werden dargestellt. Dabei wird auch ein Fokus auf die Auswirkungen und die langfristigen Konsequenzen der Unfälle gelegt.

Neben der Reaktorsicherheit spielt der Zusammenhang zwischen der zivilen Nutzung der Kernenergie und dem Zugriff von Staaten auf Kernwaffen eine wichtige Rolle. Das Problem des Dual-Use, also der Möglichkeit, Technik und Material aus zivilen Kerntechnikprogrammen für Kernwaffen umzunutzen, begleitet die Kernenergieentwicklung bereits seit ihren Anfängen. Dies sorgt auch heute immer wieder für internationale Spannungen, wie die Beispiele des Iran oder Nordkoreas deutlich machen.

Ebenfalls untrennbar mit der Kernenergie verbunden sind die Technologien, die vor und nach dem Reaktorbetrieb eingesetzt werden: Am Anfang der Kernenergienutzung steht die Urangewinnung mit ihren erheblichen Umweltauswirkungen in den uranfördernden Ländern. Den Endpunkt bildet die heiß diskutierte Endlagerung der radioaktiven Abfälle.

Die genannten Themen sind eingebettet in einen kurzen Rückblick auf die Geschichte der Kernenergie, der auch die gesellschaftliche Diskussion insbesondere durch die Anti-AKW-Bewegung miteinschließt, und einen Blick in die Zukunft. Darin werden die Fragen angesprochen, ob Kernenergie wirklich eine billige Energiequelle darstellt und wieweit sie zum Klimaschutz beiträgt.

Der inhaltliche Schwerpunkt liegt jeweils auf der Situation in Deutschland, erweitert um einen internationalen Blickwinkel, der Beispiele aus anderen Ländern ergänzt.

Um dem Anspruch des Buches gerecht zu werden, einen breiten Überblick zum Thema zu bieten, beschränkt es sich auf die wichtigsten Fragen und Argumente zur Bewertung der Kernenergie. Für eine Vertiefung in die Einzelheiten der komplexen Technik sowie die weiteren diskutierten Themenfelder wird den interessierten Leserinnen und Lesern eine Auswahl an weiterführender Literatur genannt.

Wir möchten uns bei der Stiftung Zukunftserbe bedanken, die die Entstehung des Buches sehr gefördert hat.

Die Herausgeber
Julia Mareike Neles
Christoph Pistner

Liste der Autoren

Julia Mareike Neles
Dr. Christoph Pistner
Stefan Alt
Christian Küppers
Stephan Kurth
Gerhard Schmidt
Öko-Institut e.V.
Büro Darmstadt
Rheinstraße 95
64295 Darmstadt
Kernenergiebuch@oeko.de

Dr. Matthias Englert
Interdisziplinäre
Arbeitsgruppe
Naturwissenschaft,
Technik und Sicherheit
(IANUS)
Technische Universität
Darmstadt
Alexanderstr. 35
64289 Darmstadt
englert@ianus.tu-darmstadt.de

Inhaltsverzeichnis

1 Rückblick – Von den Anfängen bis heute 1
Julia Mareike Neles
1.1 Kurze Geschichte der Kernenergie 2
1.2 Kernenergie in Deutschland –
Entwicklung und Ausstieg 5
1.3 Der gesellschaftliche Diskurs um die Kernenergie 9
1.4 Bestand und Alter der heutigen Kernkraftwerke 16
Weiterführende Literatur 19

**2 Energie der Kerne – Physikalische Grundlagen
der Kernenergienutzung** 21
Christoph Pistner
2.1 Physikalische Kräfte 22
2.2 Aufbau des Atoms 22
2.3 Kernmassen und Bindungsenergie 25
2.4 Kernspaltung 29
2.5 Kettenreaktion 31
2.6 Moderation von Neutronen 34
2.7 Energiefreisetzung bei der Kernspaltung 36
2.8 Spaltprodukte, Plutonium und Transurane 37
Weiterführende Literatur 39

**3   Radioaktivität – Strahlung und ihre Folgen
     für den Menschen**.. 41
Christian Küppers
3.1   Arten der Strahlung und ihre Entstehung........................... 42
      3.1.1   Alpha-Strahlung.. 44
      3.1.2   Beta-Strahlung... 47
      3.1.3   Gamma-Strahlung.. 48
      3.1.4   Neutronen-Strahlung.. 49
      3.1.5   Weitere Strahlungsarten....................................... 50
3.2   Strahlendosis und biologische Wirkung............................ 51
      3.2.1   Dosisgrößen.. 51
      3.2.2   Wirkungspfade.. 53
      3.2.3   Strahlenwirkung.. 55
      3.2.4   Strahlenrisiko.. 58
Weiterführende Literatur... 61

**4   Funktionsweise – Von Kernreaktoren
     und Reaktorkonzepten** 63
Christian Küppers, Christoph Pistner
4.1   Charakterisierung von Reaktorkonzepten 64
4.2   Leichtwasserreaktoren.. 65
      4.2.1   Druckwasserreaktoren 65
      4.2.2   Siedewasserreaktoren 71
4.3   Weitere Reaktortypen... 73
      4.3.1   Schwerwassermoderierte Reaktoren....................... 73
      4.3.2   Gasgekühlte, graphitmoderierte Reaktoren............. 74
      4.3.3   Leichtwassergekühlte, graphitmoderierte
              Reaktoren.. 75
      4.3.4   Schnelle Brüter 76
4.4   Radioaktivität im Kernkraftwerk 78
4.5   Fortgeschrittene Reaktorkonzepte.................................... 81
4.6   Zukünftige Reaktortypen 82
      4.6.1   Hochtemperaturreaktoren 83
      4.6.2   Generation IV 85
Weiterführende Literatur... 89

5 Reaktorsicherheit – Sicherheitskonzepte und Unfallrisiko 91
Christoph Pistner, Christian Küppers, Stephan Kurth
5.1 Nachzerfallswärme und Kernschmelzproblematik.............. 92
5.2 Drei Schutzziele 94
5.3 Barrieren 95
5.4 Sicherheitsebenen... 96
5.5 Das Sicherheitssystem.. 101
5.6 Grundprinzipien der Konstruktion 108
5.7 Besondere Aspekte der Reaktorsicherheit........................ 111
    5.7.1 Alterung.. 111
    5.7.2 Mensch – Technik – Organisation........................ 112
    5.7.3 Terrorismus und Kriegsfolgen............................. 114
5.8 Maßnahmen bei Unfällen... 115
Weiterführende Literatur.. 120

**6 Tschernobyl und Fukushima – Unfallablauf
und Konsequenzen...** 121
Christoph Pistner, Christian Küppers
6.1 Der Reaktorunfall in Tschernobyl................................... 122
    6.1.1 RBMK-Reaktoren und ihre Besonderheiten............ 122
    6.1.2 Unfallablauf und Ursachen 123
6.2 Die Folgen von Tschernobyl... 125
6.3 Der Reaktorunfall in Fukushima..................................... 126
    6.3.1 Aufbau der Anlage... 126
    6.3.2 Unfallablauf und Ursachen 129
    6.3.3 Zustand nach einem Jahr 132
6.4 Radiologische Auswirkungen von Fukushima.................... 134
    6.4.1 Die ersten Tage nach dem Unfall.......................... 134
    6.4.2 Eintrag radioaktiver Stoffe in den Pazifik 137
    6.4.3 Kontaminationen von Trinkwasser
        und Lebensmitteln 138
    6.4.4 Die Zukunft der Region Fukushima 139
6.5 Fazit... 141
Weiterführende Literatur.. 142

7 Urangewinnung – Von der Mine bis ins Kraftwerk............ 143
Julia Mareike Neles, Gerhard Schmidt
7.1 Herkunft und Bedarf an Natururan.............................. 144
7.2 Verfahren der Urangewinnung................................... 148
7.3 Weiterverarbeitung und Anreicherung........................... 149
7.4 Umwelteffekte.. 152
    7.4.1 Tailings 153
    7.4.2 Abraumhalden und Gruben............................. 155
    7.4.3 Prozessanlagen...................................... 156
    7.4.4 Umwelteffekte der In-situ-Laugung 157
7.5 „Die Wismut" in Deutschland................................... 158
Literatur 159

**8 Radioaktive Abfälle – Vom Kraftwerk
bis zur Endlagerung**.. 161
Gerhard Schmidt, Julia Mareike Neles
8.1 Abfallklassifizierungen 162
8.2 Radioaktive Abfälle aus Kernkraftwerken....................... 164
8.3 Radioaktive Abfälle aus der Wiederaufarbeitung 167
8.4 Behandlung und Zwischenlagerung............................... 169
8.5 Endlagerung 172
    8.5.1 Ziele, Prinzipien und Funktionsweise................ 172
    8.5.2 Endlagerprojekte in Deutschland..................... 174
    8.5.3 Endlager Konrad – Annahmebedingungen................ 177
    8.5.4 Der Standort Gorleben............................... 179
    8.5.5 Endlager für wärmeentwickelnde Abfälle
           in Deutschland 180
    8.5.6 Internationaler Stand............................... 181
    8.5.7 Alternativen zur Endlagerung........................ 184
Weiterführende Literatur.. 187

9 Kernwaffen – Das Zusammenspiel von Kernenergienutzung und Atombombe.................... 189
Matthias Englert
9.1 Kernenergie und Kernwaffen..................... 190
    9.1.1 Nukleare Nichtverbreitung 190
    9.1.2 Überwachung ziviler Nuklearenergienutzung 192
    9.1.3 Dual-Use.................... 194
9.2 Kernwaffenrelevante Materialien.................... 196
    9.2.1 Hochangereichertes Uran.................... 196
    9.2.2 Plutonium.................... 197
9.3 Die Funktionsweise von Kernwaffen.................... 198
9.4 Pfade zur Bombe.................... 201
    9.4.1 Urananreicherung und Bestände.................... 202
    9.4.2 Plutoniumproduktion und Bestände.................... 204
9.5 Perspektiven der nuklearen Nichtverbreitung.................... 206
Literatur 208

10 Die Zukunft der Kernenergie – Kosten, Klimaschutz und internationale Entwicklungen 209
Julia Mareike Neles, Stefan Alt, Christoph Pistner
10.1 Die Kosten der Kernenergie.................... 210
    10.1.1 Investitionskosten 211
    10.1.2 Weitere Kostenfaktoren 213
10.2 Das Argument des Klimaschutzes.................... 216
10.3 Konsequenzen aus Fukushima 220
Weiterführende Literatur.................... 223

Stichwortverzeichnis 225

Rückblick – Von den Anfängen bis heute

1

Julia Mareike Neles

Zusammenfassung

Zu Beginn der zivilen Kernenergienutzung in den 1950er- und 1960er-Jahren herrschte eine große Euphorie. So wurden tausende Kernkraftwerke für die nahe Zukunft prognostiziert. Spätestens seit den 1970er-Jahren wurde die Kernenergie aber auch kritisch diskutiert. In zahlreichen Ländern formierten sich Anti-Atomkraft-Bewegungen. Mit den Reaktorkatastrophen von Tschernobyl und Fukushima erhielten deren Ziele und Argumente auch in Deutschland in der breiten Gesellschaft mehr und mehr Gewicht. Die Ereignisse führten vor Augen, dass Unfälle katastrophalen Ausmaßes nicht ausgeschlossen werden können und dramatische Folgen für die Betroffenen haben.

Heute nutzen nur 30 von insgesamt 269 Ländern weltweit die Kernenergie. 435 Kernkraftwerke waren im Januar 2012 am Netz. Weltweit erzeugten die Kernkraftwerke im Jahr 2011 rund 2518 Terawattstunden Strom. Das entspricht einem Anteil von rund 15 Prozent an der gesamten Stromerzeugung. Die Zahl der Anlagen ist seit Jahren leicht rückläufig, da weniger Kernkraftwerke neu in Betrieb genommen als stillgelegt werden. Als Konsequenz aus Fukushima wird Deutschland die Nutzung der Kernenergie zur Stromerzeugung bis zum Jahr 2022 beenden.

Julia Mareike Neles (✉)
Öko-Institut e.V., Büro Darmstadt, Rheinstraße 95, 64295 Darmstadt
Kernenergiebuch@oeko.de

J.M. Neles, C. Pistner, *Kernenergie*, Technik im Fokus
DOI 10.1007/978-3-642-24329-5_1, © Springer-Verlag Berlin Heidelberg 2012

1.1   Kurze Geschichte der Kernenergie

Der Blick zurück zeigt: Die Geschichte der Kernenergie ist keine sehr alte Geschichte. Zwischen der Entdeckung der Radioaktivität und den Ereignissen in Fukushima liegen gerade mal 115 Jahre, seit der Entdeckung der Kernspaltung 1938 bis heute sind nur 74 Jahre vergangen.

Im Jahr 1896 entdeckte Henri Becquerel die radioaktive Strahlung. Das eigentliche Atomzeitalter beginnt jedoch erst 1938, als Wissenschaftlern erstmals der Nachweis einer Kernspaltung gelingt. Mit dieser Entdeckung rückten sowohl die Atombombe als auch die zivile Energieerzeugung durch Kernkraft in den Bereich des Möglichen. Sieben Jahre später war mit den Atombombenabwürfen von Hiroshima und Nagasaki aus der Möglichkeit Realität geworden.

Die Atombombenabwürfe und die Reaktorkatastrophen von Tschernobyl und Fukushima markieren tragische Zäsuren in der Geschichte der Kernenergie. Einerseits weckte die Kernenergie zunächst große Hoffnungen, sie sollte die Lösung aller Energieprobleme sein. Ihre Risiken andererseits führte viele Menschen zu kritischen Protestbewegungen zusammen (siehe Abschn. 1.3).

Die Anfänge der Kernenergie:

1896   Der Physiker Henri Becquerel entdeckt, dass Uran radioaktive Strahlung abgibt.

1898   Marie und Pierre Curie entdecken den radioaktiven Zerfall.

1905   Einstein entwickelt seine Relativitätstheorie und stellt die berühmte Formel $E = mc^2$ auf, die besagt, dass Masse in Energie umgewandelt werden kann.

1911   Rutherford entwickelt erste Theorien zum Aufbau der Atome. Darauf aufbauend beschreibt Niels Bohr ein Atommodell, bestehend aus Atomkern und umgebender Elektronenhülle.

1938   Den Chemikern Hahn und Straßmann gelingt die erste Kernspaltung, indem sie Neutronen auf Urankerne schießen und anschließend die Bruchstücke nachweisen.

1939   Die Aufrechterhaltung der Urankernspaltung als Ketten-
        reaktion und damit deren Nutzungsmöglichkeit wird von
        Joliot, Halban und Kowarski beschrieben. Lise Meitner
        und Kollegen berechnen die freisetzbaren Energiemengen.
1942   Im sogenannten Chicago Pile No. 1 (CP-1) kann Fermi
        die erste kontrollierte Kettenreaktion erzeugen.
1945   Am 16. Juli 1945 testen die USA bei Alamogordo in
        New Mexico die erste Atomwaffe.
1945   Am 6. und 9. August 1945 werfen die USA Atombom-
        ben auf Hiroshima und Nagasaki.

Unmittelbar nach dem Zweiten Weltkrieg begann insbesondere dies-
seits und jenseits des „Eisernen Vorhangs" zwischen den USA und der
UdSSR das Wettrüsten mit atomaren Waffen. Am 29. August 1949 zün-
dete die Sowjetunion ihre erste Atombombe und war damit zur zweiten
Atommacht geworden. Beide Mächte demonstrierten ihre jeweilige
Stärke mit Kernwaffentests, die vor allem in den 1960er-Jahren zahlreich
waren. Aber auch andere Länder strebten an, Atommacht zu werden.

Gleichzeitig hat man die Entwicklung und den Bau von Kernreaktoren
vorangetrieben, um die Kernenergie zur Stromerzeugung zu nutzen.
Einen wichtigen Anstoß gab dazu die 1953 von US-Präsident Eisenhower
gehaltene „Atoms for Peace"-Rede vor der UN-Vollversammlung. Zu
dieser Zeit bemühten sich viele Länder darum, ebenfalls in den Besitz von
Atomwaffen zu gelangen. Deshalb schlug Eisenhower unter anderem
vor, die zivile Nutzung der Kernenergie unter dem Dach einer internationalen Atomenergiebehörde für andere Länder verfügbar zu machen.
Damit wollte er gleichzeitig die Gefahren einer militärischen Nutzung der
Kernenergie adressieren (gesamter Redetext zum Beispiel unter:
http://www.atomicarchive.com/Docs/Deterrence/Atomsforpeace.shtml).

Die weitere Geschichte der Kernenergie:
1951   wird in den USA mit dem Versuchsreaktor EBR-1 erst-
        mals Strom durch Kernenergie erzeugt.
1953   verkündet US-Präsident Eisenhower vor den Vereinten
        Nationen das „Atoms for Peace"-Programm, mit dem er
        die zivile Nutzung der Kernenergie propagiert.

1954	fährt die damalige Sowjetunion das weltweit erste zivile Kernkraftwerk in Obninsk im heutigen Russland an. Es hat eine Leistung von fünf Megawatt. Im selben Jahr lassen die USA das erste atomgetriebene U-Boot, die USS Nautilus, zu Wasser.
1956	nimmt Großbritannien im englischen Calder Hall das erste kommerzielle Kernkraftwerk zur Stromerzeugung in Betrieb. Es hat eine Leistung von 55 Megawatt.
1957	werden die Internationale Atomenergie-Organisation (IAEO) und die europäische Atombehörde EURATOM gegründet.
1957	nimmt die BRD den ersten westdeutschen Reaktor, den Forschungsreaktor der TU München in Betrieb, der wegen seiner Bauform Atomei genannt wird. Im gleichen Jahr wird der Rossendorfer Forschungsreaktor (RFR) bei Dresden erstmals kritisch.
1960er	Verschiedene Nationen führen insgesamt tausende überirdische Kernwaffentests durch. Die dabei in die Atmosphäre freigesetzte Radioaktivität ist bis heute als Hintergrundstrahlung messbar.
1960	wird das erste westdeutsche Kernkraftwerk in Kahl (Main) angefahren.
1966	geht das erste ostdeutsche Kernkraftwerk in Rheinsberg ans Netz.
1968	wird der internationale Vertrag über die Nichtverbreitung von Kernwaffen geschlossen. Deutschland tritt ihm 1975 bei (siehe Kap. 9).
1979	kommt es zum Reaktorunfall in Three Mile Island in Harrisburg, USA, mit einer teilweisen Kernschmelze.
1986	explodiert das Kernkraftwerk in Tschernobyl (s. Kap. 6).
1996	legt die UNO einen Kernwaffenteststopp-Vertrag vor. Da einige Nationen wie China, die USA, Indien und Pakistan die Unterschrift beziehungsweise die Ratifizierung verweigern, ist er bis heute nicht in Kraft getreten.
2011	ereignet sich die Reaktorkatastrophe in Fukushima infolge eines schweren Erdbebens und eines dadurch ausgelösten Tsunamis (siehe Kap. 6).

Jahrzehntelang galt die zivile Nutzung der Kernenergie als fortschrittlich und führte insbesondere in den 1970er- und 1980er-Jahren zum Bau von vielen Kernkraftwerken. Auch das Streben nach Atomwaffen blieb das erklärte Ziel vieler Staaten.

Die Möglichkeit großer Reaktorkatastrophen mit erheblichen Umweltauswirkungen wurde jahrelang ausgeblendet. Die Reaktorkatastrophen von Harrisburg, Tschernobyl und Fukushima haben in einigen Ländern zum Umdenken geführt. Welche Lehren die Welt aus Fukushima zieht und wie ein Blick in die Zukunft aussehen könnte, darauf wird in Kap. 10 näher eingegangen.

1.2 Kernenergie in Deutschland – Entwicklung und Ausstieg

Im Westen Deutschlands begannen die Entwicklungen zur Nutzung der Kernenergie im Jahr 1955, als die Bundesrepublik Deutschland ihre volle Souveränität erlangt hatte. Mit der friedlichen Nutzung der Kernenergie verpflichtete sich die Bundesrepublik gleichzeitig, auf die Entwicklung und den Besitz von Kernwaffen zu verzichten. Zu dieser Zeit galt als progressiv, wer für die Kernenergie war. Eine politische Opposition dagegen gab es nicht, auch wenn einzelne Fachleute bereits ihre warnende Stimme erhoben. Die Regierung gründete das Bundesministerium für Atomfragen mit Franz Josef Strauß als erstem Minister. Das Ziel war, die Kernenergie einzuführen, zu fördern und die gesetzlichen Grundlagen dafür zu schaffen. So verabschiedete die Bundesregierung 1958 das erste Atomgesetz.

Die ersten Planungen von 1957 sahen die Entwicklung und den Bau von fünf Reaktorlinien bis 1965 vor. Jeder der damals in der Atomwirtschaft treibenden Konzerne sollte die Möglichkeit bekommen, einen Reaktor zu entwickeln. Zudem waren ein größerer Leistungsreaktor und mehrere kleine Versuchsreaktoren vorgesehen. Die Bundesregierung unterstützte die Vorhaben mit staatlichen Verlustbürgschaften und umfangreichen Investitionshilfen. Doch bereits zwei Jahre später – nachdem erst zwei Reaktoren gebaut waren – wurde dieses erste Atomprogramm wieder aufgegeben. Die Bereitschaft der Wirtschaft, die erforderlichen – immer noch erheblichen – Investitionen zu tätigen, war gering. Letztlich dienten die verausgabten Forschungsmilliarden dazu, bei den beteiligten großen Firmen Entwicklungsabteilungen aufzubauen.

Das nächste Atomprogramm für die Zeitspanne von 1963 bis 1967 steigerte die staatliche Unterstützung bis auf 3,8 Milliarden DM. Es knüpfte an die Entwicklungen der Leichtwasserreaktorlinien in den USA an. Der Leichtwasserreaktor, eine Weiterentwicklung der amerikanischen U-Boot-Reaktoren, wurde schließlich als wirtschaftlich eingestuft, was zur Folge hatte, dass die Energiewirtschaft nun ebenfalls verstärkt in die Kernenergie investierte. Aber erst in den 1970ern nach der ersten Ölkrise erlangte die Kernenergie im Rahmen des Versorgungssicherungskonzepts auch strategische Bedeutung. Das dritte Atomprogramm, mit fünf Milliarden DM ausgestattet, unterstützte den Bau weiterer Kernkraftwerke, die Entwicklungen zum Schnellen Brüter und förderte das Exportgeschäft.

Im Osten Deutschlands erfolgte die Entwicklung der Kernenergie zeitlich parallel und ebenso euphorisch. 1956 gründete die DDR das Zentralinstitut für Kernforschung in Rossendorf bei Dresden und errichtete mit Unterstützung der Sowjetunion den Rossendorfer Forschungsreaktor, der 1957 erstmals in Betrieb ging. Auch in der DDR sollte die Kernenergie künftig den Bedarf an Elektrizitätsenergie decken, und auch hier waren die Ziele hochgesteckt. So verkündete das Amt für Kernforschung und Kerntechnik, bis 1970 etwa 20 Kernkraftwerke in Betrieb zu nehmen. Tatsächlich gingen nur das Kernkraftwerk Rheinsberg, das vor allen Dingen der Erprobung dienen sollte, und später vier Blöcke des Kernkraftwerks Greifswald dauerhaft ans Netz. Weitere Blöcke waren im Bau und in der Planung. Mit der Wende 1990 wurden alle Kernkraftwerke der ehemaligen DDR abgeschaltet und sämtliche Bauvorhaben eingestellt. Die Reaktoren sowjetischer Bauart wurden, unter anderem auch infolge des Tschernobyl-Unfalls, als nicht ausreichend sicher eingestuft.

Im Westen Deutschlands änderte sich seit den 1970er-Jahren die politische Haltung zur Kernenergie. Bis dahin hatten die politischen Parteien eine einheitliche Pro Haltung gegenüber der Kernenergie, danach fiel diese auseinander. So zogen die Grünen, die im Kontext der Anti-

AKW- und der Friedensbewegung entstanden sind, 1983 erstmals in den Bundestag ein. In der SPD setzten sich zunehmend die Atomkraftgegner durch. Praktisch war der Neubau von Kernkraftwerken bereits zum Erliegen gekommen, bevor dies politisch beschlossen und regulatorisch umgesetzt wurde. Hierfür waren neben den politischen und sicherheitstechnischen Fragen auch Aspekte der Wirtschaftlichkeit von Kernkraftwerken von Bedeutung (siehe auch Abschn. 10.1).

In den folgenden Jahren verpflichteten sich die Sozialdemokraten und die Grünen dem politischen Ziel des Ausstiegs aus der Kernenergie. Als beide Parteien in Koalition die Bundesregierung stellten, handelten sie mit den Elektrizitätsversorgungsunternehmen am 14. Juni 2000 den Ausstieg aus der Kernenergie aus. Es wurde der sogenannte Atomkonsens beschlossen. Beweggründe waren, die Risiken von Reaktorkatastrophen zu verringern sowie die festgefahrene Situation bei der Entsorgung radioaktiver Abfälle wieder in Bewegung zu bringen. Mit dem Konsens sollten die politischen und gesellschaftlichen Konflikte um die Kernenergie beruhigt werden. Die damaligen Oppositionsparteien CDU und FDP sprachen sich jedoch damals gegen einen Ausstieg aus der Kernenergie aus und kündigten an, diesen im Falle eines Regierungswechsels wieder revidieren zu wollen.

Beispiel

Zitate zum Atomkonsens vom 14. Juni 2000:
Gerhard Schröder (SPD), Bundeskanzler: „Mit den soeben geleisteten Unterschriften haben wir uns abschließend darauf verständigt, die Nutzung der Kernenergie geordnet und wirtschaftlich vernünftig zu beenden."

Jürgen Trittin (Die Grünen), Bundesumweltminister: „Die Regellaufzeit wird auf 32 Jahre begrenzt. Im Jahre 2020 wird aller Voraussicht nach das letzte AKW hier vom Netz gehen."

Klaus Lippold (CDU), Energie- und Atomexperte der Opposition: „Herr Trittin, Sie freuen sich zu früh. Wir werden das, was Sie als Kernenergieausstieg bezeichnen, wieder rückgängig machen." (Siehe dazu auch Aussprache im deutschen Bundestag, 14. Wahlperiode, 209. Sitzung, http://dip21.bundestag.de/dip21/btp/14/14209.pdf)

Rechtlich verankert wurde der Ausstieg im Atomgesetz vom 22. April 2002. Dazu wurde § 1 des Atomgesetzes, der den Zweck des Gesetzes bestimmt, geändert. Während bis zu diesem Zeitpunkt das Gesetz der Förderung der zivilen Nutzung der Kernenergie gewidmet war, wurde nunmehr die Beendigung der Nutzung der Kernenergie festgeschrieben. Die Laufzeit der Reaktoren war an Energiemengen, die noch erzeugt werden dürfen, gekoppelt. Dafür hat man eine Laufzeit von rund 32 Jahren pro Kernkraftwerk zugrunde gelegt. Zusätzlich wurde der Neubau von Kernreaktoren ausgeschlossen und der Ausstieg aus der Wiederaufarbeitung eingeleitet.

Nach der Bundestagswahl 2009 beschloss die neue Koalition aus Christdemokraten und Liberalen, die Laufzeiten der Kernkraftwerke um durchschnittlich zwölf Jahre zu verlängern. Dies wurde Ende 2010 im Atomgesetz verankert. Der Ausstiegsbeschluss wurde dagegen nicht verändert. Die Beendigung der zivilen Nutzung der Kernenergie und der Umbau der Energiewirtschaft hin zu erneuerbaren Energien sollte weiterhin das Ziel sein. Der Kernenergie schrieb die Bundesregierung dabei die Funktion einer „Brückentechnologie" zu. Das heißt, sie sollte für eine längere Übergangszeit genutzt werden, bis mit den erneuerbaren Energien der deutsche Strombedarf gedeckt werden könnte.

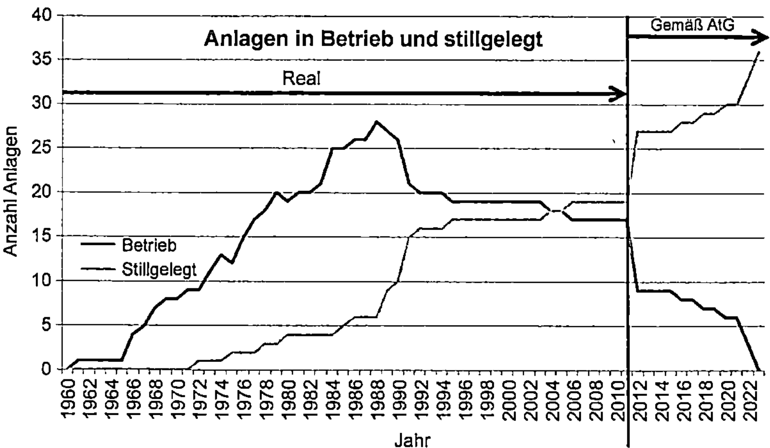

Abb. 1.1 Betrieb und Stilllegung von Kernkraftwerken in Deutschland in Anzahl pro Jahr

Nach der Reaktorkatastrophe in Fukushima Dai-ichi im März 2011 revidierte die Bundesregierung ihren Beschluss zur Laufzeitverlängerung. Acht Kernkraftwerke wurden sofort stillgelegt, und für die verbliebenen neun Anlagen legte sie Abschaltzeiten zwischen 2015 und 2022 fest, die sie wiederum im Atomgesetz verankerte.

Abbildung 1.1 gibt einen Überblick über Betrieb und Stilllegung von Kernkraftwerken und Prototypreaktoren der Bundesrepublik Deutschland und der ehemaligen DDR. 1988 waren die meisten Kernkraftwerke gleichzeitig in Betrieb. Seitdem sinkt die Anzahl der Anlagen. So wurden 1990 mit der Wiedervereinigung die Kernkraftwerke der ehemaligen DDR abgeschaltet. Ab 2011 stellt die Grafik den geplanten Ausstieg aus der Kernenergie dar, beginnend mit der Abschaltung der – zu dieser Zeit – sieben ältesten Anlagen und des Kernkraftwerks Krümmel.

1.3 Der gesellschaftliche Diskurs um die Kernenergie

Deutsche Protestbewegungen, die sich gegen Atomwaffen wandten, haben ihre Wurzeln schon in den 1950er-Jahren, als die Wiederbewaffnung Deutschlands diskutiert wurde. Diese Protestbewegungen wurden schon früh in der Öffentlichkeit wahrgenommen. Aus ihnen entstand beispielsweise die Ostermarsch-Bewegung, die 1958 in London begann, sich 1960 erstmals im Norden Deutschlands formierte und in ganz Deutschland große Beteiligung erreichte.

Die Anti-Atomkraft- oder Anti-AKW-Bewegung als Protest gegen die zivile Nutzung der Kernenergie etablierte sich in Deutschland dagegen erst viel später.

Sie nahm ihren Anfang in den USA. Hier richtete sich 1958 der Protest gegen den Bau eines Kernkraftwerks in der Bodega Bay bei San Francisco. Gespeist wurde der Widerstand aus den Protestbewegungen gegen Atomwaffen, die auch hier schon länger aktiv waren. Die Kritiker argumentierten zunächst mit Motiven des Natur- und Landschaftsschutzes wie der Schönheit der Bucht. Später führten sie – aufgrund von Insiderwissen – Aspekte der Reaktorsicherheit an. Die Erdbebengefahr wurde früh bedeutsam. Dieses Argument überzeugte und führte dazu, dass das Kernkraftwerk nicht gebaut wurde. Der Fall ist ein frühes Beispiel dafür, wie ausschlaggebend kritisches Fachwissen für die Diskussion um die Kernenergie ist. In den nächsten Jahren unterstützte die amerikanische Anti-AKW-Bewegung die Protestbewegungen in anderen Ländern mit ihrem Wissen.

In Europa gab es die ersten Proteste in Frankreich. Aus heutiger Sicht erscheint das überraschend, da die kernenergiekritischen Gruppen in Frankreich über Jahrzehnte weniger in Erscheinung traten und insbesondere in geringerem Umfang in die Parteienlandschaft Frankreichs hineinwirken konnten. 1971 gab es jedoch erste Großdemonstrationen und Bauplatzbesetzungen an den Anlagenstandorten Fessenheim am Rhein und Bugey an der Rhône. Sie führten allerdings nicht zum gewünschten Erfolg der Kritiker.

Auch in Deutschland lag der Beginn der Anti-AKW-Bewegung in den 1970er-Jahren. Vorangegangene lokale Proteste gegen die ersten Versuchsreaktoren hatte die Öffentlichkeit nicht wahrgenommen. Mit dem Kampf gegen das Kernkraftwerk Würgassen nahm die Protestbewegung zu. Sie ging überwiegend mit juristischen Mitteln gegen den Bau vor, ebenso wie gegen die potenziellen Kernkraftwerkstandorte Bonn, Breisach, Esensham und Neckarwestheim. Die Vertreter der Atomenergie reagierten auf den Widerstand zunächst eher verwundert, galt die Kernenergie doch als Zukunftstechnologie. Die Kernenergiebefürworter argumentierten, hinter der Kritik würden sich schlicht mangelnde Sachkenntnis und ausschließlich ideologische Motive verbergen.

Der juristische Protest gegen das Kernkraftwerk Würgassen führte nicht zur Aufgabe des Vorhabens, aber er erreichte 1972 das sogenannte Würgassen-Urteil. Darin legten die Richter fest, dass die Gewährleistung des Schutzes vor den Gefahren der Kernenergie Vorrang vor der Nutzung der Kernenergie zu friedlichen Zwecken hat. Bis dahin waren beide Ziele gleichrangig im § 1 des Atomgesetzes verankert. Dieses Urteil bot in der Folge den Atomkraftgegnern eine wichtige Argumentationsbasis. Es führte auch dazu, vermehrt kritischen Sachverstand aufzubauen und wissenschaftliche Expertise in Anspruch zu nehmen, um sich mit dem Gefährdungspotenzial von Kernkraftwerken auseinanderzusetzen zu können (siehe Kap. 5).

▷ Das Bundesverwaltungsgericht setzte am 16.03.1972 mit seinem Würgassen-Urteil einen Meilenstein: Das atomrechtliche Verfahren sollte dem Schutzgedanken des Atomgesetzes Vorrang vor dem Förderungsgedanken einräumen (§ 1 AtG).

Ihren ersten Höhepunkt erreichte die deutsche Anti-AKW-Bewegung 1975 mit dem Widerstand gegen das geplante Kernkraftwerk im baden-württembergischen Wyhl am Kaiserstuhl. Getragen wurde der Widerstand durch die Winzer und Bauern. Die Bauern befürchteten Qualitäts- oder Imageeinbußen, wie eine mögliche Beeinträchtigung der Weinqualität und später in Brokdorf die Sorge um den Ruf der Milchwirtschaft. Seit einem Brand mit radioaktiven Freisetzungen im Kernkraftwerk Windscale – dem heutigen Sellafield – in Großbritannien im Jahr 1957 war aber auch die Gefahr von möglichen Unfällen mit direktem Bezug zu landwirtschaftlichen Produkten bekannt. Eine Erkenntnis, die in den 1970er-Jahren verstärkt in das öffentliche Bewusstsein rückte. Die Studenten der nahegelegenen Universität Freiburg im Breisgau unterstützten den Widerstand. Sie brachten ihre wissenschaftlichen Fachkenntnisse ein, um die Aussagen der sicherheitstechnischen Gutachten zu interpretieren und allgemeinverständlich in mögliche Gefährdungen zu übersetzen.

Mitglieder der lokalen Bürgerinitiative besetzten den Bauplatz in Wyhl. Dessen Erstürmung durch Polizeihundertschaften mit Wasserwerfern führte zu Sympathiebekundungen in der Bevölkerung mit den gewaltfrei agierenden Demonstranten. Kurz darauf besetzten 28.000 Atomkraftgegner, die auch aus dem Dreiländereck Frankreich und der Schweiz kamen, den Bauplatz erneut, diesmal für ein Jahr. Parallel wurde die Auseinandersetzung auch vor den Gerichten geführt.

In Wyhl wurde das Vorhaben aus einer Kombination von Akzeptanzproblemen, juristischen Auseinandersetzungen und wirtschaftlichen Gründen aufgegeben. Ein Freiburger Gericht hob zunächst eine Teilerrichtungsgenehmigung auf und forderte später für die Zustimmung die zusätzliche Ummantelung des Reaktors mit einem Berstschutz – eine Forderung, die sich in der Folgezeit bei anderen Gerichten nicht durchsetzte. Die Forderung nach einem Berstschutz resultierte aus einem anderen Anlagenstandort: Der Berstschutz war für einen Kernreaktor vorgesehen, den die Firma BASF an ihrem Hauptfirmensitz im Ballungsraum Ludwigshafen plante.

Begründet wurde die Forderung mit Ergebnissen aus den USA, die 1966 zum Stopp für das geplante Kernkraftwerk Ravenswood bei New York führten. Hier hatten Versuche ergeben, dass die Verlässlichkeit der Notkühlung bei einem „Durchgehen" des Reaktors zu bezweifeln ist. Dieses Risiko wollte man im Großraum New York nicht tragen. Damit wurde erstmals in der zivilen Kernkraft ein Risikopotenzial gesehen, das verheerende Auswirkungen für Mensch und Umwelt haben könnte. Auch in Ludwigshafen wurde schließlich kein Kernkraftwerk errichtet.

Die Vorstellung eines Super-GAUs, also einer Reaktorkatastrophe, die über den noch beherrschbaren größten anzunehmenden Unfall (GAU) hinausging, aktivierte die Kernenergiekritiker maßgeblich.

Nach Wyhl formierte sich 1976 in Brokdorf breiter Widerstand, der im Gegensatz zu Wyhl auch gewaltsam geführt wurde. Bilder von Großdemonstrationen und bürgerkriegsähnlichen Schlachten am Bauzaun mit hunderten Verletzten fanden eine breite Medienöffentlichkeit. Nicht nur die Sympathie für die Anti-AKW-Proteste, auch der Zusammenhalt verschiedener gesellschaftlicher Gruppen innerhalb der Bewegung, wie zum Beispiel zwischen den Landwirten und den Studenten, gingen hier verloren. Trotz aller Widerstände wurde das Kernkraftwerk errichtet und 1986 – als erstes Kernkraftwerk nach dem Unfall von Tschernobyl – in Betrieb genommen.

Ein weiterer Höhepunkt der Anti-AKW-Bewegung waren die Proteste gegen das „Nukleare Entsorgungszentrum". Das Zentrum sollte alle erforderlichen Anlagen für die Entsorgung radioaktiver Abfälle, ein Endlager, eine Wiederaufarbeitungsanlage und Brennelementfabriken für Uran- und Plutoniumbrennelemente umfassen, siehe auch Kap. 8. Im Februar 1977 verkündete der damalige niedersächsische Ministerpräsidenten Ernst Albrecht die Entscheidung für den Standort Gorleben und überraschte damit die regionale Bevölkerung. Proteste formierten sich sofort. Die erste große Demonstration fand kaum drei Wochen später statt. Unter der heute noch verwendeten Parole „Gorleben soll leben" wurden die Proteste überwiegend gewaltfrei geführt. Wie in Wyhl waren es auch hier die lokalen Bauern, die an der Spitze des Widerstandes standen. In der Folge breitete sich der Protest bundesweit aus und führte zur Gründung zahlreicher Initiativen.

Die bis dahin größte Anti-AKW-Demonstration, gestartet als Gorleben-Treck sechs Tage zuvor, fand am 31. März 1979 in Hannover statt und fiel so mit dem Unfall in Three Mile Islands in Harrisburg zusammen. An diesem Tag demonstrierten 100.000 Menschen gegen die Kernenergie. Weitere Großdemonstrationen folgten, wie im Herbst 1979 in Bonn mit 150.000 Teilnehmern. Die Anti-AKW-Bewegung war in die Breite gegangen und fand in der Bevölkerung mehr und mehr Zuspruch.

Ebenfalls Ende März/Anfang April 1979 fand unter Vorsitz des Atomphysikers Carl Friedrich von Weizsäcker das sogenannte Gorleben-Hearing statt. Dem vorausgegangen war eine unabhängige kritische Prüfung des Vorhabens durch ein internationales Expertenteam, eine Forderung der Gorleben-Gegner. Die Ergebnisse wurden über sechs Tage unter dem Titel „Rede – Gegenrede" durch Fachleute erörtert. Auf der Seite der sogenannten Kritiker waren die zwanzig internationalen Experten, die das Vorhaben geprüft hatten, ergänzt durch fünf deutsche Fachleute. Auf der Seite der Unterstützer des Nuklearen Entsorgungszentrums Gorleben, der sogenannten Gegenkritiker, traten insgesamt 38 teilweise internationale Vertreter auf. Die ursprünglich angestrebte paritätische Besetzung war somit formal nicht gegeben, wurde aber dadurch hergestellt, dass sich jeweils nur ein Teil der Experten aus beiden Lagern an den Diskussionen zu den einzelnen Fragestellungen beteiligen durfte. Fernsehteams begleiteten die gesamte Veranstaltung und Vertreter der Öffentlichkeit verfolgten sie vor Ort.

In der Konsequenz zog der niedersächsische Ministerpräsident Albrecht in seiner Regierungserklärung vom 16. Mai 1979 den Bau der Wiederaufarbeitungsanlage als „politisch nicht durchsetzbar" zurück. Albrecht hob aber auch hervor, dass eine einheitliche Haltung der politischen Parteien eine wesentliche Voraussetzung dafür sei, das notwendige Vertrauen in die Technologie in der Öffentlichkeit zu entwickeln. Es sei die vorrangige Aufgabe der Politik, Klarheit in allen politischen Ebenen über den in der Kerntechnik zu verfolgenden Kurs zu schaffen. Ein Aspekt, der auch heute noch für die Endlagerfrage von Bedeutung ist.

▷ In Gorleben war zunächst ein „Nukleares Entsorgungszentrum" vorgesehen. Der Standort war nach den Anforderungen ausgewählt worden, die an eine Wiederaufarbeitungsanlage zu stellen sind. Erst zwei Jahre später wurde die potenzielle Nutzung des Standortes auf die Zwischen- und Endlagerung begrenzt.

Was blieb, war Gorleben als potenzieller Endlagerstandort sowie als Standort eines zentralen Zwischenlagers und der Pilotkonditionierungsanlage. Was auch blieb, waren die Proteste, die sich nunmehr gegen ein Endlager Gorleben richteten. So gipfelte der Protest ein weiteres Mal 1980 in der Besetzung des Bohrlochs 1004. Auf dem Baugelände wurde ein Hüttendorf errichtet, das als „Republik Freies Wendland" ausgerufen wurde. Nach 33 Tagen wurde das Hüttendorf geräumt.

Mit der Reaktorkatastrophe von Tschernobyl im April 1986 (siehe Kap. 6), deren Auswirkungen auch in Deutschland Folgen hatte, stand die Kritik an der Kernenergie erneut im Fokus der Öffentlichkeit. Erstmals war die Ablehnung der Kernenergie zur Mehrheitsmeinung geworden. Zahlreiche Bürgerinnen und Bürger gründeten Bürgerinitiativen. In der Folge wurde beispielsweise der Schnelle Brüter in Kalkar kurz vor seiner Fertigstellung stillgelegt. Heute dient das Gelände als Freizeitpark.

Welchen Umfang die Protestbewegung Ende der 1980er-Jahre angenommen hatte und wie erbittert auf beiden Seiten gekämpft wurde, zeig-

Abb. 1.2 Widerstand gegen die geplante Wiederaufarbeitungsanlage Wackersdorf

te sich beim Widerstand gegen die geplante Wiederaufarbeitungsanlage in Wackersdorf, siehe Abb. 1.2. Die Proteste begannen mit der ersten Teilgenehmigung 1985. Trotz massiver Polizeieinsätze, Demonstrationsverbote, Hausdurchsuchungen und Verhaftungen im ganzen Bundesgebiet ebbten sie nicht ab, sondern wurden durch das Reaktorunglück von Tschernobyl weiter angeheizt. Die Demonstrationen eskalierten mit hunderten von Verletzten und erheblichen Sachbeschädigungen.

Nachdem das Genehmigungsverfahren 1988 aufgrund unzureichender Planungen neu aufgerollt werden musste, gab es bei der öffentlichen Auslegung über 880.000 Einwendungen. Der mehrwöchige Erörterungstermin wurde abgebrochen, was als Zeichen der Überforderung der Behörden gewertet wurde.

Neben den Imageschäden für die Unternehmen wirkte sich der Widerstand zunehmend als Kostentreiber aus. Im Frühjahr 1989 verzichteten die beteiligten Unternehmen schließlich auf das Vorhaben – gegen das Votum der bayerischen Landes- und der Bundesregierung. In der Folge wurden Wiederaufarbeitungsverträge mit den Wiederaufarbeitungsanlagen in Frankreich und England geschlossen. Der abgebrannte Brennstoff aus deutschen Kernkraftwerken wurde daraufhin ins Ausland transportiert. Eine Folge daraus sind die Castor-Transporte, die den hochradioaktiven Abfall, der aus der Wiederaufarbeitung resultiert, zurück nach Deutschland bringen. Seit 1994 werden die Castor-Transporte zum Anlass genommen, gegen ein Endlager Gorleben und gegen die Kernenergie zu protestieren.

Ende der 1980er- und in den 1990er-Jahren konzentrierten sich die Proteste zunehmend auf die ungelöste Frage der Endlagerung. Weitere Neubauten zu Kernkraftwerken waren zu dieser Zeit nicht mehr geplant. Die bestehenden Kernkraftwerke liefen unbefristet und erzeugten radioaktive Abfälle, für die jedoch bis heute kein Endlager zur Verfügung steht. Für die schwach- und mittelradioaktiven Abfälle lief seit 1982 ein Planfeststellungsverfahren für das Endlager Konrad, ebenfalls von Protesten begleitet. Es sollte erst 2002 zum Ende kommen und 2007 rechtskräftig werden. Für die hochradioaktiven Abfälle gab es bis Ende der 1970er-Jahre nur ungenaue Vorstellungen über den Verbleib, bis die Planungen zum Standort Gorleben begannen (siehe Kap. 8).

Ende der 1990er-Jahre waren zudem die Probleme im Bergwerk Asse einer breiteren Öffentlichkeit offenbar geworden. In dem ehemaligen Salzbergwerk waren, zunächst als Forschung deklariert, schwach- und mittelradioaktive Abfälle eingelagert worden. In den 1970er-Jahren bestand die Hoffnung, dass die Asse für alle Arten radioaktiver Abfälle geeignet sein könnte. Doch es stellte sich heraus, dass es nicht möglich sein würde, einen Langzeitsicherheitsnachweis für die Asse zu führen. In der Folge stoppte der Betreiber auch die „Versuchseinlagerungen". Die vorhandenen Probleme bleiben jedoch bestehen: In das Bergwerk dringt Wasser ein und gefährdet dessen Stabilität. Die Bürgerbewegungen vor Ort sorgten schließlich dafür, dass die Bundesregierung heute eine Rückholung der eingelagerten Abfälle anstrebt. Ein Unterfangen, bei dem noch viele Fragen offen sind.

Die breite Etablierung des Protestes gegen die Kernenergie wirkte sich sicherlich auch darauf aus, dass 2010 die konservativ/liberale Bundesregierung zwar die Laufzeitverlängerung der Kernkraftwerke beschloss, aber am generellen Ausstieg aus der Kernenergie festhielt.

Die Anti-AKW-Bewegung entfaltete insbesondere in Deutschland eine große Kraft. Obwohl sie zu Beginn einer Front an Befürwortern aus Politik, Wirtschaft sowie technischen und wissenschaftlichen Experten gegenüberstand, war sie im Ergebnis sehr erfolgreich: Sie stieß einen thematischen Diskurs in der breiten Öffentlichkeit an, den es in dieser Form bis dahin nicht gegeben hatte, und leistete so einen wichtigen Beitrag zur Wende hin zu anderen Formen der Energieerzeugung.

1.4 Bestand und Alter der heutigen Kernkraftwerke

Mit Stand Januar 2012 sind weltweit 435 Kernkraftwerke in 30 Ländern am Netz. Lediglich 20 Staaten betreiben mehr als zwei Reaktoren, und nur in elf Ländern laufen zehn oder mehr Reaktoren, siehe Abb. 1.3. Die USA sind das Land mit den meisten Kernkraftwerken. Dort stehen 104 Anlagen. In Kanada, Mexiko, Argentinien und Brasilien laufen insgesamt 24 Kernkraftwerke. Weitere 117 Anlagen verteilen sich auf Asien. In Afrika sind dagegen nur zwei Reaktoren am Netz. Alle übrigen Anlagen werden in Europa inklusive Russland betrieben. In den 27 EU-Ländern arbeiten 134 Anlagen, davon neun in Deutschland.

Etwa 64 Prozent aller Kernkraftwerke weltweit werden in den G10-Staaten – also in Belgien, Deutschland, Frankreich, Großbritannien, Italien, Japan, Kanada, den Niederlanden, Schweden und den USA sowie in der Schweiz – betrieben.

Ausgedrückt in installierter elektrischer Netto-Gesamtleistung stellen sich die Zahlen so dar: Weltweit sind Kernkraftwerke mit 367 Gigawatt elektrischer Leistung installiert. Davon stehen in der EU-27 122,3 Gigawatt elektrische Leistung und davon wiederum in Deutschland 12,1 Gigawatt elektrische Leistung zur Verfügung.

Kernenergie wird fast ausschließlich genutzt, um Strom zu erzeugen. Nur in Einzelfällen dient sie auch dazu, Meerwasserentsalzungs-Anlagen zu betreiben oder Fernwärme zu produzieren, wie beispielsweise in Russland. Im Jahr 2011 haben alle Kernkraftwerke weltweit 2518 Terawattstunden Strom erzeugt. Das entspricht einem Anteil der Kernenergie an der gesamten Stromerzeugung von etwa 15 Prozent.

Die ältesten heute noch laufenden kommerziellen Kernkraftwerke entstanden Ende der 1960er-Jahre. Die meisten Reaktoren, die bislang noch betrieben werden, wurden jedoch in den 1970er- und 1980er-Jahren fertiggestellt (siehe Abb. 1.3). 82 Prozent aller Kernkraftwerke weltweit sind im Jahr 2012 20 Jahre und älter, acht Prozent erreichen sogar 40 Jahre und mehr.

Seit den Anfängen der Kernenergie wurden 138 Kraftwerke endgültig vom Netz genommen. Deren durchschnittliches Alter lag bei rund 23 Jahren. Das bedeutet: Im Mittel sind die heute noch laufenden Anlagen älter als die bereits wieder stillgelegten Reaktoren. Die Überalterung wird weiter zunehmen, denn es gehen nur wenige neue Anlagen in Betrieb. Derzeit befinden sich 63 Kernkraftwerke offiziell im Bau, 28 Anlagen allein in China und Taiwan. 13 dieser 63 Bauvorhaben werden allerdings bereits seit mindestens zehn Jahren und davon neun Anlagen sogar seit 25 Jahren und länger in den Statistiken als Bauvorhaben geführt. Ob und wann sie tatsächlich fertiggestellt werden, bleibt offen. Zum Vergleich: In den Hoch-Zeiten der Kernenergie Ende der 1970er-Jahre waren 233 Anlagen gleichzeitig im Bau.

▷ Der heutige Bestand an Kernkraftwerken ist überaltert. Lediglich zwölf Prozent der Kernkraftwerke weltweit sind jünger als 20 Jahre.

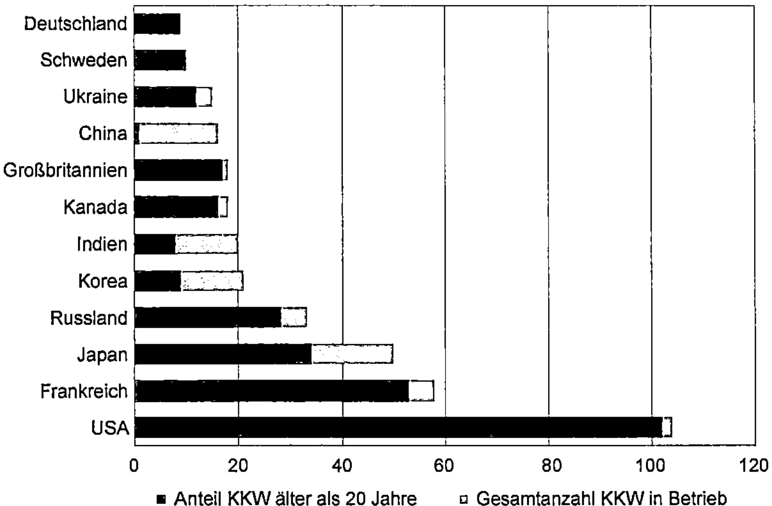

Abb. 1.3 Länder, die mindestens zehn Kernkraftwerke betreiben, sowie Deutschland mit neun Anlagen: Anlagen älter als 20 Jahre sind dunkler abgesetzt

Wenn die heute noch laufenden Anlagen durchschnittlich 40 Jahre in Betrieb bleiben, dann werden in den nächsten zehn Jahren weltweit rund 160 Reaktoren, in den nächsten 20 Jahren sogar 350 Reaktoren abgeschaltet und dann abgerissen.

Vor diesem Hintergrund wird diskutiert, die Betriebszeiten von Kernkraftwerken weiter zu verlängern. Hinzu kommt: Der Neubau von Kernkraftwerken ist aus wirtschaftlichen, technischen und politischen Gründen aufwändig und langwierig. Allerdings gibt es derzeit nur wenige Erfahrungen mit älteren Reaktoren, da bisher Anlagen mit durchschnittlich 23 Jahren vom Netz gegangen sind (siehe oben). Vorhersagen, welches Betriebsalter ein Reaktor aus technischer sowie aus wirtschaftlicher Sicht und aus Gründen der Reaktorsicherheit erreichen kann, sind daher nur eingeschränkt möglich. Trotz Nachrüstungen können ältere Kernkraftwerke nicht die gleichen Sicherheitsanforderungen erfüllen, wie sie an neu gebaute Reaktoren heute gestellt werden, siehe auch Abschn. 5.7.1.

Während im Jahr 2010 weltweit lediglich 3,7 Gigawatt elektrische Leistung an Kernkraftwerken zugebaut wurden, beliefen sich die Inbetriebnahmen an Windenergie in diesem Jahr auf weltweit 39 Gigawatt und für die solare Stromerzeugung auf weltweit knapp 17 Gigawatt elektrische Leistung. Dies zeigt, dass der Beitrag der Kernenergie an der weltweiten Energieerzeugung künftig eine weiter abnehmende Rolle spielen wird.

In Deutschland waren Anfang 2011 noch 17 Kernkraftwerke in Betrieb. Im Jahr 2010 lieferten diese einen Beitrag von 22,4 Prozent an der Bruttostromerzeugung. Nach der endgültigen Stilllegung von acht Kernkraftwerken im Sommer 2011 sind noch neun Kernkraftwerke mit einer elektrischen Leistung von 12,7 Gigawatt in Betrieb. Entsprechend sank der Beitrag der Kernkraftwerke zur Bruttostromerzeugung im Jahr 2011 auf 17,7 Prozent. Gemäß Atomgesetz sollen in den Jahren 2015, 2017 und 2019 jeweils ein Kernkraftwerk, 2021 und 2022 jeweils drei Kernkraftwerke stillgelegt werden.

Weiterführende Literatur

[1] International Atomic Energy Agency (IAEA): Power Reactor Information System (PRIS), http://pris.iaea.org/public/, Stand Februar 2012.

[2] Joachim Radkau: Die Ära der Ökologie – eine Weltgeschichte, München 2011.

[3] Roland Roth, Dieter Rucht: Die sozialen Bewegungen in Deutschland seit 1945: ein Handbuch, Frankfurt/New York 2008.

[4] Forum Ökologisch-soziale Marktwirtschaft: Staatliche Förderungen der Atomenergie im Zeitraum 1950–2008, Berlin 2009.

[5] Scott Ludlam, Australischer Senator für Western Australia für „The Greens": www.letthefactsspeak.org, Stand März 2012.

Energie der Kerne – Physikalische Grundlagen der Kernenergienutzung

Christoph Pistner

Zusammenfassung

Die Entdeckungen der physikalischen Gesetzmäßigkeiten zu Beginn des 20. Jahrhunderts führten zur Nutzung der Kernenergie. Die physikalischen Grundlagen umfassen den Aufbau der Atome, die Prinzipien der Kernspaltung und die Bedingungen zur Aufrechterhaltung einer Kettenreaktion. Die Bedeutung der Kernspaltung ergibt sich aus der hohen Energiefreisetzung. Bei der Spaltung eines Uranatoms wird ungefähr eine Million Mal mehr Energie freigesetzt als bei der chemischen Verbrennung eines Kohlenstoffatoms. Ergebnis einer Kernspaltung sind aber auch radioaktive Spaltprodukte und Transurane, was letztlich die Frage nach der Sicherheit der Kernenergie aufwirft.

Christoph Pistner (✉)
Öko-Institut e.V., Büro Darmstadt, Rheinstraße 95, 64295 Darmstadt
Kernenergiebuch@oeko.de

J.M. Neles, C. Pistner, *Kernenergie*, Technik im Fokus
DOI 10.1007/978-3-642-24329-5_2, © Springer-Verlag Berlin Heidelberg 2012

2.1   Physikalische Kräfte

Die Physik kennt heute vier grundlegende Kräfte, auf die alle physikalischen Prozesse zurückgeführt werden können. Aus dem Alltag vertraut sind

- die Gravitation und
- die elektromagnetische Wechselwirkung.

  Praktisch nur innerhalb der Atomkerne wirken

- die starke Wechselwirkung und
- die schwache Wechselwirkung.

Die **Gravitation** wirkt als anziehende Kraft zwischen allen Teilchen mit Masse. Sie hat eine relativ geringe Stärke, weist jedoch eine unbegrenzte Reichweite auf. Die Gravitation führt daher zur Bildung von großen Systemen wie Galaxien, Sternen oder Planeten. Für chemische oder atomare Bindungen spielt sie jedoch eine untergeordnete Rolle. Die **elektromagnetische Wechselwirkung** ist auf die elektrische Ladung von Teilchen zurückzuführen. Da es positive und negative elektrische Ladungen gibt, kann sie sowohl anziehend als auch abstoßend wirken. Sie bindet beispielsweise Atome und Moleküle chemisch aneinander. Die elektromagnetische Wechselwirkung hat ebenfalls eine unbegrenzte Reichweite. Aufgrund der unterschiedlichen elektrischen Ladungen kann sie jedoch durch entgegengesetzte Ladungen abgeschirmt oder kompensiert werden. Die **starke Wechselwirkung** ist verantwortlich für den Zusammenhalt der Atomkerne (siehe Abschn. 2.3). Sie hat eine sehr kurze Reichweite, ist dafür jedoch sehr stark. Die **schwache Wechselwirkung** führt unter anderem dazu, dass sich die Bausteine des Atomkerns (Protonen und Neutronen) durch radioaktive Prozesse, sogenannte Betazerfälle, ineinander umwandeln (siehe Abschn. 3.1).

2.2   Aufbau des Atoms

Materie ist aus Atomen aufgebaut. Atome sind nach außen elektrisch neutral und haben typischerweise einen Durchmesser von etwa

10^{-10} Meter. Rutherford und andere Wissenschaftler konnten durch Streuversuche in den Jahren 1911 bis 1913 nachweisen, dass Atome wiederum eine innere Struktur besitzen. Ein Großteil der Masse eines Atoms ist im Zentrum konzentriert, dem Atomkern mit einem Durchmesser von etwa 10^{-14} Meter. Außerdem weist der Atomkern eine elektrisch positive Ladung auf.

Die wichtigsten Bausteine eines Atoms sind Protonen, Neutronen und Elektronen. Protonen und Neutronen sind etwa gleich große und gleich schwere Teilchen mit einem Durchmesser von etwa einem Fermi, also 10^{-15} Meter, und einer Masse von einer atomaren Masseneinheit. Protonen sind positiv elektrisch geladen, Neutronen dagegen elektrisch neutral. Protonen und Neutronen bilden den Atomkern und werden daher auch als Nukleonen bezeichnet. Die Elektronen sind elektrisch negativ geladene Teilchen mit etwa zwei Tausendstel der Protonenmasse. Sie bilden die Elektronen- oder Atomhülle, die den Atomkern umgibt.

Die elektrisch geladenen Teilchen tragen jeweils eine elektrische Elementarladung e. Basierend auf dieser Elementarladung wird auch eine für die atomaren und nuklearen Prozesse wichtige Energieeinheit definiert, das Elektronenvolt eV. Dies ist die Energie, die ein einfach geladenes Teilchen beim Durchlaufen einer Spannung von einem Volt erhält. Es gilt

$$1J = 1Ws = 6,24 \times 10^{18}\,eV.$$

- **Fermi:** Größeneinheit der Nukleonen, 1 fm = 10^{-15} m
- **Atomare Masseneinheit** (englisch „atomic mass unit", amu): entspricht einem Zwölftel der Masse eines Kohlenstoffatoms, 1 amu = $1,66 \times 10^{-27}$ kg
- **Elektrische Elementarladung:** kleinste elektrische Ladungseinheit, 1 e = $1,602 \times 10^{-19}$ C

Elektronen benachbarter Atome können miteinander wechselwirken. Dadurch werden chemische Bindungen und Reaktionen möglich. Die Anzahl der Elektronen in der Atomhülle bestimmt daher die chemischen Eigenschaften eines Atoms. Da Atome insgesamt elektrisch neutral sind, entspricht die Zahl der Protonen im Kern der Zahl der Elektronen in der Atomhülle. Die Zahl der Protonen im Kern, die sogenannte Kernladungszahl, legt damit fest, um welches chemische Element es sich bei einem Atom handelt.

Atomkerne eines chemischen Elements können sich in ihrer Massenzahl, also in der Summe der Protonen und Neutronen im Kern, unterscheiden. Atome, die dieselbe Anzahl an Protonen, aber unterschiedlich viele Neutronen besitzen, werden als Isotope eines Elements bezeichnet. Atomkerne mit einer bestimmten Massen- und Kernladungszahl wiederum werden als Nuklide bezeichnet.

- Atom: Kleinster Baustein der Materie, der durch mechanische oder chemische Prozesse nicht weiter unterteilt werden kann
- Nukleonen: Bausteine des Atomkerns (Protonen und Neutronen)
- Kernladungszahl: Anzahl der Protonen im Atomkern, legt das chemische Element fest
- Massenzahl: Anzahl der Protonen und Neutronen im Atomkern
- Element, chemisches: Atome mit einer gleichen Anzahl an Protonen im Kern, die daher auch gleiches chemisches Verhalten aufweisen
- Isotope: Atome mit gleicher Anzahl an Protonen, aber unterschiedlich vielen Neutronen
- Nuklide: Atome mit einer bestimmten Kernladungs- und Massenzahl

Atomkerne können durch kernphysikalische Prozesse ineinander umgewandelt werden. Auch in der Natur kommen Atomkerne vor, die nicht dauerhaft stabil sind, sondern sich spontan in andere, stabilere Atomkerne umwandeln. Dieser Vorgang wird als radioaktiver Zerfall bezeichnet. Die wichtigsten radioaktiven Zerfallsprozesse werden als Alpha-, Beta- und Gamma-Zerfall bezeichnet. Auf die unterschiedlichen Eigenschaften der Radioaktivität wird in Kap. 3 genauer eingegangen.

▷ Als instabil werden Atomkerne bezeichnet, die sich durch radioaktive Zerfälle in andere Atomkerne umwandeln.

Das einfachste Atom bildet das Wasserstoffatom, welches aus einem Proton im Kern und einem Elektron in der Hülle aufgebaut ist. Dieses chemische Element hat die Abkürzung H. Um anzugeben, um welches Nuklid es sich handelt, wird formal die Kernladungszahl links unten vor der chemischen Elementbezeichnung geschrieben, die Massenzahl links oben. Wasserstoff wird also als ^1_1H bezeichnet. Neben dem einfachen Wasserstoffatom existiert auch das Wasserstoffisotop ^2_1H, also ein Wasserstoffatom mit einem Proton und einem Neutron im Kern, für das auch die eigene Bezeichnung Deuterium eingeführt ist. Daneben kommt in der Natur auch ein instabiles Isotop des Wasserstoffs, das Tritium, ^3_1H vor, dessen Kern entsprechend aus einem Proton und zwei Neutronen aufgebaut ist.

Für die Isotope des Wasserstoffs sind mit Deuterium und Tritium eigene chemische Bezeichnungen eingeführt. Für alle anderen Atomkerne wird die chemische Elementbezeichnung durch die jeweilige Massenzahl ergänzt, um verschiedene Isotope eines Elements zu unterscheiden. Da die Kernladungszahl ebenso wie die Elementbezeichnung das chemische Element eindeutig beschreiben, kann die Kernladungszahl auch weggelassen werden. Zur besseren Lesbarkeit wird daher im weiteren Text beispielsweise Wasserstoff-3 für das Wasserstoffisotop Tritium ^3_1H oder Uran-235 für das Uranisotop $^{235}_{92}U$ geschrieben.

Uran ist das schwerste in der Natur vorkommende Element. Mit der größten Häufigkeit tritt das Isotop Uran-238 auf, das 99,2742 Prozent des natürlichen Urans ausmacht. Das Isotop Uran-235 ist demgegenüber nur zu 0,7204 Prozent im natürlichen Uran enthalten, den Rest von etwa 0,0054 Prozent bildet das Uran-234. Das schwerste Nuklid ist also das Uran-238, dessen Atomkern aus 92 Protonen und 146 Neutronen besteht. Dieses ist zwar auch instabil und zerfällt durch Alpha-Zerfall. Seine Halbwertszeit (siehe Kap. 3) ist jedoch mit 4,5 Milliarden Jahren sehr groß, das heißt, radioaktive Zerfälle sind selten. Deshalb wird es auch zu den stabilen Elementen gezählt. Aufgrund der großen Halbwertszeit kommt es noch natürlich in der Erdkruste vor.

2.3 Kernmassen und Bindungsenergie

Die Protonen und Neutronen im Kern werden durch die starke Wechselwirkung gebunden. Aufgrund der großen Stärke dieser Kraft – verglichen mit der elektromagnetischen Wechselwirkung – sind auch die Bindungskräfte der einzelnen Nukleonen im Kern erheblich größer als beispielsweise bei den Elektronen in der Atomhülle. Nach der von Einstein formulierten Beziehung zwischen der Energie E und der Masse m

$$E = mc^2$$

führt diese starke Bindungsenergie auch zu einem Unterschied in der Masse: Ein aus mehreren Nukleonen zusammengesetzter Kern hat eine geringere Masse, ist also leichter als die Summe seiner einzelnen Bausteine. Dieser sogenannte Massendefekt beläuft sich auf fast ein Prozent der Kernmasse. Das heißt, die Bindungsenergie der Nukleonen im Kern entspricht fast einem Prozent ihrer Masse.

Beispiel

Für schwerere Kerne liegt die Bindungsenergie pro Nukleon im Mittel bei sieben bis acht Millionen Elektronenvolt (Megaelektronenvolt). Zum Vergleich: Bei einem Elektron in der Atomhülle des Wasserstoffatoms beträgt die Bindungsenergie dagegen nur rund 13,6 Elektronenvolt, also rund eine Million Mal weniger als bei einem Nukleon im Kern.

Da die starke Wechselwirkung eine relativ geringe Reichweite aufweist, ziehen sich im Wesentlichen nur direkt benachbarte Nukleonen an. Die Stärke dieser Bindung ist also von der Größe des Atomkerns weitestgehend unabhängig.

Die Bindungsenergie der Nukleonen im Kern wird aber auch von der elektromagnetischen Wechselwirkung bestimmt. Mit zunehmender Kernladungszahl nimmt die Zahl der Protonen im Kern zu, die sich aufgrund ihrer positiven Ladung gegenseitig abstoßen. Die elektromagnetische Abstoßung wirkt auf alle Protonen im Kern und wird daher bei größeren Kernen zunehmend wichtiger. Daneben gibt es weitere Effekte, die die Bindungsenergie der Nukleonen beeinflussen. Auf eine detailliertere Erläuterung soll hier verzichtet werden. Aus der Überlagerung der starken und der elektromagnetischen Wechselwirkung im Kern resultieren jedoch zwei wichtige Effekte.

Der erste Effekt: Das Verhältnis von Neutronen zu Protonen im Kern verschiebt sich. Bei leichten Kernen liegt eine besonders gute Bindung bei gleicher Anzahl von Protonen und Neutronen vor. Dies führt zu stabilen Kernen. Bei Kernen mit vielen Protonen nimmt deren elektromagnetische Abstoßung stark zu. Hier ist daher eine höhere Anzahl an Neutronen notwendig, um die Abstoßung der Protonen auszugleichen. Schwere stabile Kerne weisen daher mehr Neutronen als Protonen im Kern auf. In Abb. 2.1 sind die bekannten Atomkerne mit ihrer Neutronenzahl (N) und der Anzahl der Protonen (Z) dargestellt. Stabile Atomkerne sind dabei schwarz eingezeichnet.

Während bei leichten Atomkernen die stabilen Isotope eine ungefähr gleich große Anzahl von Protonen und Neutronen besitzen und daher in Abb. 2.1 auf der Diagonalen liegen, ist die Kurve der stabilen Atomkerne für schwerere Elemente hin zu mehr Neutronen verschoben. So beträgt das Verhältnis von Neutronen zu Protonen bei Kohlenstoff-12 genau eins, für das Isotop Uran-235 dagegen 1,55, Uran verfügt also über gut 50 Prozent mehr Neutronen als Protonen im Kern.

Der zweite Effekt ist die resultierende Bindungsenergie pro Nukleon. So steigt die Stärke der Bindung zunächst mit zunehmender Zahl der

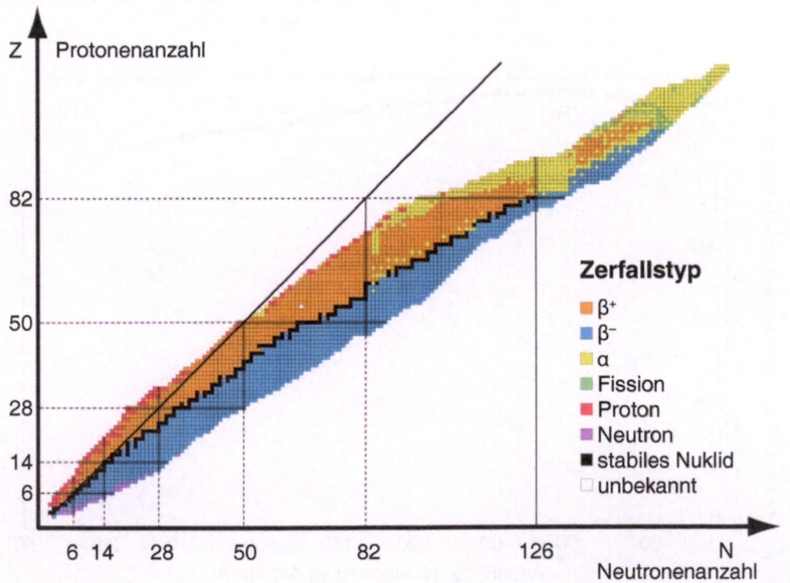

Abb. 2.1 Nuklidkarte (Quelle: Wikipedia)

Nukleonen im Kern an (siehe Abb. 2.2). Werden die Kerne immer schwerer, nimmt jedoch die elektromagnetische Abstoßung weiter zu, und die Bindungsenergie pro Nukleon nimmt wieder ab. Es ergibt sich ein Maximum in der Bindungsenergie pro Nukleon beim Kern des Eisen-56. Hier sind die Nukleonen mit etwa 8,8 Megaelektronenvolt pro Teilchen gebunden.

Das bedeutet: Eisen-56 ist am stärksten gebunden, die Bindungsenergie ist hier optimal. Sowohl für leichtere wie für schwerere Kerne ist die Bindungsenergie pro Nukleon geringer, die Bindung ist daher nicht optimal.

Aus diesen Effekten ergeben sich zwei Wege, Energie aus der Umwandlung von Atomkernen zu gewinnen: die Kernfusion, also die Verschmelzung von leichten Atomkernen zu schwereren Kernen, und die Kernspaltung, also das Aufbrechen eines schweren Kerns in zwei leichtere Bruchstücke.

So wird bei der Fusion von zwei leichten Atomkernen wie beispielsweise Deuterium zu Helium-4 eine Energiedifferenz von rund sechs Megaelektronenvolt pro Nukleon frei. Dies ist die Basis der Energie-

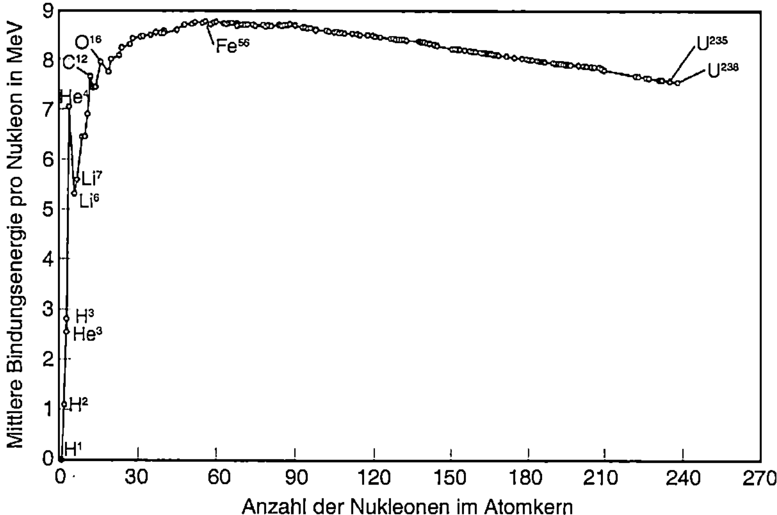

Abb. 2.2 Mittlere Bindungsenergie pro Nukleon (Quelle: Wikipedia)

erzeugung in den Sternen, also auch in unserer Sonne. Umgekehrt wird bei einer Spaltung von schweren Atomkernen wie beispielsweise Uran-235 in zwei leichtere Bruchstücke aufgrund des Massendefekts eine Energiedifferenz von fast einem Megaelektronenvolt pro Nukleon frei. Bei 235 Nukleonen im Kern des Urans entspricht dies pro Spaltung einer Energie von etwa 210 Megaelektronenvolt. Zum Vergleich: Bei einer chemischen Verbrennung eines Kohlenstoffatoms werden etwa vier Elektronenvolt an Energie freigesetzt. Dies bedeutet, dass bei der Verbrennung von einem Kilogramm Kohlenstoff zu Kohlendioxid etwa 9,1 Kilowattstunden Energie frei werden. Demgegenüber würden durch die vollständige Spaltung von einem Kilogramm Uran-235 etwa 24 Millionen Kilowattstunden Energie freigesetzt.

▷ Bei der Spaltung eines Atomkerns kann über eine Million Mal mehr Energie freigesetzt werden als bei einer einzelnen chemischen Verbrennung, beispielsweise von Kohlenstoff.

2.4 Kernspaltung

1934 untersuchte der Kernphysiker Fermi Umwandlungen von Atomkernen, die er durch die Bestrahlung mit Neutronen auslöste. Er interpretierte seine Ergebnisse so: Durch einen Einfang von Neutronen im Uran würden sogenannte Transurane gebildet. Transurane sind Elemente schwerer als Uran. Sie gehören zur chemischen Gruppe der Aktiniden, zu der neben den Transuranen auch Thorium, Protactinium und das Uran selbst gezählt werden. Doch erst die Wissenschaftler Hahn, Meitner und Straßmann analysierten im Jahr 1938 die entstehenden Stoffe chemisch genau und machten eine bis dahin unerwartete Entdeckung: Neben den von Fermi gefundenen Transuranen konnten sie Spuren des Elements Barium nachweisen. Dieses ist mit einer Kernladungszahl von 56 nur etwa halb so schwer wie Uran. Sie erklärten dies mit einem Zerplatzen des ursprünglichen Uranatoms. Dafür wurde der Begriff der Kernspaltung, englisch „nuclear fission", eingeführt.

▷ Reagieren Neutronen mit einem schweren Atomkern, können u. a. zwei wichtige
  Prozesse auftreten: Das Neutron wird eingefangen und es entsteht ein schwere-
  rer Atomkern, oder das Neutron löst eine Kernspaltung aus, bei der der Atomkern in zwei etwa gleich schwere Teile zerbricht.

Die Kernspaltung lässt sich mit dem sogenannten Tröpfchenmodell beschreiben. In diesem einfachen Modell stellt man sich den Atomkern näherungsweise als Tropfen einer Flüssigkeit vor. Aufgrund der Oberflächenspannung nimmt ein Flüssigkeitstropfen normalerweise eine möglichst runde Form an. Führt man der Flüssigkeit jedoch Energie zu, so kann der Tropfen in Schwingung geraten und sich deformieren. Ist die zugeführte Energie groß genug, kann die Deformation des Tropfens so groß werden, dass er sich in zwei Teile auftrennt. Ähnlich verhält es sich mit den Nukleonen eines Atomkerns. Auch diese können durch Energiezufuhr zu kollektiven Schwingungen angeregt werden, wodurch der Atomkern dann seine Form verändert. Ist die Energie und damit die Deformation groß genug, zerbricht der Atomkern schließlich in zwei Teile. Die dafür benötigte Energiemenge nennt man Spaltbarriere.

Wird die Energie, die der Kern braucht, um die Spaltbarriere zu überwinden, durch ein Neutron geliefert, spricht man von einer neutroneninduzierten Spaltung. Bleibt die Frage, woher die Energie stammt. Zum einen bringt das Neutron seine Bewegungsenergie ein, auch als kinetische Energie bezeichnet. Zum anderen wird die Bindungsenergie des Neutrons frei. Reicht die Summe dieser Energien aus, um die Spaltbarriere zu überwinden, kann es zur Spaltung kommen.

Trotz der vorhandenen Spaltbarriere kann es auch ohne induzierendes Neutron zu einer Kernspaltung kommen. Diese Form eines Zerfalls wird als Spontanspaltung bezeichnet. Sie kann bei schweren Atomkernen auftreten, hat jedoch eine sehr viel geringere Wahrscheinlichkeit als andere radioaktive Zerfälle.

Die von Hahn, Meitner und Straßmann im Jahre 1938 nachgewiesene Spaltreaktion lässt sich beispielsweise wie folgt schreiben:

$$^{235}_{92}U + ^{1}_{0}n \rightarrow ^{236}_{92}U \rightarrow ^{138}_{56}Ba + ^{95}_{36}Kr + 3\,^{1}_{0}n$$

Ein Atomkern des Uran-235 fängt ein Neutron ein. Es entsteht kurzzeitig ein Atomkern des Uran-236. Durch die frei werdende Bindungsenergie des Neutrons angeregt, zerbricht das Uran-236 jedoch sehr schnell in zwei Teile, die Spaltprodukte, hier ein Barium-138 und ein Krypton-95.

Schwere Atomkerne besitzen noch eine weitere Eigenschaft, die zu zwei wichtigen Effekten führt: Wie oben bereits erläutert, ist bei ihnen das Verhältnis von Neutronen zu Protonen höher als bei leichteren Elementen, sie besitzen also einen Neutronenüberschuss.

Ein erster Effekt ist, dass deshalb die entstehenden Spaltprodukte zu viele Neutronen im Kern haben, um stabil zu sein. Sie wandeln sich daher durch radioaktive Beta-Zerfälle in andere, stabilere Nuklide um. Im Beispiel oben handelt es sich nur bei Barium-138 um ein stabiles Nuklid. Krypton-95 hat dagegen sechs Neutronen mehr als das gleich schwere, aber stabile Nuklid Molybdän-95. Es durchläuft daher eine Reihe von Beta-Zerfällen, bis schließlich Molybdän-95 übrig bleibt.

▷ Schwerere Elemente haben einen größeren Anteil an Neutronen im Kern als leichtere Elemente. Darum haben ihre Spaltprodukte zu viele Neutronen im Kern, sind instabil und streben einen energetisch günstigeren Zustand an. Dies ist die wesentliche Ursache für die Radioaktivität der bei der Kernspaltung entstehenden Spaltprodukte.

Als zweiter Effekt werden bei der Spaltreaktion neben den Spaltprodukten auch Neutronen freigesetzt, im obigen Beispiel 3 Neutronen. Diese können neue Kernspaltungen auslösen. In diesem Fall spricht man von einer Kettenreaktion.

2.5 Kettenreaktion

Bei einer Spaltung von Uran-235 mit langsamen Neutronen werden im Mittel 2,43 Neutronen frei. Eine Kettenreaktion ergibt sich, wenn jeweils eins der Neutronen, die aus einer Spaltung freigesetzt wurden, eine neue Kernspaltung auslöst. Daraus kann sich eine dauerhafte Kette von Spaltungen ergeben, von denen jeweils eine die nächste hervorruft. Diese Tatsache macht es möglich, die bei der Kernspaltung frei werdende Energie in großem Umfang freizusetzen.

Ein Maß dafür, wie viele Neutronen aus einer Spaltung zu einer neuen Spaltung führen, ist der sogenannte Multiplikationsfaktor k eines Systems. Er ist definiert als die Anzahl der Spaltungen, die pro Kernspaltung in der Folge neu ausgelöst werden. Ist k eine Zahl kleiner eins, nimmt die Zahl der neuen Neutronen aus Kernspaltungen über die Zeit ab. Die Kettenreaktion kommt zum Erliegen. Ist k größer als eins, so nimmt die Zahl neuer Kernspaltungen über die Zeit zu. Es wird also zunehmend schneller Energie freigesetzt. Nur wenn der Multiplikationsfaktor genau eins ist, bleibt die Zahl der Kernspaltungen zeitlich konstant. Es wird also eine gleichbleibende Menge an Energie freigesetzt.

Der Multiplikationsfaktor k ist damit ein Maß für die sogenannte Kritikalität eines Systems. Die Kritikalität gibt an, ob in einem System eine Kettenreaktion stattfinden kann. Ein System, bei dem der Multiplikationsfaktor genau eins ist, wird als kritisches System bezeichnet, der Fall k kleiner eins als unterkritisch, der Fall k größer eins entsprechend als überkritisch.

▷ Man bezeichnet diejenige Masse, bei der eine gegebene Anordnung gerade eben kritisch wird, als eine kritische Masse.

Für die Frage, wie schnell sich die Leistung in einem System mit der Zeit verändert, ist die Abweichung der Kritikalität k vom Wert eins entscheidend. Ein Maß für die Abweichung ist die Reaktivität. Ist die Reaktivität eines Systems positiv, so nimmt die Leistung zu, ist sie dagegen negativ, so nimmt die Leistung ab. Je größer der Wert der Reaktivität, umso schneller ändert sich die Leistung.

Im Reaktorbetrieb wird eine kritische Anordnung benötigt, also ein System, bei dem die Zahl der Kernspaltungen über die Zeit konstant bleibt. Damit ein System kritisch sein kann, sind eine Reihe von Faktoren zu erfüllen.

Zunächst wird ein Element benötigt, das mit großer Wahrscheinlichkeit gespalten wird, wenn es ein Neutron einfängt. Von den in der Natur vorkommenden Elementen erfüllt dies nur das schwerste Element: Uran. Wie oben beschrieben, besteht Uran wesentlich aus zwei Isotopen, dem Uran-238 und dem Uran-235. Die Spaltbarriere von Uran-238 und Uran-235 beträgt jeweils rund sechs Megaelektronenvolt.

Fängt Uran-235 ein Neutron ein, wird immer genug Bindungsenergie frei, um diese Spaltbarriere zu überwinden. Daher ist Uran-235 auch mit langsamen Neutronen spaltbar. Anders bei Uran-238: Hier werden bei Einfang eines Neutrons nur etwa fünf Megaelektronenvolt Bindungsenergie frei. Das ist zu wenig, um die Spaltbarriere zu überwinden, und der Grund, warum Uran-238 nur mit sogenannten schnellen Neutronen gespalten werden kann, die eine sehr hohe kinetische Energie von mehr als einem Megaelektronenvolt aufweisen. Eine Spaltung von Uran-238 mit langsamen Neutronen ist dagegen nicht möglich.

In Uran-238 ist daher auch eine kritische Kettenreaktion nicht möglich: Zu viele der frei werdenden Neutronen würden im Uran-238 einfach nur eingefangen, ohne erneut zu einer Kernspaltung zu führen. Das liegt daran, dass Uran-238 sich nur mit hohen Neutronenenergien zuverlässig spalten lässt. Die aus einer Kernspaltung frei werdenden Neutronen haben zwar im Mittel eine hohe kinetische Energie, es handelt sich also um schnelle Neutronen. Das Maximum ihrer Energieverteilung liegt jedoch gerade bei etwa einem Megaelektronenvolt. Durch Stoßprozesse werden die Neutronen zusätzlich abgebremst, so dass sie weiter kinetische Energie verlieren. Folglich haben die Neutronen nicht mehr genug Energie, um in Uran-238 einen Spaltprozess auszulösen.

▷ In reinem Uran-238 ist eine Kettenreaktion nicht möglich.

Anders ist dies für das Isotop Uran-235. Hier ist die Wahrscheinlichkeit für eine Spaltung größer als für einen bloßen Neutroneneinfang. Allerdings hat das Isotop Uran-235 nur einen sehr kleinen Anteil von 0,72 Prozent am gesamten in der Natur vorkommenden Uran. Wird in natürlichem Uran eine Spaltung ausgelöst, werden die entstehenden Neutronen daher mit hoher Wahrscheinlichkeit im Uran-238 eingefangen, anstatt Uran-235 zu spalten. Deshalb lässt sich in Uran, wie es in der Natur vorkommt, nicht ohne Weiteres eine Kettenreaktion auslösen. Über zwei Wege ist es dennoch möglich.

Einerseits kann der Anteil des gut spaltbaren Uran-235 im Uran erhöht werden, durch die sogenannte Urananreicherung. Mit den schnellen Neutronen, die aus der Spaltung entstehen, lässt sich dann eine Kettenreaktion aufrecht erhalten. Dieser Weg wird in „schnellen Reaktoren" verfolgt (siehe Kap. 4) und ist gleichzeitig die Basis für den Bau von Kernwaffen aus Uran (siehe Kap. 9).

Eine zweite Möglichkeit besteht darin, die Energieverteilung der Neutronen im System so zu beeinflussen, dass die Wahrscheinlichkeit für eine Kernspaltung steigt. Dazu müssen die schnellen Neutronen abgebremst werden. Dieser Prozess wird als Moderation bezeichnet. In den gängigen Leichtwasserreaktoren werden beide Wege parallel verfolgt. Der Anteil von Uran-235 wird auf etwa drei bis fünf Prozent erhöht (siehe Abschn. 7.3). Zusätzlich wird moderiert.

2.6 Moderation von Neutronen

Unter Moderation wird das Abbremsen von Neutronen durch elastische Stöße an anderen Atomen verstanden. Die Neutronen können so weit abgebremst werden, dass sie sich im Mittel genauso schnell bewegen wie die Atome in ihrer Umgebung. Dann verlieren sie bei einem Stoß durchschnittlich keine Energie mehr. Solche Neutronen werden als thermische Neutronen bezeichnet. Bei Zimmertemperatur von 293 Kelvin haben thermische Neutronen eine Energie von 0,0253 Elektronenvolt und eine Geschwindigkeit von 2200 Metern pro Sekunde.

Bei schnellen Neutronen ist die Wahrscheinlichkeit für eine Reaktion in Uran-238 vergleichbar groß wie in Uran-235. Werden die Neutronen abgebremst, steigt jedoch die Wahrscheinlichkeit für eine Reaktion mit Uran-235 stark an, diejenige für Uran-238 bleibt demgegenüber etwa konstant. Da auch langsame Neutronen in Uran-235 mit hoher Wahrscheinlichkeit eine Spaltung auslösen, führt eine Moderation der Neutronen also dazu, dass mehr Neutronen zu einer Spaltung führen.

Die Wirkung eines Moderators lässt sich gut am Beispiel eines Billardspiels veranschaulichen: Ein Stoß zwischen zwei gleich schweren Kugeln bremst eine Kugel praktisch vollständig ab. Stößt eine Kugel dagegen an ein schweres Hindernis wie die Bande, wird sie nur reflektiert, ohne nennenswert Energie zu verlieren. So können auch Neutronen am besten durch Stöße mit gleich schweren Partnern abgebremst werden. Daher sind vor allem leichte Elemente wie Wasserstoff oder Kohlenstoff gute Moderatoren. Man spricht auch vom Bremsvermögen eines Moderators.

Eine Kennzahl für das Bremsvermögen eines Moderators ist die Zahl der Stöße, die im Mittel notwendig sind, um Neutronen bis ins thermische Gleichgewicht abzubremsen (siehe Tab. 2.1, mittlere Zeile). Je kleiner diese Zahl, desto besser sind also die Eigenschaften als Moderator.

Andererseits können Neutronen aber auch verloren gehen, wenn sie nämlich im Moderator oder im Uran-238 eingefangen werden. Diese Neutronen stehen dann für eine Aufrechterhaltung einer Kettenreaktion nicht mehr zur Verfügung. Eine Orientierung hierfür gibt die Angabe der relativen Wahrscheinlichkeit, dass thermische Neutronen eingefangen werden. In der untersten Zeile von Tab. 2.1 ist sie für vier wichtige Isotope angegeben. So kann Wasserstoff zwar Neutronen am schnellsten abbremsen. Dafür ist aber die Wahrscheinlichkeit recht hoch, dass die abgebremsten Neutronen vom Wasserstoff absorbiert werden. Demgegenüber ist zwar der Kohlenstoff-12 in Graphit kein so guter Moderator. Dafür sind die Neutronenverluste während der Abbremsung geringer als im Wasserstoff. In der Kerntechnik werden insbesondere Wasser (H_2O), schweres Wasser (D_2O) oder Graphit als Moderatoren eingesetzt, siehe auch Kap. 4.

Analysiert man die Neutronenverluste genauer, so ergibt sich: Wasser als Moderator allein reicht nicht aus, um mit natürlichem Uran eine kritische Anordnung aufzubauen. Die Neutronenverluste im Wasser wären zu groß. Für einen Reaktor, der Natururan als Brennstoff nutzen soll, kann daher nur schweres Wasser oder Graphit als Moderator verwendet werden. Sogenanntes leichtes Wasser (H_2O) steht allerdings im Vergleich zu schwerem Wasser sehr kostengünstig zur Verfügung und kann – anders als Graphit – gleichzeitig auch als Kühlmittel zur Abfuhr

Tab. 2.1 Eigenschaften wichtiger Moderatoren im Vergleich zu Uran-238

	Wasserstoff	Deuterium	Kohlenstoff-12	Uran-238
Masse [amu]	1	2	12	238
Mittlere Zahl der Stöße zur Moderation	18	25	114	2172
Relative Wahrscheinlichkeit für den Einfang thermischer Neutronen bezogen auf Wasserstoff	1	0,0017	0,01	8,2

der Wärme verwendet werden, die in einem Reaktor entsteht. Daher basiert ein Großteil der heute betriebenen Kernreaktoren auf leichtem Wasser als Moderator und Kühlmittel. Es handelt sich um die sogenannten Leichtwasserreaktoren (siehe Abschn. 4.2). Bei diesen Reaktoren wird angereichertes Uran verwendet, um eine kritische Anordnung aufbauen zu können.

2.7   Energiefreisetzung bei der Kernspaltung

Wie bereits oben dargestellt, wird bei einer Kernspaltung eine Energie von etwa 210 Megaelektronenvolt frei. Wie sich die Energie bei der Kernspaltung aufteilt, stellt Tab. 2.2 dar.

Ein großer Teil der freigesetzten Energie entsteht als kinetische Energie der Spaltprodukte, das heißt unmittelbar in Form von Wärme. Weitere Anteile entfallen auf die freigesetzten Neutronen sowie auf die Gamma-Strahlung, die direkt bei der Spaltung entsteht. Weiterhin sind viele der entstehenden Spaltprodukte radioaktiv und zerfallen unter Freisetzung von Energie über Beta-Zerfälle hin zu stabilen Nukliden. Dabei entstehen auch sogenannte Neutrinos. Dies sind masselose Teilchen, die ausschließlich der schwachen Wechselwirkung unterliegen. Sie können praktisch ungehindert aus einem Reaktor austreten, so dass deren Energieanteil von etwa zehn Megaelektronenvolt nicht zur Energiegewinnung im Reaktor beiträgt.

93 Prozent der verbleibenden Energie werden unmittelbar bei der Spaltung freigesetzt. Die restlichen rund sieben Prozent entstehen erst

Tab. 2.2 Energieverteilung bei der Kernspaltung, angegeben in Megaelektronenvolt (MeV)

Kinetische Energie der Spaltprodukte	175 MeV
Kinetische Energie der Spaltneutronen	5 MeV
Energie der Gamma-Strahlung	7 MeV
Energie aus radioaktiven Zerfällen	13 MeV
Energie der Neutrinos	10 MeV
Summe	**210 MeV**

in der Folgezeit durch den radioaktiven Zerfall der Spaltprodukte. Dieser Anteil der Energie wird Stunden, Tage und noch Jahre nach der Kernspaltung freigesetzt, was zur sogenannten Nachzerfallswärme führt (siehe Abschn. 5.1).

▷ Etwa sieben Prozent der Wärmemenge, die in einem Reaktor anfällt, wird nicht unmittelbar bei der Spaltung frei, sondern entsteht erst verzögert durch radioaktive Zerfälle in der Folgezeit, also auch nach Abschaltung eines Reaktors. Diese Energie wird auch als Nachzerfallswärme bezeichnet.

2.8 Spaltprodukte, Plutonium und Transurane

Bei einer Spaltung entstehen typischerweise zwei Spaltprodukte. Dabei ist nicht genau festgelegt, welche speziellen Nuklide entstehen. Vielmehr gibt es eine große Spannbreite möglicher Spaltprodukte. Für sie kann lediglich die mittlere Häufigkeit (englisch Yield) angegeben werden, mit der sie bei einer Spaltung entstehen. In der Regel findet keine symmetrische Spaltung statt, das heißt, die entstehenden Spaltprodukte sind nicht gleich schwer. Es ergibt sich eine Verteilungskurve der Spaltprodukte wie in Abb. 2.3 dargestellt. Auf die entstehenden Mengen und deren radiologische Bedeutung wird in Kap. 3 genauer eingegangen.

In Leichtwasserreaktoren besteht der Brennstoff nur zu wenigen Prozent aus dem spaltbaren Isotop Uran-235, den größten Teil bildet das unter Reaktorbedingungen nicht spaltbare Uran-238. Daher kommt es hier auch zu vielen Neutroneneinfängen. Daraus entstehen schwerere chemische Elemente, sogenannte Transurane. Ein Neutroneneinfang in Uran-238 führt durch zwei anschließende radioaktive Beta-Zerfälle zu dem neuen chemischen Element Plutonium. Es liegt als Isotop Plutonium-239 vor:

$$^{238}_{92}U + ^{1}_{0}n \rightarrow ^{239}_{92}U \rightarrow ^{239}_{93}Np + \beta^- \rightarrow ^{239}_{94}Pu + 2\,\beta^-$$

Auch in der Natur kommt es durch Kernreaktionen im Uran kontinuierlich zur Bildung von Plutonium, die dadurch weltweit existierenden Mengen werden auf wenige zehn Kilogramm geschätzt, sind also verschwindend gering. Plutonium-239 ist genauso wie Uran-235 sowohl mit schnellen als auch mit thermischen Neutronen sehr gut spaltbar. Durch die Umwandlung des Uran-238 im Reaktor entsteht somit ein neues spaltbares Nuklid: Plutonium-239. Dieser Prozess wird daher auch als Brutprozess bezeichnet, da neues Spaltmaterial erzeugt wird. In jedem mit Uran betriebenen Kernreaktor entsteht auch Plutonium. Je nach Zusammensetzung des Brennstoffs und der Energieverteilung der Neutronen, die zur Spaltung genutzt werden, also schnelle oder thermische Neutronen, kann im Brennstoff sogar mehr Spaltstoff in Form von Plutonium erzeugt werden, als durch Spaltung verbraucht wird. Ein solcher Reaktor wird Brutreaktor oder Schneller Brüter genannt (siehe Kap. 4). Da auch das Plutonium weitere Neutronen einfängt, entstehen immer schwerere Atomkerne wie schwerere Isotope des Plutoniums oder Isotope des Americiums oder Curiums. Alle diese Aktiniden sind hochradioaktiv und kommen in der Natur nicht vor.

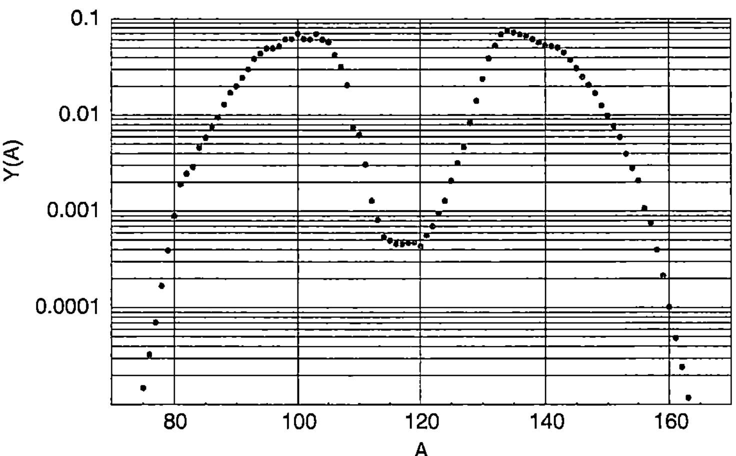

Abb. 2.3 Kumulativer Yield Y für Atomkerne mit Massenzahlen A zwischen 75 und 165 für eine thermische Spaltung von Plutonium-239. Die entstehenden Spaltprodukte haben also typische Massen um 100 (wie z. B. Strontium-90) oder um 130 (wie z. B. Iod-131, Cäsium-137).

Weiterführende Literatur

[1]   Winfried Koelzer: Lexikon zur Kernenergie, Forschungszentrum Karlsruhe 2011.
[2]   Nuklidkarte im Internet, http://atom.kaeri.re.kr/ton/, Stand 01.01.2012.
[3]   Werner Stolz: Radioaktivität. Grundlagen – Messung – Anwendung. Berlin Heidelberg 2005.
[4]   Klaus Bethge, Gertrud Walter, Bernhard Wiedemann: Kernphysik: Eine Einführung. Berlin Heidelberg 2007.

Radioaktivität – Strahlung und ihre Folgen für den Menschen

3

Christian Küppers

Zusammenfassung

In einem Kernkraftwerk fallen sehr große Mengen radioaktiver Stoffe an. Gelangen sie in die Biosphäre, gefährden sie Mensch und Umwelt. Man unterscheidet mehrere Arten radioaktiver Strahlung, unter anderem die Alpha-, Beta- und Gammastrahlung. Je nachdem, auf welchem Weg ein Mensch welcher Art der Strahlung ausgesetzt ist, kann dies ganz unterschiedliche Konsequenzen haben. Einige Radionuklide schädigen den Menschen bereits von außen durch ihre Strahlung, andere Radionuklide wirken erst nach einer Aufnahme durch die Atmung oder über die Nahrung im Körper. Schließlich wird auf die Höhe des mit der radioaktiven Strahlung verbundenen Risikos eingegangen. Während bei sehr hohen Dosen mit akuten Strahlenschäden zu rechnen ist, treten bei niedrigen Strahlendosen langfristige stochastische Strahlenschäden auf.

Christian Küppers (✉)
Öko-Institut e.V., Büro Darmstadt, Rheinstraße 95, 64295 Darmstadt
Kernenergiebuch@oeko.de

J.M. Neles, C. Pistner, *Kernenergie*, Technik im Fokus
DOI 10.1007/978-3-642-24329-5_3, © Springer-Verlag Berlin Heidelberg 2012

3.1 Arten der Strahlung und ihre Entstehung

Die Wissenschaft beschreibt etwa hundert Elemente, die sich chemisch unterschiedlich verhalten. Jedes Element besteht aus einer bestimmten Atomart. Wie die Atome aufgebaut sind, wurde in Abschn. 2.2 erläutert.

Einige Atomkerne sind energetisch nicht stabil. Sie wandeln sich in einen stabileren Zustand um, indem sie Energie in Form von Strahlung abgeben. Diese Eigenschaft, sich spontan unter Abstrahlung von Energie umzuwandeln, wird als Radioaktivität bezeichnet. Unter dem radioaktiven Zerfall versteht man den Vorgang selbst. Die instabilen Kerne nennt man auch Radionuklide, sie sind radioaktiv. Das Produkt eines Zerfalls kann wiederum selbst radioaktiv sein und erneut zerfallen, so dass sich auch längere Zerfallsketten ergeben können.

Für einen einzelnen radioaktiven Atomkern lässt sich nicht vorhersagen, zu welchem Zeitpunkt er zerfallen wird. Dies kann in der nächsten Sekunde oder aber erst in tausenden oder Milliarden von Jahren erfolgen. Für eine große Zahl von radioaktiven Kernen lässt sich jedoch bestimmen, nach welcher Zeit die Hälfte der zunächst vorhandenen Atome zerfallen sein wird. Diese Zeit wird als Halbwertszeit bezeichnet. Jedes Radionuklid hat dabei eine bestimmte, feste Halbwertszeit.

Nach einer Halbwertszeit ist die Hälfte der ursprünglich vorhandenen Atome zerfallen, nach einer weiteren Halbwertszeit wiederum die Hälfte der dann noch vorhandenen Menge. Nach zwei Halbwertszeiten liegt also noch ein Viertel der ursprünglichen Atome vor, nach drei Halbwertszeiten noch ein Achtel und so weiter. Entsprechend nimmt auch die freigesetzte Strahlung ab. Diesen Vorgang bezeichnet man als Abklingen.

Das Maß für Radioaktivität ist die Anzahl der Zerfälle in einer bestimmten Zeit. Sie wird in der Einheit Becquerel gemessen, abgekürzt Bq, und kurz als Aktivität bezeichnet. Ein Becquerel entspricht dabei dem radioaktiven Zerfall eines Atomkerns pro Sekunde. Früher wurde als Einheit das Curie verwendet. Es entsprach der Aktivität von einem Gramm Radium-226, nämlich 37 Milliarden Becquerel.

Abbildung 3.1 veranschaulicht das Abklingen für die beiden Radionuklide Cäsium-134 mit einer Halbwertszeit von zwei Jahren und Cäsium-137 mit einer Halbwertszeit von 30 Jahren. Während vom ursprüng-

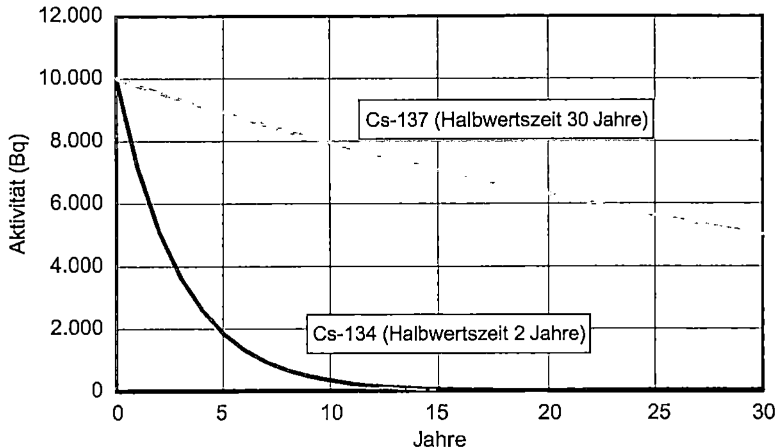

Abb. 3.1 Abklingen von radioaktiven Stoffen

lich vorhandenen Cäsium-137 nach 30 Jahren noch die Hälfte übrig ist, ist das Cäsium-134 dann schon auf etwa ein 30.000stel seiner ursprünglichen Menge abgeklungen.

Die Aktivität eines Gramms eines Radionuklids hängt von dessen Kernmasse und Halbwertszeit ab: Je größer die Kernmasse, desto geringer ist die resultierende Aktivität, da dann ein Gramm aus weniger Atomen besteht. Je kürzer die Halbwertszeit, desto mehr Atome zerfallen in einer vorgegebenen Zeit, umso größer ist also die Aktivität. Ein Gramm Cäsium-137 mit einer Halbwertszeit von 30 Jahren hat beispielsweise eine Aktivität von 3,3 Billionen Becquerel. Die Aktivität von einem Gramm Uran-238 mit einer Halbwertszeit von 4,5 Milliarden Jahren entspricht 12.500 Becquerel. Oder anders ausgedrückt: Bereits ein dreimillionstel Gramm Cäsium-137 weist eine Aktivität von einer Million Becquerel, also einer Million Zerfällen pro Sekunde auf. Eine hohe und gut messbare Aktivität kann also auch schon von einer winzigen Masse herrühren.

Für ein bestimmtes Radionuklid ergibt sich bei einer bestimmten Masse aufgrund der eindeutigen Halbwertszeit und der eindeutigen Kernmasse auch eine eindeutige Aktivität. Die Aktivität wird daher häufig synonym zur Angabe der Masse verwendet, also: ein Gramm

Cäsium-137 entspricht 3,3 Billionen Becquerel Cäsium-137 und umgekehrt.

Die beim radioaktiven Zerfall frei werdende Energie wird in Form von Strahlung abgegeben. Es gibt verschiedene Arten radioaktiver Strahlung. Die wichtigsten sind

- Alpha-Strahlung,
- Beta-Strahlung,
- Gamma-Strahlung und
- Neutronenstrahlung.

Meist treten bei einem radioaktiven Zerfall mehrere Strahlungsarten auf. Die folgenden Abschnitte fassen zusammen, worin sie sich unterscheiden und welche ihrer Eigenschaften für den Strahlenschutz besonders wichtig sind. Dabei geht es insbesondere auch um die Frage, wie sich radioaktive Stoffe in der Umwelt nachweisen lassen. Abbildung 3.2 zeigt drei charakteristische Beispiele, wie radioaktive Atomkerne zerfallen können.

- Alpha-Strahlung wirkt nur auf kurze Entfernung, also wenn das Radionuklid in den Körper gelangt ist.
- Beta-, Gamma- und Neutronen-Strahlung dringt auch aus größerer Entfernung von außen in den Körper ein.
- Alpha-Strahlung hat im Körper eine besonders große Wirkung, konzentriert auf kleinstem Raum.
- Die Wirkung von Beta-, Gamma- und Neutronen-Strahlung erstreckt sich dagegen über größere Körperbereiche.

3.1.1 Alpha-Strahlung

Alpha-Strahlung ist eine Teilchenstrahlung, die aus einzelnen Heliumkernen, den Alpha-Teilchen, besteht. Ein Radionuklid, das bei seinem Zerfall einen solchen Heliumkern heraustrennt, wird als Alpha-Strahler bezeichnet, der Zerfall als Alpha-Zerfall.

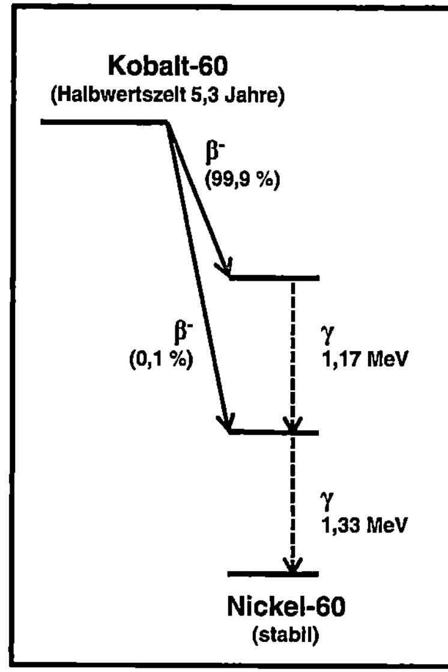

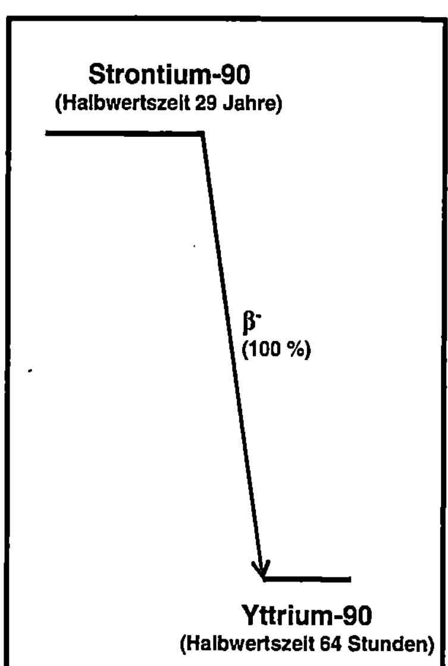

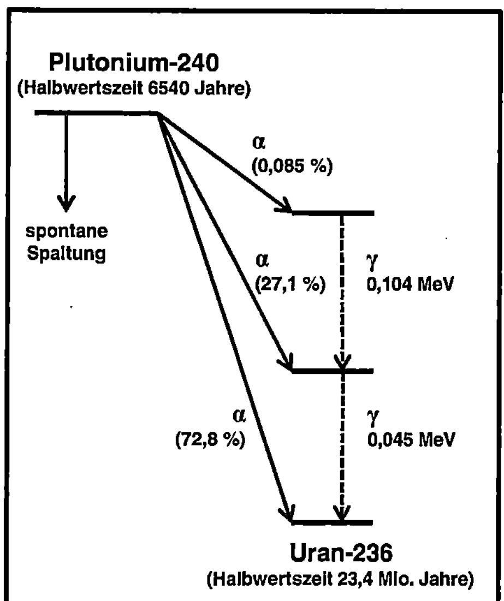

Abb. 3.2 Radioaktiver Zerfall: verschiedene Arten der Kernumwandlung von Radionukliden

Beispiel

Plutonium-240 zerfällt mit einer Halbwertszeit von 6540 Jahren in einer langen Zerfallskette, die zunächst über das Nuklid Uran-236 führt. Auch eine spontane Spaltung ist möglich, bei der der Kern in zwei leichtere Kerne zerbricht, die wiederum radioaktiv sein können. Dies tritt aber nur in etwa sechs von einer Million Zerfällen ein. Überwiegend erfolgt eine Umwandlung durch die Abgabe von Alpha-Strahlung. Diese kann verschiedene Energien aufweisen, die mit sehr unterschiedlicher Häufigkeit auftreten. In 72,8 Prozent der Zerfälle wird direkt der Grundzustand des Uran-236 erreicht. In allen anderen Fällen muss weitere Gamma-Strahlung abgegeben werden, um den Grundzustand des Uran-236 zu erreichen. Bei Plutonium-240 ist das Zerfallsschema im Vergleich zu vielen anderen Alpha-Strahlern noch relativ übersichtlich. Oft sind zahlreiche weitere Kombinationen von Alpha- und Gamma-Strahlung möglich.

Alpha-Strahlung hat eine geringe Reichweite, in Luft wenige Zentimeter. Sie kann bereits durch ein Blatt Papier abgeschirmt werden. Trifft sie von außen auf einen Menschen, so wird ihre Energie bereits in der Hornhaut abgegeben. Dort richtet sie keinen Schaden an, da Hornhaut totes und strahlenunempfindliches Gewebe ist. Werden alpha-strahlende Radionuklide allerdings über die Atemwege, über Nahrung oder durch Wunden in den Körper aufgenommen, kann Alpha-Strahlung dagegen sehr wirksam werden, da sie direkt auf lebendes Zellgewebe trifft.

Die Energie der Alpha-Strahlen hat für jedes Radionuklid charakteristische Größen, die dem Unterschied im Energieniveau zwischen dem ursprünglichen Kern und dem Kern nach Abgabe des Alpha-Teilchens entsprechen. Dies zeigt auch Abb. 3.2. Um ein alpha-strahlendes Radionuklid zu identifizieren, kann daher diese Energie gemessen werden. Der Aufwand dazu ist aber erheblich. Da Alpha-Strahlung nur eine geringe Reichweite hat, nimmt auch ihre Energie rasch ab, selbst wenn sie bis zur Messung erst wenig Materie durchdrungen hat. Zur nuklidspezifischen Messung muss das Element deshalb zunächst chemisch aus der zu untersuchenden Probe abgetrennt und auf eine Folie in extrem dünner Schicht aufgetragen werden. Zusätzlich ist ein Vakuum erforderlich. Erst danach kann gemessen werden. Hieraus erklärt sich beispielsweise der große Zeitbedarf einer Plutoniumanalyse aus einer Umweltprobe von meist einigen Tagen. Nur wenige Alpha-Strahler, beispielsweise Americium-241, können auch über ihre Gamma-Strahlung (siehe unten Abschn. 3.1.3) identifiziert werden. Meist ist die Energie der bei Alpha-Strahlern gleichzeitig auftretenden Gamma-Strahlung aber so niedrig, und es treten so viele unterschiedlich große Energien beim gleichen Radionuklid auf, dass eine Identifizierung beim üblichen „Hintergrund-rauschen" einer Messung nicht möglich ist.

3.1.2 Beta-Strahlung

Auch die Beta-Strahlung ist eine Teilchenstrahlung. Sie besteht aus Elektronen oder Positronen. Elektron und Positron haben die gleiche Masse, aber negative beziehungsweise positive Ladung. Entsprechend unterscheidet man zwischen der „Beta-Minus-Strahlung" und der „Beta-Plus-Strahlung". Die Elektronen bzw. Positronen der Beta-Strahlung entstehen im Kern, wenn sich ein Neutron in ein Proton bzw. ein Proton in ein Neutron umwandelt. Dabei wird immer noch ein weiteres Teilchen, ein sogenanntes Neutrino, frei. Neutrino und Antineutrino sind jedoch für den Strahlenschutz nicht relevant, da sie im menschlichen Körper keine Reaktionen bewirken, sondern ihn ungehindert durchdringen. Da Radionuklide aus der Kernspaltung einen Neutronenüberschuss aufweisen, siehe Abschn. 2.4, und sich diese Neutronen in ein Proton umwandeln sind die Spaltprodukte oft Beta-Minus-Strahler, während Beta-Plus-Strahler von anderen Kernreaktionen herrühren.

Beispiel

Strontium-90 zerfällt mit einer Halbwertszeit von 29 Jahren in das Radionuklid Yttrium-90. Bei diesem Zerfall wird immer das niedrigste Energieniveau des Yttrium-90 erreicht, ohne dass zusätzlich Gamma-Strahlung abgegeben werden muss. Strontium-90 wird daher als reiner Beta-Strahler bezeichnet.

Beta-Strahlung hat in Luft eine Reichweite von einigen Metern. Bei ausreichend hoher Energie kann sie die menschliche Hornhaut durchdringen und so auch durch äußere Bestrahlung und nicht nur nach Aufnahme von Radionukliden in den Körper wirksam werden. Eine Abschirmung ist beispielsweise durch wenige Millimeter dünne Schichten von Metall, Beton oder ähnlichen Materialien möglich.

Wie Abb. 3.2 zeigt, wird beim Beta-Zerfall eine ganz bestimmte Energie abgegeben. Diese beschränkt sich aber nicht alleine auf das Beta-Teilchen. Da immer noch zusätzlich ein Neutrino oder ein Antineutrino abgegeben wird, teilen sich diese Teilchen die Gesamtenergie statistisch. Es fehlt so aber beim Beta-Zerfall eine genau definierte Größe der Energie des Beta-Teilchens, über die das Radionuklid eindeutig identifiziert werden könnte. Eine nuklidspezifische Analyse ist nur mit einem Aufwand möglich, der über die alleinige Messung der Strahlungsenergie hinausgeht. Zur genauen Messung beispielsweise von Strontium-90 muss das Element Strontium zunächst im Labor aus einer Probe chemisch abgetrennt werden. Dann muss abgewartet werden, bis sich eine ausreichend große Zahl an Tochternukliden angesammelt hat, um über deren Identifizierung einen Messwert zu bekommen.

3.1.3 Gamma-Strahlung

Gamma-Strahlung ist eine elektromagnetische Strahlung, vergleichbar dem sichtbaren Licht oder ultravioletter Strahlung, aber mit erheblich höherer Energie. Sie wird beispielsweise dann frei, wenn nach einem Alpha- oder Beta-Zerfall der neu entstandene Kern noch einen Überschuss an Energie aufweist.

Beispiel

Kobalt-60 zerfällt mit einer Halbwertszeit von 5,3 Jahren in das stabile Nuklid Nickel-60. Die horizontalen Striche in Abb. 3.2 verdeutlichen qualitativ die Höhe des Energieniveaus des Kerns. Um auf das stabile Niveau zu gelangen, muss nach dem Beta-Zerfall noch Gamma-Strahlung abgegeben werden. Dies erfolgt unmittelbar nach dem Beta-Zerfall. In 99,9 Prozent der Zerfälle wird zunächst das obere Energieniveau erreicht, dem dann zwei Gamma-Zerfälle mit einer genau definierten Energie von 1,17 Megaelektronenvolt und 1,33 Megaelektronenvolt folgen. Kobalt-60 wird daher als Beta-Gamma-Strahler bezeichnet.

Die Reichweite von Gamma-Strahlung beträgt in Luft einige hundert Meter. Sie kann auch den menschlichen Körper durchdringen und gibt dabei einen Teil ihrer Energie ab. Eine Abschirmung erfordert beispielsweise dicke Betonstrukturen oder Wasserschichten. Die notwendige Dicke ist davon abhängig, wie stark die ursprüngliche Intensität der Strahlung gemindert werden muss, um Mensch und Umwelt ausreichend zu schützen.

Die Energie der Gamma-Strahlung hat bei jedem gamma-strahlenden Radionuklid charakteristische Werte. Mit Messgeräten, in denen die Energie vollständig absorbiert und gemessen werden kann, ist damit die schnelle Identifizierung einzelner Radionuklide möglich. Solche Messungen erfordern jedoch aufwändige und teure Geräte. Bloße Messungen von Gamma-Strahlung zur Bestimmung der Aktivität, ohne Bestimmung des Radionuklids sind dagegen bereits mit einfachen Messgeräten möglich.

3.1.4 Neutronen-Strahlung

Bei der Kernspaltung und bei verschiedenen anderen Kernreaktionen werden aus einem Atomkern Neutronen freigesetzt. In Kernkraftwerken tritt diese Art der Strahlung, bedingt durch die Kernspaltung, vor allem im Reaktorkern selbst auf. Daneben hat sie insbesondere bei abgebrannten Brennelementen Bedeutung. Hier entstehen Neutronen durch Wechselwirkungen von Alpha-Strahlung mit leichten Elementen und durch spontane Spaltung von schweren Elementen wie Curium und Plutonium.

Hochenergetische Neutronen haben in Luft eine große Reichweite, die auch im Bereich von Kilometern liegen kann. Neutronen können mit leichten Atomkernen wie dem Wasserstoff in normalem Wasser abgebremst werden, siehe Abschn. 2.6, und haben dann nur noch eine geringe Reichweite in Materie. Eine besondere Eigenschaft von Neutronen ist, dass sie in anderen Atomkernen eingefangen werden können und diese durch sogenannte Aktivierung in Radionuklide umwandeln.

Die Messung von Neutronen-Strahlung für Strahlenschutzzwecke erfordert sehr komplexe Messgeräte.

3.1.5 Weitere Strahlungsarten

Neben den oben genannten Strahlungsarten gibt es zahlreiche weitere. Sie werden hier nur kurz erwähnt, da sie im kerntechnischen Strahlenschutz wenig Bedeutung haben:

- Verschiedene sehr hochenergetische Partikel treffen aus dem All auf die Erde und tragen zur Höhenstrahlung bei. Diese nimmt mit der Höhe über dem Meeresspiegel und der dadurch geringeren Abschirmung durch die Atomsphäre zu und wird für Menschen insbesondere bei Flügen relevant. Dabei handelt es sich beispielsweise um Positronen, Pionen und Myonen.
- Röntgenstrahlung tritt insbesondere auf, wenn Elektronen stark beschleunigt oder abgebremst werden. Technisch genutzt wird dies in Röntgenröhren zu medizinischen oder wissenschaftlichen Zwecken.
- Durch elektromagnetische Streuprozesse an Kernen und Atomen können Elektronen freigesetzt werden. Da diese aber nicht durch die spontane Umwandlung eines Radionuklids entstehen, werden sie nicht als Beta-Minus-Strahlung bezeichnet.

Tab. 3.1 Einige wichtige Radionuklide und ihre Eigenschaften

Nuklid	Halbwertszeit	Zerfallsart	Menge im Reaktor [a]
Xenon-133	5,2 Tage	Beta/Gamma	8×10^{18} Bq
Iod-131	8,0 Tage	Beta/Gamma	4×10^{18} Bq
Strontium-90	28,79 Jahre	Beta	2×10^{17} Bq
Cäsium-137	30,07 Jahre	Beta/Gamma	3×10^{17} Bq
Plutonium-239	24.110 Jahre	Alpha	1×10^{15} Bq
Uran-238	4,5 Milliarden Jahre	Alpha	1×10^{12} Bq

[a] Typisches Inventar in einem großen Kernkraftwerk mit 1300 Megawatt elektrischer Leistung direkt nach der Abschaltung des Reaktors

Die Tab. 3.1 stellt die Eigenschaften einiger wichtiger Radionuklide, und das Inventar, mit dem sie in Kernreaktoren entstehen, zusammen.

3.2 Strahlendosis und biologische Wirkung

Die Strahlung, die von radioaktiven Stoffen ausgeht, ist sehr energiereich. Von dieser Energie hängt die biologische Wirkung der Strahlung auf den Menschen ab. Die Menge der radioaktiven Strahlung, der ein Mensch ausgesetzt ist, wird als Exposition bezeichnet. Sie wird über die sogenannte Dosis erfasst. Die Dosis ist ein Maß für die Energie, die durch die Strahlung auf ein Lebewesen übertragen wird, und für die damit verbundenen Schädigungen beim Menschen. Im Strahlenschutz sind zahlreiche verschiedene Dosisgrößen definiert. Die wichtigsten werden im nachfolgenden Abschnitt vorgestellt. Schäden können bereits sehr kurzfristig auftreten. Solche akuten Strahlenschäden kommen jedoch nur bei sehr hohen Dosen vor. Im Gegensatz dazu können auch längere Zeit nach der eigentlichen Exposition Strahlenfolgen wie zum Beispiel Krebs auftreten. Diese nur mit einer bestimmten Wahrscheinlichkeit auftretenden Langzeitschäden werden auch als stochastische Schäden bezeichnet.

3.2.1 Dosisgrößen

Ein erstes Dosismaß stellt die **Energiedosis** dar: Sie erfasst die absorbierte Energie in einem durchstrahlten Stoff pro Masse des Stoffs und wird in der Einheit Gray oder kurz Gy angegeben. Ein Gray entspricht einem Joule pro Kilogramm. Zum Vergleich: Um einen Liter Wasser um ein Grad Celsius zu erwärmen, wäre eine sehr große Energiedosis von etwa 4000 Gray erforderlich. Die Energiedosis beschreibt also zunächst nur die physikalische Wirkung der Strahlung auf den Menschen und macht noch keine Aussage zu den dadurch hervorgerufenen biologischen Wirkungen.

Zur besseren Beschreibung der biologischen Wirkungen dient zunächst die **Äquivalentdosis:** Die einzelnen Strahlungsarten können im menschlichen Körper unterschiedlich stark schädigend wirken. Sie werden daher mit einem Qualitätsfaktor gewichtet. Die mit diesem dimensionslosen Faktor gewichtete Energiedosis ist die Äquivalentdosis mit der Einheit Sievert oder kurz Sv. Die Strahlungs-Wichtungsfaktoren betragen beispielsweise eins für Gamma-Strahlung und Beta-Strahlung, 20 für Alpha-Strahlung und fünf bis 20 für Neutronenstrahlung, abhängig von der Neutronenenergie.

Da sich verschiedene Organe in ihrer Strahlenempfindlichkeit unterscheiden, ist weiterhin zu berücksichtigen, wo im Körper die Äquivalentdosis aufgenommen wird. Dazu wird die Dosis bezogen auf ein spezielles Organ angegeben, zum Beispiel auf die Schilddrüse oder auf das rote Knochenmark. Die Einheit dieser sogenannten **Organdosis** ist ebenfalls das Sievert. Die Wichtungsfaktoren der Organe, die Gewebe-Wichtungsfaktoren, haben Werte zwischen 0,01 für Haut sowie Knochenoberfläche und 0,2 für die Keimdrüsen. Wegen ihrer großen Bedeutung im praktischen Strahlenschutz sind diese Wichtungsfaktoren in Deutschland mit der Strahlenschutzverordnung [1] verbindlich festgelegt.

Um nun die tatsächliche Wirkung einer Exposition auf den Menschen zu bestimmen, werden die Äquivalentdosen der Einzelorgane entsprechend deren Empfindlichkeit gewichtet und addiert. Daraus ergibt sich dann die **effektive (Äquivalent-)Dosis.** Ihre Einheit ist ebenfalls das Sievert.

- Das **Becquerel** gibt lediglich die Zahl der radioaktiven Zerfälle in einer Sekunde an.
- Das **Gray** erfasst demgegenüber die durch die radioaktive Strahlung im Körper aufgenommene Energie.
- Das **Sievert** bewertet zusätzlich die biologische Wirkung der radioaktiven Strahlung auf den Menschen.
- Das umfassendste Maß für die mögliche Schädigung des menschlichen Körpers bei Bestrahlung stellt daher die **effektive Dosis** dar.

Wenn der menschliche Körper radioaktive Stoffe aufnimmt, können diese zu einer länger andauernden Bestrahlung des umgebenden Gewebes führen, je nachdem, wie lange sie im Körper bleiben und was ihre Zerfallszeit ist. Die Summe der Dosis, die nach der Aufnahme eines Radionuklids in den Körper erzeugt wird, wird als **Folgedosis** bezeichnet. Da sie einer über die Zeit aufsummierten effektiven Dosis entspricht, hat sie ebenfalls die Einheit Sievert.

Werden radioaktive Stoffe in die Umwelt freigesetzt, so kann eine große Zahl von Menschen davon betroffen sein. Ein Maß hierfür stellt die **Kollektivdosis** dar. Sie ist die Summe aller Dosen von Individuen eines bestimmten Kollektivs, also einer definierten Gruppe von Menschen. Zur Unterscheidung von der effektiven Dosis eines Individuums wird sie in der Einheit Personen-Sievert angegeben.

3.2.2 Wirkungspfade

Die Exposition eines Menschen mit radioaktiver Strahlung kann über zwei wesentliche Pfade erfolgen: Strahlung kann von außen in den menschlichen Körper eindringen, oder die radioaktiven Stoffe selbst können in den Körper aufgenommen werden und dann erst im Körper zerfallen.

▷ Kontamination bezeichnet Prozesse, durch die Spalt- und Aktivierungsprodukte verschleppt und an anderen Stellen abgelagert werden. Dadurch werden bislang nicht radioaktive Materialien, Oberflächen oder die Umwelt mit radioaktiven Stoffen belastet.

Bei äußerer Exposition, zum Beispiel durch die Strahlung, die von einem kontaminierten Boden ausgeht, hängt die Dosis von der Aufenthaltszeit an diesem Ort ab. Dies wird über die sogenannte Ortsdosisleistung gemessen. Die Ortsdosisleistung gibt an, welche Dosis beim Aufenthalt an einem bestimmten Ort für eine bestimmte Zeit verursacht wird. Ihre Einheit ist entsprechend Sievert pro Stunde. Typische Werte für Ortsdosisleistungen in Deutschland liegen zwischen etwa 0,05 und 0,2 Mikrosievert pro Stunde. Bei einem Aufenthalt im Freien von täglich fünf Stunden ergeben sich daraus in einem Jahr effektive Dosen zwischen 0,09 und 0,37 Millisievert.

Vor Strahlung, die von außen auf den Menschen trifft, kann man sich durch drei wesentliche Maßnahmen schützen. Dies sind

- eine verkürzte Aufenthaltszeit in der Nähe der Strahlenquelle,
- ein vergrößerter Abstand von der Strahlenquelle oder
- die Abschirmung der Strahlung.

Die Dosis der Strahlung, die von außen auf den Menschen trifft, lässt sich relativ leicht ermitteln. Sie kann durch Messung der Ortsdosisleistung unter Berücksichtigung der Aufenthaltszeit oder durch Dosimeter bestimmt werden, die am Körper getragen werden.

Gelangen radioaktive Stoffe mit der Atemluft, mit der Nahrung oder über Wunden in den Körper, so resultiert daraus eine interne Exposition. Die Ermittlung der resultierenden Strahlendosis ist dann deutlich komplexer als bei äußerer Bestrahlung. Die Dosis ist dann die Folgedosis, also die Summe der Dosen, die in Zukunft von den aufgenommenen radioaktiven Stoffen bei ihrem Zerfall im Körper erzeugt wird. Neben der physikalischen Halbwertszeit, die den Zerfall der Radionuklide beschreibt, ist dann noch die biologische Halbwertszeit wichtig. Die biologische Halbwertszeit bestimmt, wie lange Radionuklide im Körper verbleiben, bis sie wieder ausgeschieden werden. Sie hängt vor allem vom chemischen Element ab, zu dem das Radionuklid zählt und von der chemischen Verbindung, in der der radioaktive Stoff aufgenommen wurde. Darüber hinaus können aber auch individuell große Unterschiede bestehen, da die biologische Halbwertszeit vom Stoffwechsel und beispielsweise auch vom Alter der betroffenen Person abhängt.

Beispiel

- Jod-131 hat eine kurze physikalische Halbwertszeit von acht Tagen. Die biologische Halbwertszeit von Jod in der Schilddrüse ist mit etwa 25 Jahren sehr viel länger. Bevor das Jod also wieder aus dem menschlichen Körper ausgeschieden wird, ist es bereits weitgehend zerfallen. Also ist für die Bestimmung der Folgedosis die physikalische Halbwertszeit begrenzend. Da Jod in der Schilddrüse schnell angereichert wird, ist dieses Organ trotz der relativ kurzen physikalischen Halbwertszeit von Jod-131 bei entsprechend großer Aufnahme in den Körper besonders belastet.

- Cäsium-137 hat mit 30 Jahren eine lange physikalische Halbwertszeit. Es wird aber mit einer biologischen Halbwertszeit von rund drei Monaten wieder ausgeschieden, so dass es im Körper nicht so lange wirksam bleibt. Das Cäsium wird dabei relativ gleichmäßig im Körper verteilt. Dies führt zu einer ähnlichen Belastung aller Organe. Weil Cäsium-137 beim Zerfall jedoch sehr energiereiche Gamma-Strahlung abgibt, führt dieses Nuklid zu einer hohen Ortsdosisleistung. Das bedeutet, dass Menschen in einem mit Cäsium-137 kontaminierten Gebiet einer hohen äußeren Exposition ausgesetzt sind.
- Strontium-90 hat mit 28 Jahren ebenfalls eine lange physikalische Halbwertszeit. Es wird, insbesondere von Kindern im Wachstum, in die Knochensubstanz eingebaut, da es dem Kalzium chemisch verwandt ist, und hat damit auch eine lange biologische Halbwertszeit. Strontium kann also noch sehr lange im Körper zur Folgedosis beitragen. Die Knochenoberfläche und das rote Knochenmark werden dabei besonders belastet.

3.2.3   Strahlenwirkung

Wie bereits oben ausgeführt, ist die Strahlung, die von radioaktiven Stoffen ausgeht, sehr energiereich. Wenn sie auf den Körper eines Menschen trifft, so gibt sie zumindest einen Teil ihrer Energie in der Haut oder in inneren Organen ab. Dieser Energieeintrag bewirkt dabei zunächst physikalische Prozesse an Atomen im Körper (siehe Abb. 3.3). Der wichtigste physikalische Prozess an einem Atom ist die Ionisation, bei der durch die Strahlungsenergie Elektronen aus der Hülle gelöst werden und ein positiv geladenes Ion zurückbleibt. Ein anderer physikalischer Prozess ist die Anregung eines Atomkerns oder der Atomhülle, bei der Energie aufgenommen wird, die dann wieder abgegeben werden kann und weitere Reaktionsprozesse nach sich zieht.

Die physikalischen Prozesse müssen nicht unbedingt der Gesundheit schaden. Wenn sie etwa in unempfindlichem Gewebe stattfinden, bei-

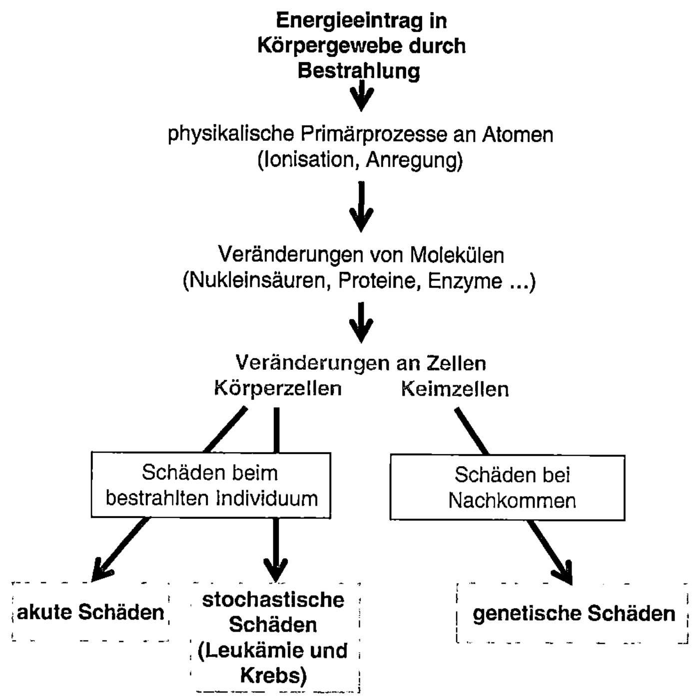

Abb. 3.3 Biologische Wirkung von Strahlung auf den Organismus

spielsweise in der äußeren Hornhautschicht, bleiben sie wirkungslos. Sie können aber auch Veränderungen an Atomen und Molekülen bewirken, die sich auf die Gesundheit des betroffenen Menschen auswirken. Kommt es beispielsweise bei Proteinen und Enzymen oder Nukleinsäuren, wie die Desoxyribonukleinsäure (DNS), die im Zellkern die Erbinformation der Zelle trägt, zu einem Schaden, so kann dieser letztendlich zu Leukämie oder Krebs führen, auch noch nach Jahren und Jahrzehnten. Ist eine Keimzelle betroffen, manifestiert sich der Schaden möglicherweise in Form einer Missbildung bei Nachkommen. Vergleichbare Wirkungen werden bei allen Lebewesen hervorgerufen, wobei es aber erhebliche Unterschiede in der Sensibilität gibt.

Körpereigene Reparaturmechanismen sind oft in der Lage, durch Strahlung hervorgerufene Veränderungen zu reparieren. Dies gelingt aber nicht immer, so dass ein Risiko für Strahlenschäden bestehen bleibt.

Leukämie, Krebs und genetische Schäden sind sogenannte stochastische Strahlenschäden. Sie treten mit einer gewissen Wahrscheinlichkeit in der Zukunft auf. Die Höhe der Wahrscheinlichkeit, dass ein Schaden eintritt, hängt dabei von der Höhe der Dosis ab, während der Schaden selbst von der Höhe der Dosis unabhängig ist.

Neben diesen stochastischen Schäden kann es auch zu akuten Strahlenschäden, den sogenannten deterministischen Strahlenwirkungen, kommen, wenn eine sehr hohe Dosis in kurzer Zeit aufgenommen wird. Solche Schäden treten erst bei Überschreiten bestimmter Schwellenwerte auf. Akute Effekte können beispielsweise Übelkeit und Erbrechen, Durchfall, Fieber, Entzündungen und Blutarmut sein. Ein baldiger Tod ist ab einer Energiedosis von etwa zwei Gray möglich. Die Wahrscheinlichkeit einer tödlichen Wirkung steigt mit der Dosis an, und ab sechs Gray sind die Überlebensaussichten gering.

Die gesetzlichen Dosisgrenzwerte sind so festgelegt, dass sie akute Strahlenschäden zuverlässig ausschließen sollen. Diese sind daher nur nach Unfällen möglich. Stochastische Schäden können durch Dosisgrenzwerte jedoch nicht vollkommen ausgeschlossen werden, ihr Auftreten wird nur unwahrscheinlicher.

▷ Stochastische Schäden durch Strahlung sind Leukämie, Krebs und genetische Schäden. Ein Schwellenwert ist für diese Art von Schäden nicht bekannt. Die Wahrscheinlichkeit, einen solchen Schaden zu erleiden, nimmt mit der Dosis zu.

▷ Deterministische Schäden treten nur bei sehr hohen Dosen auf, wenn diese in kurzer Zeit erreicht werden. Solche Schäden sind beispielsweise Übelkeit und Erbrechen, Durchfall, Fieber, Entzündungen und Blutarmut. Die Schäden treten erst ab einem gewissen Schwellenwert auf, danach steigt die Wahrscheinlichkeit einer tödlichen Wirkung mit der Dosis.

Es gibt weitere Effekte, wie Strahlung den Menschen schädigen kann, die aber noch nicht alle ausreichend erforscht sind. Auch die genauen Wirkungszusammenhänge sind teils noch nicht verstanden. Als Beispiel sei erwähnt, dass bei Personengruppen, die sehr hoher Strahlung ausgesetzt waren, vermehrt Herz-Kreislauf-Erkrankungen beobachtet wurden. Solche Personengruppen sind beispielsweise aus medizinischen Gründen bestrahlte Menschen oder die Liquidatoren von

Tschernobyl, die dort zu Aufräumarbeiten am Reaktor und in der näheren Umgebung eingesetzt wurden.

3.2.4 Strahlenrisiko

Die Höhe des Risikos, bei einer bestimmten Dosis einen stochastischen Spätschaden zu erleiden, ist eine Größe, die seit vielen Jahrzehnten intensiv erforscht wird. Bereits in den 1920er-Jahren stellten Wissenschaftler fest, dass Ärzte, die häufig Röntgenuntersuchungen durchführten, auffällig oft an Leukämie erkrankten. Leukämie tritt bereits wenige Jahre nach Bestrahlung auf, andere Krebsarten haben meist sehr viel längere sogenannte Latenzzeiten. Aber die Feststellung, dass ein Krankheitsbild ungewöhnlich häufig auftritt, ist nur ein erster Schritt. Bis man einen quantitativen Zusammenhang zur Strahlendosis herstellen und daraus die Wahrscheinlichkeit einer Erkrankung ableiten kann, sind umfangreiche und langdauernde Untersuchungen erforderlich.

Da es sich bei den stochastischen Spätschaden um statistisch auftretende Schäden handelt, lässt sich das Risiko umso exakter bestimmen, je höher die Dosis und je größer die Zahl der betroffenen Menschen ist. Wesentliche Erkenntnisse über die Höhe des Strahlenrisikos beruhen auf langandauernden Untersuchungen an Überlebenden der Atombombenabwürfe in Hiroshima und Nagasaki, die bis heute fortgeführt werden. Diese Menschen waren Dosen ausgesetzt, die weit höher waren als die heutigen Grenzwerte. Daneben gibt es insbesondere Untersuchungen an Gruppen, die in der Kerntechnik beschäftigt sind, und aus der Medizin, bei denen zuverlässig Risikoerhöhungen quantifiziert werden konnten.

Die belastbarsten Kenntnisse über das Strahlenrisiko wurden in den vorgenannten Untersuchungen in einem Dosisbereich von etwa hundert Millisievert gewonnen, also bei Dosen, die deutlich oberhalb der Dosisgrenzwerte der Strahlenschutzverordnung für die allgemeine Bevölkerung liegen. Auch nach Unfällen wie in Tschernobyl oder Fukushima sind zwar sehr viele Menschen von zusätzlichen Dosen betroffen, meist aber von geringeren Dosen als hundert Millisievert. Die Schätzungen des Risikos in den eigentlich interessierenden niedrigeren Dosisbereichen sind mit besonderen Unsicherheiten verbunden. Sollen also Risi-

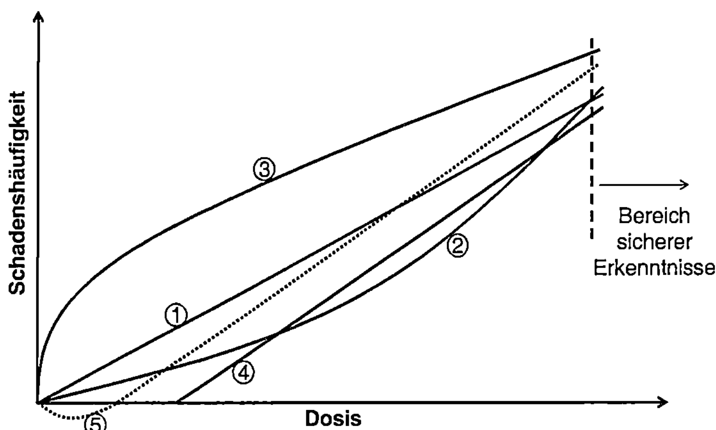

① lineare Zunahme des Risikos mit der Dosis, kein Schwellenwert
② linear-quadratische Zunahme des Risikos mit der Dosis, kein Schwellenwert
③ lineare Zunahme im höheren Dosisbereich, im niedrigen stärkere Zunahme
   des Risikos mit der Dosis, kein Schwellenwert
④ lineare Zunahme des Risikos mit der Dosis ab einem Schwellenwert
⑤ lineare Zunahme des Risikos mit der Dosis ab einem Schwellenwert,
   Hormesis bei sehr niedriger Dosis

Abb. 3.4 Strahlenrisiko: mögliche Zusammenhänge zwischen Dosis und Wirkung

ken, die beispielsweise durch den normalen Betrieb von Kernkraftwerken oder von schweren Reaktorunfällen herrühren, beurteilt werden, so müssen dann die bei höheren Dosen gewonnenen Erkenntnisse auf niedrigere Dosen übertragen werden. Für diese Extrapolation können verschiedene Ansätze gewählt werden (siehe Abb. 3.4).

Die unter Strahlenschützern am weitesten verbreitete Annahme des Dosis-Wirkungs-Zusammenhangs ist ein linearer Anstieg der Schadenshäufigkeit, also des Risikos (Kurve 1 in Abb. 3.4). Bei dieser Annahme ist jede Dosis, auch die geringste, mit einem Risiko verbunden. Es gibt also keinen Schwellenwert. Sie ist verträglich mit dem Wissen über die möglichen Wirkungen auf zellulärer Ebene. Für Strahlenschutzzwecke wird die Annahme des linearen Zusammenhangs ohne Schwellenwert, auch als „linear-non-threshold model" (LNT) bezeichnet, von vielen internationalen Strahlenschutzgremien als die am besten geeignete empfohlen.

Alternativ kann auch angenommen werden, dass die Schadenshäufigkeit bei sehr niedrigen Dosen weniger stark (Kurve 2) oder stärker ansteigt (Kurve 3). Bei niedrigen Dosen wäre dann das Risiko etwas kleiner oder größer als bei einem linearen Anstieg der Schadenshäufigkeit.

Wird als weitere Möglichkeit ein Schwellenwert für die Wirkung angenommen, ergibt sich die Kurve 4. Unterhalb des Schwellenwerts wäre dann kein Risiko mehr vorhanden. Die Kurve 5 zeigt einen als Hormesis bezeichneten Verlauf mit einer positiven, also gesundheitsfördernden Wirkung bei sehr niedriger Dosis. Diese These wird allerdings international nur von sehr wenigen Strahlenschützern vertreten.

International untersuchen verschiedene Gremien die quantitative Höhe des Strahlenrisikos und bewerten sie regelmäßig nach aktuellem Wissensstand. Solche Gremien sind vor allem die Internationale Strahlenschutzkommission (International Commission on Radiological Protection, ICRP) [2], das US-amerikanische Committee on the Biological Effects of Ionizing Radiation (BEIR) und bei den Vereinten Nationen das United Nations Scientific Committee on the Effects of Atomic Radiation (UNSCEAR) [3]. Die jeweiligen Schätzwerte des Risikos liegen bei diesen Gremien in gleicher Größenordnung. Stellvertretend sei die aktuelle Schätzung der ICRP aus dem Jahr 2007 genannt, die sich auf eine Strahlenbelastung der Gesamtbevölkerung bezieht. Pro einem Sievert effektiver Dosis schätzt die ICRP das Risiko, einen stochastischen Schaden zu erleiden, auf 5,7 Prozent. Sie nimmt weiter an, dass für vererbbare Effekte bei dieser Dosis ein Risiko von 0,2 Prozent besteht. Das Risikomaß wird von der ICRP als detriment-adjustierter nomineller Risikokoeffizient bezeichnet. Dahinter verbirgt sich, dass nicht nur die Wahrscheinlichkeit, an Krebs zu sterben, einfließt, sondern Sterblichkeit und Beeinträchtigung der Lebensqualität gewichtet werden.

Beispiel

In Deutschland beträgt die Dosis, der Menschen infolge der natürlichen Strahlung ausgesetzt sind, im Mittel 2,4 Millisievert. Bei einer durchschnittlichen Expositionszeit von 70 Jahren beläuft sich das Risiko, in Deutschland infolge der natürlichen Strahlung an Krebs zu erkranken, mit der Risikoschätzung der ICRP über das gesamte Leben also auf etwa ein Prozent.

Die Höhe des Risikos lässt sich auch deshalb nur sehr schwer bestimmen, weil die erwarteten Arten von Schäden nicht alleine durch Strahlung verursacht werden, sondern auch andere Gründe haben können. Bei einer Krebserkrankung lässt sich nicht sicher aussagen, durch welche Ursache sie ausgelöst wurde. Eine Zuordnung von Schäden zu Ursachen setzt dann voraus, dass man eine ausreichend große Anzahl von Personen untersucht, die sich nur in genau einer möglichen Ursache, also beispielsweise der Dosis, der sie ausgesetzt waren, unterscheiden. Da sich das Krebsrisiko durch Strahlung – im Vergleich zu anderen möglichen Ursachen – bei niedrigen Strahlendosen nur wenig erhöht, ist hier eine quantitative Bestimmung besonders schwierig.

Deshalb streitet man beispielsweise auch schon lange über Untersuchungen, die in der Nähe von kerntechnischen Anlagen erhöhte Leukämieraten oder Kinderkrebsraten gefunden haben. Dies war zuletzt in Deutschland bei einer 2007 veröffentlichten Studie der Fall, in der für den Umkreis von fünf Kilometern um deutsche Kernkraftwerke eine erhöhte Wahrscheinlichkeit für Krebs bei Kindern festgestellt wurde. Es gibt bisher kein belastbares Modell, das diese erhöhte Kinderkrebsrate mit der Strahlung der Kernkraftwerke und den freigesetzten Radionukliden erklären könnte. Es ist daher bislang nicht geklärt, wodurch es zu diesem statistisch signifikanten Ergebnis der Studie kommt [4].

Weiterführende Literatur

[1]   Verordnung über den Schutz vor Schäden durch ionisierende Strahlen (Strahlenschutzverordnung – StrlSchV) vom 20. Juli 2001 (BGBl. I S. 1714, berichtigt I 2002 S. 1459), zuletzt geändert durch Artikel 1 der Verordnung vom 4. Oktober 2011 (BGBl. I S. 2000).

[2]   Internationale Strahlenschutzkommission (ICRP): Die Empfehlungen der Internationalen Strahlenschutzkommission (ICRP) von 2007. ICRP-Veröffentlichung 103, verabschiedet im März 2007. Deutsche Ausgabe: Bundesamt für Strahlenschutz (BfS): BfS-SCHR-47/09, Salzgitter 2009.

[3]   United Nations Scientific Committee on the Effects of Atomic Radiation (UNSCEAR): Report of the United Nations Scientific Committee on the Effects of Atomic Radiation 2010. Fifty-seventh session, includes Scientific Report: summary of low-dose radiation effects on health, New York 2011. http://www.unscear.org/docs/reports/2010/UNSCEAR_2010_Report_M.pdf

[4]   Strahlenschutzkommission (SSK): Bewertung der epidemiologischen Studie zu Kinderkrebs in der Umgebung von Kernkraftwerken (KiKK-Studie). Wissenschaftliche Begründung zur Stellungnahme der Strahlenschutzkommission, Berichte der SSK Heft 58, Bonn 2009.

[5]   Werner Stolz: Radioaktivität. Grundlagen – Messung – Anwendung. Berlin-Heidelberg 2005.

Funktionsweise – Von Kernreaktoren und Reaktorkonzepten

Christian Küppers, Christoph Pistner

Zusammenfassung

Die meisten Kernreaktoren auf der Erde gehören zum Typ der Leichtwasserreaktoren. Leichtes Wasser, H_2O, dient hier zur Kühlung und Moderation der Neutronen. Die Wärme, die bei der Kernspaltung entsteht, wird über einen Kühlkreislauf auf eine Turbine geleitet, die den Strom produzierenden Generator antreibt. Neben den Leichtwasserreaktoren gibt es weitere Reaktortypen, die mit unterschiedlichen Kühlmitteln und Moderatoren arbeiten. Dieses Kapitel beschreibt die grundsätzliche Funktionsweise von Kernreaktoren und skizziert die technischen Unterschiede der verschiedenen Konzepte. Auch Ideen für Reaktorsysteme der Zukunft wie die sogenannte Generation IV werden vorgestellt.

Christian Küppers (✉), Christoph Pistner
Öko-Institut e.V., Büro Darmstadt, Rheinstraße 95, 64295 Darmstadt
Kernenergiebuch@oeko.de

J.M. Neles, C. Pistner, *Kernenergie*, Technik im Fokus
DOI 10.1007/978-3-642-24329-5_4, © Springer-Verlag Berlin Heidelberg 2012

4.1   Charakterisierung von Reaktorkonzepten

Das Prinzip der Stromerzeugung funktioniert bei Kernkraftwerken genauso wie bei konventionellen thermischen Kraftwerken: Wärme wird erzeugt, im konventionellen Kraftwerk durch Verbrennung beispielsweise von Kohle, im Kernkraftwerk durch Kernspaltung. Diese Wärme wird über ein Kühlmittel abgeführt und erzeugt Dampf. Dieser treibt eine Turbine an. Die Turbine wiederum betreibt einen Generator, der elektrischen Strom produziert.

Konventionelle thermische Kraftwerke und Kernkraftwerke unterscheiden sich also vor allem darin, wie sie die Wärme erzeugen. Aber auch bei Kernreaktoren gibt es verschiedene Reaktorkonzepte. Die wichtigsten Unterscheidungspunkte aus Sicht der Reaktorphysik sind:

- die mittlere Energie der Neutronen: Werden die Neutronen aus der Kernspaltung nicht abgebremst, handelt es sich um einen Reaktor mit schnellen Neutronen. Werden die Neutronen hingegen moderiert, also verlangsamt – siehe Abschn. 2.6 –, spricht man von thermischen Reaktoren.
- der Moderator: Verschiedene Stoffe können als Moderator verwendet werden. Die größte Bedeutung hat leichtes Wasser, da es oft zugleich als Kühlmittel dient. Daneben setzt man auch schweres Wasser oder Kohlenstoff in Form von Graphit als Moderator ein.
- das Kühlmittel: Die Energie, die durch die Kernspaltung frei wird, muss durch ein geeignetes Kühlmittel aus dem Brennstoff abgeführt werden. Dazu benutzt man meist Wasser; es gibt aber auch gasgekühlte Reaktoren. Bei Reaktoren mit schnellen Neutronen wird auch Flüssigmetall zur Kühlung eingesetzt.

Die unterschiedlichen Moderatoren und Kühlmittel können miteinander kombiniert werden, und daraus ergeben sich verschiedene Reaktorkonzepte. Im Januar 2012 wurden als kommerzielle Kernreaktoren weltweit betrieben:

- 354 Leichtwasserreaktoren (leichtes Wasser dient zur Kühlung und Moderation),
- 47 schwerwassermoderierte Reaktoren (schweres Wasser wird auch zur Kühlung eingesetzt),

- 17 gasgekühlte, graphitmoderierte Reaktoren (britisches Konzept),
- 15 leichtwassergekühlte, graphitmoderierte Reaktoren (russisches Konzept),
- 2 Schnelle Brüter (unmoderierte, flüssigmetallgekühlte Reaktoren).

Leichtwasserreaktoren sind also am weitesten verbreitet. An ihnen werden im Folgenden der Aufbau und die Funktionsweise eines Kernreaktors erläutert.

4.2 Leichtwasserreaktoren

Leichtwasserreaktoren verwenden gering angereichertes Uran als Brennstoff, bei dem der Anteil des Uran-235 etwa drei bis fünf Prozent beträgt. Das Uran liegt nach dem Gewinnungs- und Aufbereitungsprozess im Brennstoff als Urandioxid UO_2 vor. Urandioxid hat einen hohen Schmelzpunkt von ca. 2800 Grad Celsius und kann Spaltprodukte gut einschließen.

Weltweit werden Leichtwasserreaktoren im Jahr 2012 in 29 Ländern eingesetzt. In Deutschland sind alle Kernreaktoren, die Strom produzieren, von diesem Reaktortyp.

Man kann bei Leichtwasserreaktoren zwei verschiedene Typen unterscheiden: Druckwasserreaktoren und Siedewasserreaktoren. Der Druckwasserreaktor kommt international am häufigsten vor. In Deutschland werden 2012 beispielsweise sieben Druckwasserreaktoren und zwei Siedewasserreaktoren betrieben. Abbildung 4.1 und 4.2 zeigen, wie Druckwasser- und Siedewasserreaktoren grundsätzlich aufgebaut sind.

4.2.1 Druckwasserreaktoren

In den 1980er-Jahren wurden in Deutschland Druckwasserreaktoren vom Konvoi-Typ gebaut. Diese Reaktoren weisen eine thermische Gesamtleistung von ursprünglich 3800 Megawatt auf. Diese Wärmemengen werden in eine elektrische Leistung von 1300 Megawatt umgewandelt. Mittlerweile wurde die thermische Leistung der drei in Deutschland betriebenen Konvoi-Druckwasserreaktoren durch technische Nachrüstungen auf 3850 bis 3950 Megawatt erhöht.

Der Brennstoff eines Druckwasserreaktors hat die Form von zylindrischen Brennstofftabletten mit etwa einem Zentimeter Durchmesser und einem Zentimeter Höhe. Diese Brennstofftabletten werden in ein metallisches Hüllrohr von etwa vier Meter Länge gefüllt. Ein solcher Brennstab besteht typischerweise aus einer Zirkoniumlegierung und wird gasdicht verschlossen, um die entstehenden Spaltprodukte einzuschließen.

Druckwasserreaktor (DWR)

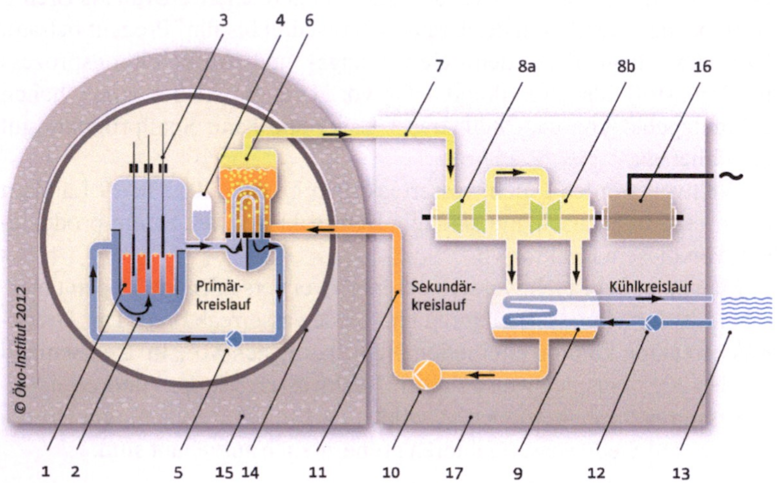

Primärkreislauf		Sekundärkreislauf		Kühlkreislauf	
1	Brennelemente	6	Dampferzeuger	12	Hauptkühlwasserpumpe
2	Reaktordruckbehälter	7	Frischdampf	13	Fluss/Meer/Kühlturm
3	Steuerstäbe	8a	Hochdruckteil der Turbine		
4	Druckhalter	8b	Niederdruckteil der Turbine	**Sonstiges**	
5	Hauptkühlmittelpumpe	9	Kondensator	14	Sicherheitsbehälter (Stahl)
		10	Speisewasserpumpe	15	Reaktorgebäude (Betonkuppel)
		11	Speisewasser	16	Generator
				17	Maschinenhaus

Abb. 4.1 Aufbau eines Druckwasserreaktors

Ein Bündel aus vielen dünnen Brennstäben bildet mit Hilfe von Strukturbauteilen ein sogenanntes Brennelement. In jedem Brennelement sind Brennstabpositionen freigehalten, an denen Steuerstäbe aus neutronenabsorbierendem Material eingeführt werden können. Mit ihnen kann die Leistung geregelt oder der Reaktor ganz abgeschaltet werden. Die einzelnen Steuerstäbe sind zu Steuerelementen zusammengefasst.

In den Brennelementen wird die Wärme erzeugt. Sie bilden zusammen den Reaktorkern. Ein typisches Brennelement in einem Druckwasserreaktor enthält etwa 500 Kilogramm Brennstoff. Der Reaktorkern ist aus 193 Brennelementen aufgebaut, die gesamte Brennstoffmenge beläuft sich damit auf etwa 100 Tonnen Uran. Die Leistungsdichte, also die pro Kilogramm Brennstoff kontinuierlich freigesetzte Wärmemenge, beträgt ca. 38 Megawatt pro Tonne Uranbrennstoff. Eine solche sehr hohe Leistungsdichte ist aus wirtschaftlicher Sicht attraktiv, da die Reaktorstrukturen wie Reaktordruckbehälter, Sicherheitsbehälter und Reaktorgebäude entsprechend klein konstruiert werden können. Zugleich stellt die hohe Leistungsdichte aus sicherheitstechnischer Sicht aber auch hohe Anforderungen an die ununterbrochene Kühlung des Reaktors, da bereits eine kurzzeitige Unterbrechung der Kühlung zu Schäden am Reaktorkern führen könnte.

Beim Betrieb des Reaktors wird Uran verbraucht. Je nach ursprünglicher Anreicherung des verwendeten Urans kann der Brennstoff für etwa drei bis fünf Jahre im Reaktor eingesetzt werden. Dann ist nur noch so wenig Uran-235 vorhanden, dass keine Kettenreaktion mehr aufrechterhalten werden kann. Das Maß für die Einsatzzeit des Brennstoffs in einem Reaktor ist der sogenannte Abbrand. Er gibt an, wie viel Energie pro Kilogramm Brennstoff erzeugt wurde. Aktuell werden Abbrände von etwa 50 bis 60 Megawatttagen pro Kilogramm Brennstoff erreicht. Das verbrauchte Brennelement wird dann auch als abgebranntes Brennelement bezeichnet. Um den Verbrauch des Brennstoffs während des laufenden Betriebs ausgleichen zu können, wird im Druckwasserreaktor dem Kühlmittel Bor zugesetzt. Dieses chemische Element absorbiert sehr gut Neutronen. Die Konzentration des Bors im Kühlmittel wird mit zunehmendem Abbrand gesenkt, so dass der Verlust an Brennstoff durch die Reduzierung dieses Neutronenabsorbers ausgeglichen wird.

Die Brennelemente stehen im Reaktordruckbehälter. Er hat eine Höhe von etwa zwölf Metern und einen Durchmesser von knapp sechs Metern. Im Druckwasserreaktor werden die Steuerstäbe von oben in den Reaktordruckbehälter und den darin befindlichen Reaktorkern eingefahren. Bei einer Schnellabschaltung fallen die Steuerstäbe durch die Schwerkraft ein.

Ein innerer Kühlkreislauf, der Primärkreis, führt die Wärme aus dem Kern ab. Hierfür wird demineralisiertes Wasser, unter Zugabe von Bor, verwendet, das als Kühlmittel bezeichnet wird. Der Primärkreislauf besteht aus vier gleichartigen Kühlschleifen. Das Kühlmittel darin soll nicht verdampfen. Im normalen Betrieb weist das Wasser eine Temperatur von 330 Grad Celsius auf, dabei wird ein Druck von etwa 155 Bar erforderlich. Bei solchen Druckverhältnissen bleibt Wasser flüssig. Deshalb wird dieser Reaktor als Druckwasserreaktor bezeichnet. Ein spezieller Behälter in einem der vier Kühlkreisläufe, der Druckhalter, reguliert den Druck im Primärkreislauf: Die Heizung des Druckhalters erzeugt im oberen Bereich des Behälters ein Dampfpolster. Durch weiteres Heizen kann man die Dampfmenge im Druckhalter und damit den Druck im Primärkreislauf erhöhen. Wenn dagegen kälteres Kühlmittel in das Dampfpolster eingesprüht wird, kondensiert ein Teil des Dampfes, und damit sinkt der Druck ab.

Hauptkühlmittelpumpen fördern etwa 20 Tonnen Wasser pro Sekunde durch den Primärkreislauf, um die im Reaktorkern anfallende Wärme abzuführen. Das Kühlmittel geht folgenden Weg: Es tritt in den Reaktordruckbehälter ein. Hier wird es zunächst an der Innenwand nach unten geleitet, um dann den Kern von unten nach oben zu durchströmen. Beim Durchlaufen des Reaktorkerns heizt sich das Kühlmittel von etwa 290 auf 330 Grad Celsius auf.

Die Schnittstelle zwischen Primärkreislauf und Sekundärkreislauf sind die Dampferzeuger. Dort gibt das Kühlmittel, das aus dem Reaktordruckbehälter kommt, Wärme an das Wasser des Sekundärkreislaufs, das sogenannte Speisewasser, ab. Die Dampferzeuger sind etwa 20 Meter hoch und bestehen im Inneren aus einer Vielzahl von U-förmigen Rohren, um die Wärme auf einer möglichst großen Fläche übertragen zu können. Innen in den U-Rohren strömt das Primärkühlmittel, auf der Außenseite verdampft das Speisewasser.

Der Druck im Sekundärkreislauf beträgt etwa 65 Bar, ist also deutlich niedriger als im Primärkreislauf. Deshalb verdampft das Speisewasser im Dampferzeuger, das hier vom durchströmenden Primärkühlmittel auf rund 320 Grad Celsius erhitzt wird. Pro Sekunde bilden sich etwa 2 Tonnen Dampf. Dieser Frischdampf wird auf eine Turbine geleitet und treibt deren Schaufelräder an. Die Turbine ist aus einem Hoch- und einem Niederdruckteil aufgebaut, um die Wärmeleistung möglichst effizient in mechanische Arbeit umzusetzen. Die Drehbewegung wird auf einen Generator übertragen und dadurch elektrischer Strom erzeugt. Hinter der Turbine wird der Dampf kondensiert, so dass wieder Wasser entsteht. Speisewasserpumpen fördern das Wasser zurück in die Dampferzeuger.

Der Kondensator, in dem der Dampf zu Speisewasser abkühlt, arbeitet wiederum mit Kühlwasser, meist aus einem Fluss. Pro Sekunde nehmen etwa 50 Tonnen Wasser dieses Kühlkreislaufes die Restwärme auf und führen sie in den Fluss, ins Meer oder über einen Kühlturm in die Atmosphäre ab. Das Medium, in das die überschüssige Wärme abgegeben wird, wird daher auch als Wärmesenke bezeichnet.

Der zweite Hauptsatz der Thermodynamik sagt aus, dass Wärme nur teilweise in mechanische Arbeit bzw. elektrische Energie umgewandelt werden kann. Für den erreichbaren Wirkungsgrad sind dabei unter anderem Druck und Temperatur des Reaktors von Bedeutung. Von der Energie, die im Reaktorkern erzeugt wird, wird beim Druckwasserreaktor etwa ein Drittel in elektrische Energie umgewandelt. Etwa zwei Drittel gehen als Wärme über den Kühlkreislauf nach außen verloren.

Der Reaktordruckbehälter ist von einer Betonstruktur umgeben, dem biologischen Schild. Diese dient dazu, die im Reaktorkern während des Betriebs entstehende radioaktive Strahlung abzuschirmen. Der Reaktordruckbehälter, der Primärkreislauf, die Dampferzeuger und weitere Teile des Sekundärkreislaufs befinden sich innerhalb eines Sicherheitsbehälters aus Stahl, der bei den deutschen Druckwasserreaktoren eine Kugelform hat. Diese Stahlhülle soll freigesetzte Radioaktivität einschließen. Darüber hinaus dient sie dazu, bei einem Leck im Primärkreislauf das austretende Kühlmittel aufzufangen und den entstehenden Überdruck aufzunehmen. Man spricht daher auch von einem Containment. Auch das Lagerbecken für abgebrannte Brennelemente befindet sich im Containment. Dort wird der Brennstoff nach seiner Entnahme aus dem Reaktorkern für mehrere Jahre gekühlt. Erst dann kann er in Behälter, die meist Castor-Behälter genannt werden, verpackt und in Zwischenlager am Standort des Reaktors gebracht werden. Das Reaktorgebäude, das den Sicherheitsbehälter umgibt, ist aus dickwandigem Beton gebaut, der auch gegen äußere Einwirkungen schützen soll. Bei den deutschen Druckwasserreaktoren hat das Reaktorgebäude die Form einer Kuppel. Turbine, Generator und Kondensator befinden sich im Maschinenhaus neben dem Reaktorgebäude.

Von der im Generator produzierten elektrischen Energie verbrauchen die Pumpen, Kühlsysteme und so weiter etwa 70 Megawatt selbst, also rund fünf Prozent der im Kernkraftwerk erzeugten elektrischen Leistung. Während des Reaktorbetriebs werden so die elektrischen Verbraucher, vor allem die Hauptkühlmittel- und die Speisewasserpumpen, aber auch alle anderen Systeme von der Steuerungs- und Leittechnik bis hin zu Lüftungsanlagen, mit elektrischer Energie aus dem Kraftwerk selbst versorgt. Wird kein Strom mehr erzeugt, müssen die noch in Betrieb befindlichen Verbraucher ihre Energie aus dem externen Stromnetz beziehen.

Der Normalbetrieb eines Kernkraftwerks ist in verschiedene Betriebsphasen unterteilt: den Leistungsbetrieb, das Abfahren, den Stillstand und das Wiederanfahren. Im Leistungsbetrieb wird im Reaktorkern durch die nukleare Kettenreaktion Energie produziert. Dabei übernimmt die Hauptwärmesenke die Kühlung des Reaktors. Ist der Brennstoff verbraucht, muss der Reaktor zunächst abgeschaltet und anschließend abgefahren, also Druck und Temperatur abgesenkt werden. Ein spezielles Nachkühlsystem führt in dieser Phase die noch anfallende Nachzerfallswärme ab. Steht der Reaktor still, ist es möglich, den Druckbehälter zu öffnen, verbrauchten Brennstoff zu entladen und frischen Brennstoff einzubringen. Während des Stillstands, zum Teil aber auch im Leistungsbetrieb, erfolgen auch umfangreiche Prüfungen und Instandsetzungsarbeiten. An die Stillstandsphase schließt sich die Phase des Wiederanfahrens eines Reaktors an, in der Druck und Temperatur des Leistungsbetriebs wieder erreicht und schließlich der Reaktor wieder kritisch gemacht wird. Die Betriebsphasen, in denen im Reaktor keine Kettenreaktion abläuft, bezeichnet man auch als Nichtleistungsbetrieb.

Auf die sicherheitstechnischen Eigenschaften des Druckwasserreaktors wird ausführlich in Kap. 5 eingegangen.

4.2.2 Siedewasserreaktoren

Der Siedewasserreaktor unterscheidet sich vom Druckwasserreaktor grundsätzlich dadurch, dass der Frischdampf zum Antrieb der Turbine nicht in einem separaten Dampferzeuger, sondern bereits im Reaktordruckbehälter entsteht. Statt eines Primär- und Sekundärkreislaufs gibt es im Siedewasserreaktor daher nur einen sogenannten Wasser-Dampf-Kreislauf. Der Druck dort beträgt 70 Bar, so dass ein Teil des Kühlmittels verdampft, wenn es beim Durchströmen der Brennelemente auf etwa 290 Grad Celsius aufgeheizt wird. In einem Siedewasserreaktor

Siedewasserreaktor (SWR)

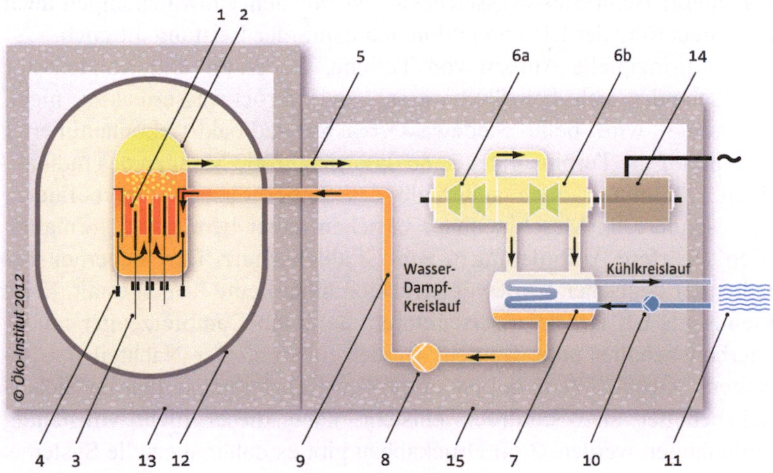

Wasser-Dampf-Kreislauf	Kühlkreislauf
1 Brennelemente	10 Hauptkühlwasserpumpe
2 Reaktordruckbehälter	11 Fluss/Meer/Kühlturm
3 Steuerstäbe	
4 Umwälzpumpen	**Sonstiges**
5 Frischdampf	12 Sicherheitsbehälter (Stahl)
6a Hochdruckteil der Turbine	13 Reaktorgebäude (Betonhülle)
6b Niederdruckteil der Turbine	14 Generator
7 Kondensator	15 Maschinenhaus
8 Speisewasserpumpe	
9 Speisewasser	

Abb. 4.2 Aufbau eines Siedewasserreaktors

mit 1300 Megawatt elektrischer Leistung werden pro Sekunde etwa 2 Tonnen Wasser im Reaktorkern verdampft. Im Dampfraum oberhalb des Kerns sind Einbauten angeordnet, um den Dampf vom Wasser zu trennen. Die Steuerstäbe werden beim Siedewasserreaktor daher von unten in den Kernbereich eingeführt. Für eine Schnellabschaltung müssen die Stäbe mit Druckluft eingeschossen werden. Außerdem gibt es Umwälzpumpen, die aufgeheiztes Wasser von oberhalb des Reaktorkerns mit dem neu eingespeisten Wasser im Bereich unterhalb des Kerns vermischen. Hierdurch verändert sich die Temperatur des Wassers, das die Brennelemente durchströmt. Damit wird aber auch der Anteil an Dampf im Bereich des Reaktorkerns beeinflusst. Da Dampf eine geringere Dichte als Wasser aufweist, nimmt bei einem größeren Dampfanteil rund um die Brennelemente die Moderationswirkung ab. Das heißt: Beim Siedewasserreaktor ist mit den Umwälzpumpen auch eine Steuerung der Kettenreaktion und damit der Leistung möglich.

Der prinzipielle Aufbau von Turbine, Generator und Kondensator unterscheidet sich bei Siedewasser- und Druckwasserreaktor nicht. Allerdings wird beim Siedewasserreaktor radioaktiv kontaminierter Dampf auf die Turbine geleitet, so dass sich große Mengen des radioaktiven Kühlmittels auch außerhalb des Sicherheitsbehälters befinden. Insbesondere im Maschinenhaus bestehen daher bereits im Normalbetrieb schärfere Anforderungen zum Strahlenschutz. Der Sicherheitsbehälter der deutschen Siedewasserreaktoren hat keine Kugelgestalt. Er ist kleiner als bei Druckwasserreaktoren, da keine Dampferzeuger im Sicherheitsbehälter untergebracht werden müssen. Der Nachteil der geringeren Größe: Wenn bei einem großen Rohrleitungsbruch im Sicherheitsbehälter ein Überdruck entsteht, kann dieser nicht vollständig aufgefangen werden. Zum Druckabbau gibt es daher spezielle Systeme, die in der Abb. 4.2 der Übersichtlichkeit halber nicht eingezeichnet sind. Ein Teilbereich innerhalb des Sicherheitsbehälters dient als Kondensationskammer. In ihr befindet sich ein Kühlmittelvorrat, in den entstehender Dampf eingeleitet und damit kondensiert werden kann. Die eingetragene Wärme wird dann mit speziellen Kühlsystemen nach außen abgeführt. Ein weiterer Unterschied zum Druckwasserreaktor ist, dass sich das Brennelementlagerbecken außerhalb des Containments im Reaktorgebäude befindet. Das Reaktorgebäude dient wie beim Druckwasserreaktor mit seiner Betonhülle dem Schutz gegen äußere Einwirkungen. Es hat, anders als die deutschen Druckwasserreaktoren, keine Kuppelform, sondern ist quaderförmig.

Die grundsätzliche sicherheitstechnische Auslegung des Siedewasserreaktors gleicht der des Druckwasserreaktors, siehe hierzu Kap. 5.

4.3 Weitere Reaktortypen

Neben den Leichtwasserreaktoren werden weltweit gegenwärtig noch eine Reihe weiterer Reaktortypen eingesetzt.

4.3.1 Schwerwassermoderierte Reaktoren

Bei diesem Reaktortyp, wie ihn insbesondere Kanada zur Stromerzeugung entwickelt hat, erfolgen Moderation und Kühlung mit sogenanntem schwerem Wasser, D_2O. In schwerem Wasser ist der normale Wasserstoff H durch das Wasserstoffisotop Deuterium D ersetzt. Dieses kommt zwar auch in der Natur vor, aber im natürlichen Wasser nur in sehr geringer Konzentration, so dass es angereichert werden muss.

Im Gegenzug ist für die Kettenreaktion aber kein angereichertes Uran erforderlich, sie funktioniert auch mit Natururan. Ein Staat, der schwerwassermoderierte Reaktoren verwendet, muss also kein Uran anreichern können, dafür aber die Schwerwasserproduktion beherrschen. Im Jahr 2012 wird dieser Reaktortyp in unterschiedlichen Varianten in Kanada, Indien, Südkorea, Rumänien, China, Argentinien und Pakistan eingesetzt.

Bei dem in Kanada entwickelten CANDU-Reaktor (Canadian Deuterium Uranium Reactor) wird das schwere Wasser sowohl zur Kühlung als auch zur Moderation verwendet, allerdings sind diese beiden Funktionen getrennt. So befindet sich der Brennstoff in horizontal verlaufenden Druckröhren. Durch diese strömt unter Druck stehendes Schwerwasser und kühlt den Brennstoff. Über Dampferzeuger wird die Wärme wie im Druckwasserreaktor an einen sekundären Kühlkreislauf abgegeben, in dem leichtes Wasser über einen Wasser-Dampf-Kreislauf eine Turbine antreibt. Die Druckröhren befinden sich in einem Moderatortank, der wiederum mit reinem Schwerwasser gefüllt ist. Dieses Schwerwasser ist drucklos und hat eine niedrige Temperatur, etwa 70 Grad Celsius. Dadurch hat es im Vergleich zum Kühlmittel eine hohe Dichte und ist ein sehr guter Moderator für Neutronen.

Da die Brennelemente in einzelnen, getrennten Druckröhren eingesetzt sind, kann der Brennstoff während des Reaktorbetriebs gewechselt werden: Man muss nur einzelne Druckröhren absperren, aber nicht den Reaktor insgesamt abschalten. Dadurch ist der Reaktor immer verfügbar. Gleichzeitig lässt sich in schwerwassermoderierten Reaktoren jedoch auch hochreines Plutonium-239 herstellen, welches sehr gut für Kernwaffen verwendbar ist, vergleiche Kap. 9. So produzieren CANDU-Reaktoren beispielsweise Plutonium für das indische Kernwaffenprogramm.

4.3.2   Gasgekühlte, graphitmoderierte Reaktoren

Bei diesem Reaktortyp moderiert Graphit die Neutronen, ein Gas wie beispielsweise Kohlendioxid sorgt für die Kühlung. Weil Graphit nur wenige Neutronen einfängt, können diese Reaktoren mit Natururan oder gering angereichertem Uran betrieben werden. Nur Großbritannien setzt heute noch gasgekühlte, graphitmoderierte Reaktoren ein. Mit der Anlage Calder Hall wurde 1956 der erste kommerzielle stromproduzierende Reaktor vom Magnox-Typ in Großbritannien in Betrieb genommen. Auch der erste Kernreaktor der Welt, der unter Leitung von Enrico Fermi in Jahr 1942 in Chicago gebaut wurde, war ein graphitmoderierter Natururanreaktor.

Bei den in Großbritannien in den 1950er-Jahren entwickelten Magnox-Reaktoren wird das Uran in metallischer Form mit einer Brennstoffhülle aus einer Magnesiumlegierung eingesetzt. Die Brennelemente stehen in Kanälen in einem großen Graphitblock, der die Moderation der Neutronen gewährleistet. Als Kühlmittel wird Kohlendioxid verwendet. Dieses durchströmt die Kanäle im Graphit und überträgt die Wärme in einem Dampferzeuger an einen Wasser-Dampf-

Kreislauf. Ebenso wie bei den CANDU-Reaktoren kann bei den Magnox-Reaktoren Natururan als Brennstoff eingesetzt, und die Brennelemente können während des Betriebs gewechselt werden. Auch in diesen Reaktoren lässt sich also grundsätzlich Plutonium für Kernwaffen produzieren, was besonders im britischen Kernwaffenprogramm auch geschah.

Aufgrund der Verwendung von metallischem Brennstoff kann in Magnox-Reaktoren nur eine geringe Leistungsdichte erreicht werden. Dazu kommt, dass ein gasförmiges Kühlmittel nicht so effektiv kühlt und chemische Reaktionen zwischen dem Kohlendioxid und dem Graphit nicht zu verhindern sind. Magnox-Reaktoren sind daher ökonomisch unattraktiv. Eine Weiterentwicklung der gasgekühlten, graphitmoderierten Reaktoren bilden die AGR-Reaktoren (Advanced Gas-cooled Reactors), welche ab 1976 in Großbritannien in Betrieb gingen. Bei ihnen wird der Brennstoff als Urandioxid (UO_2) in einem Hüllrohr aus Stahl eingesetzt. Durch die anderen Materialeigenschaften des Urandioxids und des Hüllrohrs sind höhere Leistungsdichten möglich, dafür muss aber das Uran auf etwa zwei bis drei Prozent Uran-235 angereichert sein.

4.3.3 Leichtwassergekühlte, graphitmoderierte Reaktoren

Ein wesentlicher Vertreter der leichtwassergekühlten, graphitmoderierten Reaktoren sind die russischen RBMK-Reaktoren, wie sie in Tschernobyl in Betrieb waren, vergleiche Abschn. 6.1.1. Dieser Reaktortyp wird heute nur noch in Russland betrieben. Auch das erste wirtschaftlich genutzte Kraftwerk der Welt in Obninsk in Russland, das 1954 in Betrieb genommen wurde, war ein leichtwassergekühlter, graphitmoderierter Reaktor.

Wie bei den gasgekühlten Reaktoren dienen Graphitblöcke als Moderator. In diesen befinden sich senkrechte Bohrungen, durch die Druckröhren verlaufen. Der Brennstoff in den Druckröhren besteht aus leicht angereichertem Uran in der Form von Urandioxid, UO_2. Zur Kühlung wird leichtes Wasser, H_2O, verwendet, das beim Durchgang durch die Druckröhren siedet. Der entstehende Dampf wird abgetrennt und auf die Turbine geleitet.

Auch leichtwassergekühlte, graphitmoderierte Reaktoren sind gut zur Produktion von Plutonium für Kernwaffen geeignet. Für das sowjetische Kernwaffenprogramm wurde ein mit Natururan betriebener Reaktor benutzt, der im Design den RBMK-Reaktoren ähnelt.

4.3.4 Schnelle Brüter

In Reaktoren, die schnelle Neutronen zur Spaltung verwenden sollen, dürfen die Neutronen nicht moderiert werden. Daher wird auch kein Wasser zur Kühlung verwendet, sondern flüssige Metalle. Diese sind auch bei hohen Temperaturen und niedrigen Drücken flüssig und können – im Unterschied beispielsweise zu Gasen – große Wärmemengen aufnehmen und transportieren. Bereits von 1951 bis 1963 wurde mit dem EBR-1 in den USA ein experimenteller Schneller Brüter betrieben, der auch elektrische Energie bereitstellte. Vom Typ Schneller Brüter war in Deutschland das Kernkraftwerk Kalkar in Bau, das aber nicht in Betrieb ging. Trotz der bereits sehr langen Entwicklungszeiträume gibt es von diesem Reaktortyp weltweit bis heute nur einige wenige Prototyp-Anlagen. Im Jahr 2012 waren nur zwei kommerzielle Anlagen in Betrieb, eine in China und eine in Russland.

Der Reaktorkern eines Schnellen Brüters befindet sich in einem Druckbehälter. Der Kern mit den Brennelementen besteht aus einer inneren Spaltzone und einem äußeren Brutmantel. In der Spaltzone ist eine höhere Dichte spaltbarer Kerne erforderlich als im Leichtwasserreaktor. Der Brennstoff basiert daher auf einem Gemisch aus Uran mit einem hohen Anteil an Plutonium oder aus hochangereichertem Uran. Der Brutmantel wird von Brennelementen gebildet, die Natururan oder abgereichertes Uran enthalten, einen Reststoff aus der Urananreicherung, vergleiche Abschn. 7.3. Wenn die schnellen Neutronen auf diesen Brutmantel treffen, wandeln sie dort das natürliche Uran-238 in das gut spaltbare Plutonium-239 um, siehe Abschn. 2.8. Auf diese Weise wird neuer Spaltstoff erzeugt, sprich erbrütet. Da somit bei entsprechender

Konstruktion mehr neuer Spaltstoff in der Form von Plutonium-239 entsteht, als gleichzeitig durch die Spaltung verbraucht wird, heißen solche Reaktoren Schnelle Brüter. Damit das erbrütete Plutonium als Spaltstoff dienen kann, muss man es zunächst wiederaufarbeiten, das heißt durch chemische Prozesse aus dem abgebrannten Brennstoff abtrennen, und es dann zu neuem Reaktorbrennstoff verarbeiten.

Der primäre Kühlkreislauf im Schnellen Brüter enthält beispielsweise flüssiges Natrium. Die Betriebstemperatur ist mit etwa 550 Grad Celsius deutlich höher als beim Leichtwasserreaktor. Über einen Wärmetauscher geht die Wärme dieses Flüssigmetalls an einen weiteren Flüssigmetallkreislauf über. Erst hier wird in einem Dampferzeuger Wasser verdampft, das eine Turbine antreibt. Die Flüssigmetallkühlung hat den Vorteil, dass das Kühlmittel auch bei niedrigem Druck flüssig ist und Wärme abführt. Allerdings entzündet sich Natrium bei Kontakt mit Wasser oder Luftfeuchte, so dass auch kleine Kühlmittelverlust-Störfälle den Betrieb eines Reaktors erheblich beeinträchtigen können.

Beispiel

Ein Reaktor vom Typ Schneller Brüter, das Kernkraftwerk Monju, wurde zwischen 1986 und 1994 in Japan errichtet. Am 29. August 1995 wurde die Anlage mit dem Stromnetz synchronisiert. Doch bereits gut drei Monate später, am 8. Dezember 1995 kam es zu einem Leck im sekundären Natrium-Kühlkreislauf und einem damit verbundenen Natrium-Brand in der Anlage. In der Folge stand die Anlage bis zum 6. Mai 2010, also 14,5 Jahre still. Noch während der erneuten Inbetriebnahme kam es wiederum zu einem Störfall, der Reaktor wurde wieder abgeschaltet und steht bis heute still. Über die weitere Zukunft des Reaktors wird in Japan seit dem Unfall in Fukushima intensiv diskutiert.

Dazu kommt, dass der Verlust von Kühlmittel im Reaktor zu einer Leistungszunahme führen kann, weil das Kühlmittel, anders als bei Leichtwasserreaktoren, nicht für die Moderation der Neutronen gebraucht wird. Wegen dieses positiven Rückkopplungsmechanismus erfordern Schnelle Brüter besonders zuverlässige Abschaltsysteme.

4.4   Radioaktivität im Kernkraftwerk

Durch die Kernspaltung sammelt sich im Brennstoff eines Kernkraftwerks eine große Menge an Radionukliden an (siehe auch Kap. 2). Typische Inventare eines großen Kernkraftwerks mit 1300 Megawatt elektrischer Leistung sind in Tab. 3.1 zusammengefasst.

Neben dem Inventar des Kerns gibt es auch noch Radionuklide, die im Kühlmittel, in der Luft, in Metallstrukturen und in Beton in der Nähe des Kerns durch Aktivierung entstehen, siehe auch Abschn. 8.2. Aus dem Brennstoff gelangt im Betrieb auch immer ein Anteil der Radionuklide in das Kühlmittel und in weitere Medien. Dieser Anteil ist zwar sehr gering, aber bei der Höhe des Gesamtinventars trotzdem von Bedeutung für den Strahlenschutz im Kernkraftwerk und für mögliche Freisetzungen im Normalbetrieb oder bei Unfällen.

Vom gewaltigen Inventar darf letztendlich nur ein winziger Bruchteil in die Umgebung gelangen, um die zulässigen Belastungen für das Personal und die Menschen in der Umgebung einzuhalten. Vollständig vermeiden lässt sich die Freisetzung aber nicht. Aus den unter hohem Druck stehenden Komponenten treten immer kleine Mengen an Kühlmittel und an radioaktiven Gasen aus. Auch bei der Behandlung von radioaktiven Abfällen kommt es zur Freisetzung von Radionukliden.

Radioaktive Stoffe gelangen im Wesentlichen über den Fortluftkamin und mit dem Abwasser in die Umgebung. Über den Kamin werden vor allem radioaktive Edelgase, Tritium und Kohlenstoff-14 abgeleitet. Das sind Stoffe, die sich aus der Abluft kaum herausfiltern lassen. In geringerem Umfang werden Jodisotope wie Jod-131 und Schwebstoffe wie Kobalt-60 oder Cäsium-137 abgegeben. Für die Ableitungen sind Grenzwerte festgelegt, deren Einhaltung messtechnisch überwacht wird.

Der überwiegende Teil der Radioaktivität, die im Normalbetrieb aus einem Kernkraftwerk über den Fortluftkamin in die Umgebung abgegeben wird, sind radioaktive Edelgase. Diese Edelgase lagern sich nicht ab und werden im menschlichen Körper nicht aufgenommen. Sie rufen also nur eine äußere Bestrahlung hervor. Bei den übrigen aus einem Kernkraftwerk gelangenden Radionukliden, vor allem Kohlenstoff-14 und Tritium, ist dagegen die innere Bestrahlung nach Aufnahme über die Nahrungskette entscheidend. Diese ist auch für die resultierende Gesamtdosis am bedeutsamsten, siehe auch Abschn. 3.2.

Mit dem Abwasser werden radioaktive Stoffe abgeleitet. Dies erfolgt aber nicht kontinuierlich. Kontaminierte Flüssigkeiten werden in einem Kernkraftwerk zunächst aufgefangen und gesammelt. Je nach der Konzentration radioaktiver Stoffe in den gesammelten Wässern können diese im Rahmen festgelegter Grenzwerte abgegeben werden, oder sie müssen zuvor gereinigt werden. Ist dies nicht ausreichend möglich, so sind sie zu verfestigen und liegen später als radioaktiver Abfall vor. Typische Radionuklide im Abwasser sind Tritium, Kobalt-60 und Cäsium-137. Radioaktive Stoffe gelangen mit dem Abwasser in die Umwelt, nicht aber über das Kühlwasser. Durch systemtechnische Trennungen wird das Kühlwasser nämlich frei von künstlichen Radionukliden gehalten.

Natürliche Strahlenbelastung

Im Kernkraftwerk werden unterschiedlichste Radionuklide erzeugt. Dabei entstehen Radionuklide, die so in der Natur nicht vorkommen. Es gibt aber auch Radionuklide, die sowohl in der Natur vorkommen als auch künstlich erzeugt aus Kernkraftwerken entweichen, nämlich Tritium und Kohlenstoff-14. Die Wirkung von Radionukliden, die aus einem Kernkraftwerk in die Umgebung abgegeben werden, unterscheidet sich nicht grundlegend von der Wirkung natürlicher Strahlung.

Die natürliche Dosis rührt hauptsächlich von der Belastung der Lunge durch eingeatmete alpha-strahlende Folgeprodukte des Edelgases Radon her, das dem Boden und Gestein entweicht. Über die Nahrung werden beispielsweise die Radionuklide Kalium-40 und Radium-226 aufgenommen. Kalium-40 ist ein Beta-Strahler, der mit dem für den Körper wichtigen Kalium aufgenommen wird. Radium-226 ist ein Alpha-Strahler aus der Zerfallsreihe des Uran-238.

Die Ableitungen radioaktiver Stoffe in die Umwelt werden so begrenzt, dass die Dosisgrenzwerte eingehalten werden. Die Methode zur

Berechnung der Dosis ist in einer allgemeinen Verwaltungsvorschrift festgelegt. Darin werden konservative Annahmen getroffen, so dass die tatsächlich zu erwartende Dosis deutlich geringer ist. Die einzuhaltende Dosis wird rechnerisch für Referenzpersonen ermittelt, die sich beispielsweise ganzjährig im Freien am Ort der höchsten Belastung in der Umgebung aufhalten und alle ihre Lebensmittel von diesem Ort beziehen. Die genehmigten Werte der Ableitungen werden im Allgemeinen bei Weitem nicht ausgeschöpft. Insgesamt wird daher von tatsächlichen Dosen der Bevölkerung in der Umgebung von Kernkraftwerken ausgegangen, die maximal im Bereich von wenigen Mikrosievert, also tausendstel Millisievert, pro Jahr liegen.

Beschäftigte in Kernkraftwerken dürfen eine höhere Dosis erhalten als Personen der allgemeinen Bevölkerung. Sie unterliegen einer besonderen Überwachung, sowohl was die Messung der Dosis als auch ärztliche Untersuchungen angeht. Der Jahresgrenzwert für diese beruflich strahlenexponierten Personen beträgt 20 Millisievert. Für die allgemeine Bevölkerung ist ein Grenzwert von einem Millisievert festgelegt. Zu diesem einen Millisievert dürfen die Ableitungen radioaktiver Stoffe mit der Fortluft und dem Abwasser jeweils 0,3 Millisievert beitragen.

Die tatsächlichen Dosen der Beschäftigten in den deutschen Kernkraftwerken sind bei den einzelnen Anlagen unterschiedlich. Im Mittel beträgt die Dosis etwa 0,5 Millisievert im Jahr. Generell lässt sich sagen, dass in alten Anlagen meist höhere Dosen auftreten. Das hängt damit zusammen, dass früher bei der Auswahl von metallischen Werkstoffen weniger auf die mögliche Aktivierung geachtet wurde. Diese strahlen dann nach einiger Betriebszeit stärker. Auch größere Nachrüstungen oder der Ersatz von Komponenten führen oft zu besonderen Belastungen des Personals. Weit überwiegend erhält das Personal eine Dosis durch äußere Bestrahlung, während das Einatmen radioaktiver Stoffe durch Schutzmaßnahmen weitgehend vermieden wird.

Die gemessenen Abgaben radioaktiver Stoffe der einzelnen Kernkraftwerke sowie die Dosis der Beschäftigten in Kernkraftwerken werden in Deutschland vom Bundesumweltministerium publiziert [2]. Eine umfassende Zusammenstellung von Daten findet sich auch in einer Publikation der Strahlenschutzkommission [3].

4.5 Fortgeschrittene Reaktorkonzepte

Anfang 2012 befinden sich weltweit 63 Kernkraftwerke in Bau. Dabei handelt es sich praktisch ausschließlich um Leichtwasserreaktoren verschiedener Bauarten. Zu den wichtigsten zählen beispielsweise der AP-1000 der Firma Westinghouse, der WWER-1200 der Firmen Atomstroiexport und OKB Gidropress sowie der EPR der Firma Areva. Diese Reaktoren werden unter der Bezeichnung Generation III zusammengefasst. Dem Begriff Generation III liegt eine Einteilung der bisherigen Reaktorkonzepte zugrunde. Danach bilden die Prototypreaktoren der 1950er- und 1960er-Jahre eine erste Reaktorgeneration, die ersten großen Leistungsreaktoren der 1970er- und 1980er-Jahre eine zweite Generation und die derzeit verfügbaren weiterentwickelten Reaktorkonzepte insbesondere im Bereich der Druck- und Siedewasserreaktoren eine dritte Generation. Diese stellen evolutionäre Weiterentwicklungen der bislang in Betrieb befindlichen Reaktoren dar, das heißt, es wurden verschiedene Veränderungen an den Reaktoren vorgenommen, insbesondere um ihre Wirtschaftlichkeit zu verbessern, eine höhere Brennstoffausnutzung zu erreichen und um ihre Sicherheit zu erhöhen. Grundsätzlich andersartige Reaktorkonzepte wurden jedoch nicht entwickelt. Derartige neue Reaktorkonzepte befinden sich unter der Überschrift Generation IV noch in der Entwicklung, siehe Abschn. 4.6.2. Der einzige zurzeit in Westeuropa in Bau befindliche Reaktortyp ist der Europäische Druckwasserreaktor EPR.

Beispiel

Ein besonderer Typ des Druckwasserreaktors ist der Europäische Druckwasserreaktor, kurz EPR, abgeleitet aus der englischen Bezeichnung „european pressurized water reactor". Diesen Reaktor haben der französische Hersteller Framatome und der deutsche Hersteller Siemens seit Ende der 1980er-Jahre zusammen entwickelt. Er baut daher auf den neusten französischen Druckwasserreaktoren des Typs N4 und den deutschen Konvoi-Anlagen auf. Ein grundsätzlich neues Konzept wurde nicht angestrebt, um die Entwicklungskosten zu begrenzen. Ziel war es aber, Änderungen vorzunehmen, um die Sicherheit zu erhöhen.

In Finnland wird seit 2005 am Standort Olkiluoto an einem Europäischen Druckwasserreaktor gebaut, in Frankreich seit 2007 an einem am Standort Flamanville. In China werden seit 2009 und 2010 zwei dieser Anlagen am Standort Taishan errichtet.

Das Containment des Europäischen Druckwasserreaktors ist zylinderförmig mit einem kalottenförmigen Dach. Es ist doppelwandig aus zwei Betonstrukturen aufgebaut. Das kugelförmige Stahlcontainment des deutschen Druckwasserreaktors ist also durch eine zylindrische Betonstruktur ersetzt. Diese wird im Inneren durch einen Stahl-Liner ausgekleidet, der die Dichtheit gewährleisten muss. Während sich bei deutschen Druckwasserreaktoren das Nasslager, das die aus dem Reaktordruckbehälter ausgelagerten Brennelemente aufnimmt, innerhalb des Containments befindet, ist dies beim Europäischen Druckwasserreaktor in einem angrenzenden verbunkerten Gebäude untergebracht. Dort befinden sich auch Teile der benötigten Wasservorräte zur Kühlung nach Störfällen. Eine Besonderheit des Europäischen Druckwasserreaktors ist der sogenannte Core Catcher. Er soll nach einem Kernschmelzunfall die Schmelze auf einer großen Fläche unterhalb des Reaktordruckbehälters auffangen und eine langfristige Kühlung der Schmelze ermöglichen. Dadurch soll der flächenbezogene Wärmeeintrag in das Fundament so weit reduziert werden, dass ein Durchschmelzen des Fundaments nicht mehr stattfindet. Auf diese Weise will man vermeiden, dass nach einem Unfall große Mengen radioaktiver Stoffe in die Umgebung gelangen.

Doch auch bei fortgeschrittenen Leichtwasserreaktoren können schwere Unfälle, die jenseits der Auslegung liegen, nicht mit hundertprozentiger Sicherheit ausgeschlossen werden. Es ist auch für diese Reaktoren eine gesellschaftliche Entscheidung zu treffen, ob das mit solchen fortgeschrittenen Reaktoren erreichbare Maß an Sicherheit akzeptiert wird.

4.6   Zukünftige Reaktortypen

Weltweit befinden sich verschiedene neue Reaktortypen in der Entwicklung. Die Idee von Hochtemperaturreaktoren wurde früher maßgeblich in Deutschland entwickelt und in den letzten Jahren beispielsweise in Südafrika wieder aufgegriffen. Die internationalen Arbeiten an zukünftigen Reaktorkonzepten werden durch das Generation IV International Forum koordiniert. Dort werden derzeit sechs neuartige Reaktorkonzepte verfolgt.

4.6.1   Hochtemperaturreaktoren

Hochtemperaturreaktoren sind eine Weiterentwicklung der gasgekühlten, graphitmoderierten Reaktoren. Ein wichtiger Repräsentant dieses Reaktortyps ist der Kugelhaufenreaktor, der in Deutschland entwickelt wurde. Eine Versuchsanlage, der Atomversuchsreaktor AVR, entstand in den 1960er-Jahren in Jülich. Der größte, als Prototyp zur Stromerzeugung in Deutschland betriebene derartige Reaktor war der THTR-300 in Hamm-Uentrop mit einer Leistung von 300 Megawatt. THTR steht für Thorium-Hochtemperatur-Reaktor. Nach kurzer Betriebszeit wurde dieser Reaktor 1988 aufgrund technischer Probleme wieder stillgelegt. Auch die Versuchsanlage wurde kurz darauf aufgegeben. Weltweit existieren von diesem Reaktortyp heute nur kleine Versuchsanlagen.

Als Brennstoff im Kugelhaufenreaktor dient angereichertes Uran, die Moderation erfolgt mit Graphit. Das Uran liegt in Partikeln von wenigen Millimeter Durchmesser vor, die von einer Kohlenstoff-Silizium-Verbindung ummantelt sind. Sie werden auch als Coated Particles bezeichnet. Tausende dieser Partikel sind jeweils in ein einige Zentimeter großes, kugelförmiges Brennelement eingelassen und von Graphit umschlossen. Der Kern eines Kugelhaufenreaktors besteht aus einer Schüttung der kugelförmigen Brennelemente, die während des Betriebs dem Reaktorbehälter zugeführt und entnommen werden können. Beim THTR-300 befanden sich insgesamt 675.000 Kugeln im Kern. Jede einzelne Kugel wog 200 Gramm.

Ein Gasstrom kühlt den Kern. Beim THTR-300 wurde das Edelgas Helium unter einem Druck von 50 Bar verwendet. Nachdem das Helium den Reaktorbehälter verlassen hatte, war es 750 Grad Celsius heiß. Es strömte in einen Wärmetauscher, dort wurde Dampf erzeugt. Der Dampf setzte eine Turbine in Gang, die einen Stromgenerator antrieb.

Mit Hochtemperaturreaktoren lässt sich ein besonders guter Wirkungsgrad für die Stromerzeugung erzielen, weil die Gaskühlung hohe Betriebstemperaturen möglich macht. Derartige Reaktoren könnten aufgrund der hohen Kühlmitteltemperatur auch effizient Prozesswärme zur Verfügung stellen, die beispielsweise zur Kohleveredelung oder Wasserstofferzeugung genutzt werden könnte.

Außerdem könnten Hochtemperaturreaktoren auch Thorium im Brennstoff nutzen. Dadurch dass Thorium-232 Neutronen einfängt, entsteht spaltbares Uran-233. Dieses steht als Spaltmaterial im Reaktor zur Verfügung und trägt dann zur Energieerzeugung bei. So wurden im THTR-300 auch Brennelementkugeln aus einem Uran/Thorium-Gemisch verwendet. Da Thorium selbst nicht spaltbar ist, muss es anfänglich mit höher angereichertem Uran gemischt werden, um die Reaktion in Gang zu setzen.

Die Leistungsdichte in einem solchen Reaktor ist deutlich niedriger als in einem Leichtwasserreaktor. Da außerdem die Brennelemente aus Graphit bis zu Temperaturen von etwa 3500 Grad Celsius mechanisch stabil bleiben sollen, verspricht man sich von diesem Reaktor Vorteile für die Sicherheit: Wenn die Kühlung versagt, hat man hier eine große Temperaturreserve, bevor die Brennelemente Schaden nehmen. Dieser bei Leichtwasserreaktoren wesentliche Unfallmechanismus ist bei Hochtemperaturreaktoren daher von geringerer Bedeutung. Allerdings bedeutet die geringere Leistungsdichte auch, dass bei gleicher Reaktorleistung der Reaktorkern deutlich größer gebaut werden muss als bei einem Leichtwasserreaktor, was mit höheren Kosten einhergeht. Auch in anderen Aspekten unterscheiden sich Hochtemperaturreaktoren von Leichtwasserreaktoren: Wenn Luft in den primären Kühlkreislauf gelangt, kann es zu Graphitbränden kommen, beim Eindringen von Wasser, beispielsweise aus einem sekundären Kühlkreislauf, drohen Graphit-Wasser-Reaktionen. Ob Hochtemperaturreaktoren, wie vielfach behauptet, insgesamt eine wesentlich höhere Sicherheit bieten als die heutigen Leichtwasserreaktoren, ist daher umstritten.

Beispiel

In Südafrika befand sich zwischen 1998 und 2009 ein sogenannter Hochtemperatur-Kugelhaufenreaktor in der Entwicklung. Beim offiziellen Projektstart 1998 sahen die Planungen vor, dass ein Prototyp im Jahr 2003 in Betrieb gehen sollte. Bei diesem sollte eine Turbine direkt vom Kühlmittel Helium betrieben werden, um einen hohen Wirkungsgrad zu erzielen. Bereits ab 2004 sollte der Reaktor kommerziell angeboten werden, die Entwickler rechneten mit einer Nachfrage von bis zu zehn Anlagen pro Jahr. Im Jahr 2005 wurde jedoch eine bereits positiv beschiedene Umweltverträglichkeitsprüfung, die Voraussetzung für den Bau des Reaktors war, vor Gericht widerrufen. Der Baustart sollte nunmehr 2009 sein, die Inbetriebnahme 2012. Bereits bis 2006 stiegen die Kostenschätzungen des Projekts um etwa einen Faktor sieben an. Verschiedene Industriepartner zogen sich aus der Finanzierung zurück, die südafrikanische Regierung beteiligte sich stattdessen am Projekt. Noch im August 2008 schloss die Betreibergesellschaft Verträge ab und bestellte größere Bauteile für den Prototypreaktor. Im Februar 2009 stoppte die Gesellschaft die bereits abgeschlossenen Verträge jedoch wieder und verwies auf Finanzierungsschwierigkeiten.

Anfang 2010 zog sich die südafrikanische Regierung aus der Förderung des Kugelhaufenreaktors zurück, nachdem weder neue Investoren noch potenzielle Kunden gewonnen werden konnten. Die Betreibergesellschaft wurde quasi aufgelöst. Bis zu diesem Zeitpunkt waren etwa eine Milliarde Euro in das Projekt investiert worden.

4.6.2 Generation IV

Im Jahr 2000 haben sich verschiedene Staaten zu einem gemeinsamen Forum zusammengeschlossen, um die Entwicklung für zukünftige Nuklearanlagen, sogenannte Generation-IV-Konzepte, zu koordinieren. Zu Beginn des Jahres 2012 waren 13 Staaten Mitglied des Forums, von denen jedoch nur zehn Staaten aktiv an der Entwicklung neuer Reaktoren beteiligt sind.

Die Kernkraftwerke der vierten Generation sollen über grundlegend neue Eigenschaften verfügen. Zu den Problemen der bisherigen Reaktorkonzepte, die von den Reaktoren der Generation IV gelöst werden sollen, gehören: Fragen der Reaktorsicherheit (siehe Kap. 5), eine verbesserte Nutzung der Ressourcen (siehe Kap. 7), eine Verringerung der

Abfallproblematik (siehe Kap. 8) und der Probleme der nuklearen Nichtverbreitung (siehe Kap. 9) sowie eine höhere Wirtschaftlichkeit (siehe Kap. 10). Das Forum konzentriert sich auf sechs wesentliche Reaktorkonzepte. Einige Querschnittsthemen wie die Weiterentwicklung von Brennstoffen oder neuen Materialien sollen systemübergreifend bearbeitet werden.

Bei den untersuchten Reaktorkonzepten handelt es sich um

1. gasgekühlte schnelle Reaktoren: Diese Reaktoren sollen mit schnellen Neutronen arbeiten und über einen Heliumkreislauf mit etwa 850 Grad Celsius Kühlmitteltemperatur gekühlt werden. Dieses Konzept verspricht eine hohe Brennstoffausnutzung und einen guten thermischen Wirkungsgrad. Es erfordert jedoch umfangreiche materialtechnische Entwicklungen und setzt eine kommerziell funktionsfähige Heliumturbine voraus.

2. Hochtemperaturreaktoren mit besonders hoher Temperatur: Dieses Reaktorkonzept stellt eine Weiterentwicklung der bisher noch nicht kommerziell verfügbaren Hochtemperaturreaktoren dar. Es soll mit einer Kühlmitteltemperatur von über 1000 Grad Celsius betrieben werden. Dies würde einen besonders hohen thermischen Wirkungsgrad ermöglichen und könnte der chemischen Industrie Prozesswärme zur Verfügung stellen. Auch hier sind insbesondere umfangreiche materialtechnische Probleme zu lösen.

3. Leichtwasserreaktoren mit besonders hohem Druck und hoher Temperatur: Bei dieser Weiterentwicklung heutiger Leichtwasserreaktoren weist das Kühlmittel Temperaturen oberhalb von 500 Grad Celsius und Drücke von über 250 Bar auf. So werden besonders hohe Wirkungsgrade möglich. Bei diesem Reaktortyp sind eine Reihe sicherheitstechnischer Aspekte bei der Auslegung des Reaktorkerns sowie vielfältige materialtechnische Aspekte ungelöst.

4. natriumgekühlte schnelle Reaktoren: vergleiche Abschn. 4.3.4. Schnelle Brüter sollen im Rahmen der Generation-IV-Konzepte insbesondere dazu dienen, aus vorhandenem Uran durch Neutroneneinfang Plutonium zu produzieren und damit die langfris-

tig verfügbaren Brennstoffvorräte zu erhöhen. Dazu sind auch eine umfangreiche Wiederaufarbeitung und ein geschlossener Brennstoffkreislauf notwendig.

5. bleigekühlte schnelle Reaktoren: Diese Reaktorkonzepte schlagen eine Kühlung durch Blei anstelle von Natrium vor. Damit kann man unter anderem die Gefahr von Natriumbränden umgehen. Allerdings verursacht Blei Korrosionen im Kühlsystem, so dass sich erheblicher Forschungsbedarf für neue Materialien ergibt.

6. Salzschmelze-Reaktoren: Bei diesem Reaktorkonzept ist der Brennstoff in einem Fluoridsalz aufgelöst, das gleichzeitig als Kühlmittel dient. Der Brennstoff soll kontinuierlich wieder aufgearbeitet werden. Dazu sind noch viele Fragen zu klären, etwa die physikalisch-chemischen Wechselwirkungen zwischen dem Brennstoff, den Reaktorkomponenten und der als Kühlmittel dienenden Salzschmelze, außerdem die Brennstoffaufarbeitung.

Die unterschiedlichen Konzepte versprechen jeweils Vorteile in einzelnen Problemfeldern. Keines der Systeme lässt jedoch einen Durchbruch in allen Bereichen erkennen. Ob eine Kombination aus den verschiedenen Reaktortypen in einem Gesamtsystem alle Probleme gemeinsam lösen kann, ist aus heutiger Sicht mehr als fraglich. Letztlich kann der Grad an Sicherheit oder gar die Wirtschaftlichkeit, die man mit einem Reaktorkonzept tatsächlich erreichen kann, nur an einem für die großtechnische Anwendung realisierten System bewertet werden.

Das Generation IV International Forum möchte alle Reaktortypen gleichzeitig weiter entwickeln, wobei sich einzelne Staaten jeweils nur auf eines oder wenige der Konzepte konzentrieren. Das Forum schätzte im Jahr 2002 ab, dass pro Reaktortyp zwischen 600 und 1000 Millionen US-Dollar Entwicklungskosten alleine im Zeitraum bis 2020 erforderlich wären. Darin sind die Kosten für den Bau von Demonstrationskraftwerken noch nicht enthalten. Dies entspräche einer notwendigen jährlichen Investition von 300 bis 350 Millionen US-Dollar. Dem standen bis zum Jahr 2009 für alle sechs Konzepte zusammen Forschungs- und Entwicklungsausgaben in der EU und den USA zwischen 50 und 100 Millionen US-Dollar pro Jahr gegenüber. Selbst wenn sich weitere Länder beteiligen sollten, fallen die tatsächlichen Anstrengungen damit weit hinter den eigentlich erforderlichen Aufwand zurück.

Damit die Reaktorkonzepte der Generation IV die heutigen Kernkraftwerke ersetzen könnten, müssten sie innerhalb der nächsten zwei bis drei Jahrzehnte auf den Markt kommen. Ob dies auch nur für eines der Konzepte gelingen kann, ist angesichts des zurückhaltenden Forschungsaufwands und der vielen ungelösten technischen Probleme mehr als fraglich. Das Generation IV Forum selbst erwartet eine Marktverfügbarkeit seiner Systeme innerhalb der nächsten drei bis vier Jahrzehnte. Damit spielen Reaktoren der Generation IV für alle aktuellen Diskussionen um die Rolle der Kernenergie in der weltweiten Energieerzeugung nur eine sehr untergeordnete Rolle.

Eine kritische Bewertung der Aussichten für neue Reaktorkonzepte wurde bereits im Jahr 1953 von H. Rickover, dem Entwickler der US-amerikanischen U-Boot-Reaktoren, im „Journal of Reactor Science and Technology" veröffentlicht. Er beschreibt die Probleme der kerntechnischen Weiterentwicklung, die auch heute noch aktuell sind:

An academic reactor or reactor plant almost always has the following basic characteristics: (1) It is simple. (2) It is small. (3) It is cheap. (4) It is light. (5) It can be built very quickly. (6) It is very flexible in purpose („omnibus reactor"). (7) Very little development is required. It will use mostly „off-the-shelf" components. (8) The reactor is in the study phase. It is not being built now.

On the other hand, a practical reactor plant can be distinguished by the following characteristics. (1) It is being built now. (2) It is behind schedule. (3) It is requiring an immense amount of development on apparently trivial items. Corrosion, in particular, is a problem. (4) It is very expensive. (5) It takes a long time to build because of the engineering-development problems. (6) It is large. (7) It is heavy. (8) It is complicated.

Weiterführende Literatur

[1]   Winfried Koelzer: Lexikon zur Kernenergie, Forschungszentrum Karlsruhe 2011.
[2]   Bundesministerium für Umwelt, Naturschutz und Reaktorsicherheit (BMU): Umweltradioaktivität und Strahlenbelastung. Jahresbericht 2009, Bonn 2010.
[3]   Strahlenschutzkommission (SSK): Bewertung der epidemiologischen Studie zu Kinderkrebs in der Umgebung von Kernkraftwerken (KiKK-Studie). Wissenschaftliche Begründung zur Stellungnahme der Strahlenschutzkommission, Berichte der SSK Heft 58. Bonn 2009.
[4]   Generation IV International Forum. http://www.gen-4.org/

Reaktorsicherheit – Sicherheitskonzepte und Unfallrisiko

5

Christoph Pistner, Christian Küppers, Stephan Kurth

Zusammenfassung

Im Kernkraftwerk werden große Mengen Energie freigesetzt. Auch nach der Abschaltung eines Reaktors entsteht noch für lange Zeit die Nachwärme aus dem Zerfall der radioaktiven Stoffe. Bei einem Verlust der Kühlung droht eine Freisetzung von Radioaktivität. Ein zentraler Baustein für die Reaktorsicherheit sind verschiedene Barrieren, die die radioaktiven Stoffe im Kernkraftwerk einschließen sollen. In der Betriebspraxis kommt es aber auch zu Störungen oder Störfällen, die die Barrieren beeinträchtigen oder aufheben können. Sicherheitssysteme zielen daher darauf ab, die Funktion der Barrieren bei allen denkbaren Ereignissen aufrechtzuerhalten. Dabei wird weltweit ein gestaffeltes Sicherheitskonzept angewendet, mit dem ernste Zwischenfälle ausgeschlossen werden sollen. Versagen die Sicherheitssysteme, drohen schwere Unfälle mit weitreichenden Folgen für Mensch und Umwelt.

Christoph Pistner (✉), Christian Küppers, Stephan Kurth
Öko-Institut e.V., Büro Darmstadt, Rheinstraße 95, 64295 Darmstadt
Kernenergiebuch@oeko.de

J.M. Neles, C. Pistner, *Kernenergie*, Technik im Fokus
DOI 10.1007/978-3-642-24329-5_5, © Springer-Verlag Berlin Heidelberg 2012

5.1 Nachzerfallswärme und Kernschmelzproblematik

Beim Betrieb eines Kernkraftwerks entstehen im Brennstoff große Mengen radioaktiver Stoffe, siehe Kap. 2 und Tab. 3.1. Ziel der Reaktorsicherheit ist es, eine Freisetzung dieser Stoffe in die Umgebung zu verhindern. Eine wesentliche Voraussetzung dafür ist, dass der Reaktor kontinuierlich gekühlt wird.

Auch wenn der Reaktor abgeschaltet ist, wird beim radioaktiven Zerfall der entstandenen Spaltprodukte die sogenannte Nachzerfallswärme erzeugt; siehe Abschn. 2.8. Diese beträgt sofort nach dem Abschalten der Kettenreaktion etwa sieben Prozent der ursprünglichen thermischen Leistung des Reaktors, nach einer Stunde etwa ein Prozent und klingt erst allmählich im Laufe der folgenden Stunden und Tage weiter ab. Dies bedeutet für eine Anlage mit einer thermischen Reaktorleistung von 3000 Megawatt, dass unmittelbar nach dem Abschalten noch eine thermische Leistung von rund 210 Megawatt, nach einer Stunde noch 30 Megawatt und auch zehn Tage später noch über sechs Megawatt Wärmeleistung abgeführt werden müssen. Bei einer Leistung von sechs Megawatt, also noch zehn Tage nach Abschaltung, entspricht dies beispielsweise 3000 elektrischen Heizlüftern mit je zwei Kilowatt Leistung, die in einem Raum mit 20 Quadratmeter Grundfläche aufgestellt werden. Durch diese Wärmemengen werden zu diesem Zeitpunkt noch etwa acht Tonnen Wasser pro Stunde verdampft, nur um die anfallende Nachzerfallsleistung abzuführen. Die Kühlmittelmengen, die man dazu braucht, müssen kontinuierlich in den Reaktorkern befördert werden. Wird die Kühlung unterbrochen, kann es zur Kernschmelze kommen.

Beispiel

Station Blackout im Druckwasserreaktor

Die Kühlsysteme in einem Reaktor brauchen elektrische Energie für Antrieb und Steuerung von Pumpen und Armaturen. Dieser Strom kann aus verschiedenen Quellen kommen: aus dem externen Netz, durch die Stromerzeugung des Reaktors selbst oder durch Notstrom-diesel in der Anlage. Doch was würde passieren, wenn alle elektri-schen Versorger in einer Anlage ausfallen, die Anlage sich also im sogenannten Station Blackout befindet?

Bei einem vollständigen Ausfall der Stromversorgung würde der Reaktor sofort selbstständig abgeschaltet werden, da die Steuerstäbe passiv in den Reaktorkern einfielen. Damit wäre die Leistungserzeu-gung unterbrochen. Doch es würde weiterhin die Nachzerfallswärme anfallen.

Im Primärkreislauf würden die Hauptkühlmittelpumpen ausfallen. Da sich das Kühlmittel im Reaktorkern aufheizt, entstünde durch den Dichteunterschied zwischen heißem und kälterem Kühlmittel auch ohne den Antrieb durch die Pumpen zunächst eine passive Strömung vom Reaktorkern in die Dampferzeuger und zurück. Anfänglich be-fände sich auf der Sekundärseite der Dampferzeuger noch Speise-wasser zur Wärmeabfuhr, doch innerhalb von etwa einer Stunde wä-re dieses Wasser verdampft. Da auch die Speisewasserpumpen im Sekundärkreislauf und die Kühlwasserpumpen für den Kondensator nur mit Strom funktionieren, käme kein Speisewasser mehr zum Dampferzeuger, und der Primärkreislauf könnte nicht mehr gekühlt werden.

Das primäre Kühlmittel würde sich also weiter aufheizen und der Druck ansteigen. Über Sicherheitsventile bzw. Berstscheiben würde es schließlich über den Druckhalter in den Sicherheitsbehälter ent-weichen. Damit würde der Primärkreislauf ausdampfen. Dadurch würde der Füllstand des Primärkühlmittels so weit absinken, dass die Brennelemente im Kern nicht mehr mit Kühlmittel bedeckt wären.

Nun würden sich die Brennelemente selbst sehr schnell aufheizen. Nach wenigen Stunden wäre der Brennstoff geschmolzen und damit der Reaktorkern zerstört.

Um eine Kernschmelze zu verhindern, sind im Kernkraftwerk um-fangreiche Maßnahmen vorhanden, die das Eintreten derartiger Ereig-nisse verhindern oder die Auswirkungen beherrschen sollen.

5.2   Drei Schutzziele

Damit Kernreaktoren möglichst sicher betrieben werden können, werden alle Maßnahmen auf drei wichtige Ziele ausgerichtet, die kerntechnischen Schutzziele:

▷ Einschluss radioaktiver Stoffe

▷ Kontrolle der Reaktivität

▷ Kühlung der Brennelemente

Die radioaktiven Stoffe, die in großer Menge durch Kernspaltung, Neutroneneinfänge in Uran und Aktivierungsprozesse entstehen, siehe Abschn. 2.8 und 8.2, müssen sicher eingeschlossen werden. Das ist das erste Schutzziel. Die ablaufende Kettenreaktion im Reaktor muss man jederzeit zuverlässig steuern können, weil sonst die Leistung im Reaktor schnell und unbeherrschbar ansteigt. Die Kontrolle der Reaktivität ist also das zweite Schutzziel. Weiterhin muss die im Reaktorkern entstehende Wärme zuverlässig abgeführt werden, um eine Überhitzung bis hin zur Kernschmelze zu verhindern. Das gilt auch, wenn der Reaktor abgeschaltet ist. Sowohl während des Betriebs als auch nach Abschaltung des Reaktors stellt daher die Kühlung der Brennelemente ein drittes Schutzziel dar.

Um radioaktive Stoffe einzuschließen, gibt es verschiedene physische Barrieren und Rückhaltefunktionen. Zahlreiche Ereignisse können die Sicherheit jedoch gefährden: ein technisches Versagen wie ein Ausfall der Kühlsysteme, menschliche Fehler bei Planung oder Betrieb der Anlage oder unvorhergesehene äußere Einwirkungen wie schwere Erdbeben. Verschiedene Systeme sollen mögliche Störungen begrenzen, Störfälle beherrschen und Unfälle vermeiden oder deren Auswirkungen einschränken. Diese Maßnahmen und Einrichtungen sind in sogenannte gestaffelte Sicherheitsebenen gruppiert. Das bedeutet: Wenn eine Vorkehrung auf einer Sicherheitsebene versagt, greifen weitere, nachgelagerte Maßnahmen, um einen Unfall auszuschließen.

5.3 Barrieren

Barrieren sind ein zentraler Baustein der Reaktorsicherheit. Der größte Teil der radioaktiven Stoffe im Reaktor befindet sich im eingesetzten Brennstoff. Bei typischen Leichtwasserreaktoren handelt es sich um Urandioxid, das durch Pressen und Sintern in eine keramische Form überführt wurde, sogenannte Pellets. Diese Uranpellets leisten einen Beitrag, um radioaktive Stoffe zurückzuhalten, da viele Spaltprodukte unter normalen Betriebsbedingungen im Brennstoff eingeschlossen bleiben. Bereits im normalen Betrieb können jedoch beispielsweise gasförmige Spaltprodukte austreten, so dass die Uranpellets keine geschlossene Barriere darstellen. Der Brennstoff ist darum in Brennstäbe eingebunden, die eine erste Barriere darstellen: Das Brennstabhüllrohr, auch Cladding genannt, besteht aus einem dicht verschlossenen Metallrohr und soll die im Brennstoff entstehenden Spaltprodukte sicher einschließen.

In Leichtwasserreaktoren wird der Brennstoff durch das Umwälzen von Wasser gekühlt. Der Reaktordruckbehälter und die dazugehörenden Rohrleitungen schließen das Kühlmittel ein. Diese Barriere wird als druckführende Umschließung bezeichnet. Sie hält zugleich auch radioaktive Stoffe im Kühlmittel zurück, die durch Undichtigkeiten aus den Brennstäben austreten, sowie Aktivierungsprodukte im Kühlmittel selbst.

Der Reaktordruckbehälter wiederum ist von einer Betonstruktur, dem biologischen Schild, umgeben. Dieser Schild schirmt die Direktstrahlung ab, die im Reaktordruckbehälter entsteht. Er stellt jedoch keine geschlossene Barriere dar und leistet daher keinen Beitrag, radioaktive Stoffe einzuschließen.

Außen um die druckführende Umschließung und den biologischen Schild bildet eine Stahlhülle den sogenannten Sicherheitsbehälter. Diese Barriere soll einerseits verhindern, dass Kühlmittel verloren geht, wenn an Rohrleitungen des Kühlsystems Lecks auftreten. Andererseits soll der Sicherheitsbehälter bei Stör- oder Unfällen radioaktive Stoffe davon abhalten, in die Umwelt zu entweichen.

Die Barrieren zum Einschluss radioaktiver Stoffe sind nach [3]:

▷ Brennstabhüllrohre

▷ druckführende Umschließung des Reaktorkühlmittels (Reaktordruckbehälter, Rohrleitungen)

▷ Sicherheitsbehälter

Der Sicherheitsbehälter ist nach außen durch das Reaktorgebäude geschützt. Es hat eine dicke Stahlbetonwand und schirmt von Unwettern, Schneelasten und anderen Witterungseinflüssen ab. In den heute noch laufenden deutschen Kernkraftwerken berücksichtigten die Planer auch die Möglichkeit, dass es zu einem Unfall kommt, bei dem ein Militärflugzeug auf das Kernkraftwerk stürzt. Entsprechend robuster dimensionierten sie die Reaktorgebäude. Weltweit ist diese stabile Bauweise bislang jedoch eher die Ausnahme.

Neben dem Brennstoff im Reaktorkern müssen weitere radioaktive Stoffe im Kernkraftwerk eingeschlossen werden. So lagern die abgebrannten Brennelemente nach ihrem Einsatz im Reaktor für mehrere Jahre in einem Abklingbecken. Auch diese Brennelemente enthalten große Mengen radioaktiver Stoffe und müssen aufgrund der Nachzerfallswärme dauerhaft gekühlt werden. Daneben fallen in verschiedenen Bereichen des Kraftwerks durch die Reinigung und Filterung von Kühlmittel und Abluft weitere Materialien an, die mit radioaktiven Stoffen belastet sind; siehe Abschn. 4.4.

5.4 Sicherheitsebenen

In Deutschland wird für den Betrieb von Kernkraftwerken ein gestaffeltes Sicherheitskonzept angewendet. Auftretende Ereignisse werden einer Sicherheitsebene zugeordnet. Entsprechend müssen auf jeder Ebene Einrichtungen vorhanden sein, um die notwendigen Funktionen zu erfüllen. Dabei sollen die jeweiligen Einrichtungen zur Beherrschung von Ereignissen auf einer Sicherheitsebene unabhängig von den Einrichtungen der anderen Sicherheitsebenen sein. Die Sicherheitsebenen nach [3] sind:

▷ Sicherheitsebene 1: Bestimmungsgemäßer Betrieb, Normalbetrieb

▷ Sicherheitsebene 2: Bestimmungsgemäßer Betrieb, anomaler Betrieb (Störung)

▷ Sicherheitsebene 3: Störfälle

▷ Sicherheitsebene 4a: sehr seltene Ereignisse

▷ Sicherheitsebene 4b: Ereignisse mit Mehrfachversagen von Sicherheitseinrichtungen

▷ Sicherheitsebene 4c: Unfälle mit schweren Kernschäden (Ziel hierbei ist es, radioaktive Stoffe so weit wie möglich einzuschließen)

▷ Sicherheitsebene 5: Unfälle mit schweren Kernschäden (Maßnahmen zur Unterstützung des Katastrophenschutzes)

Der Normalbetrieb eines Kernreaktors stellt eine erste Sicherheitsebene dar. Hohe Qualitätsanforderungen an Auslegung, Fertigung, Bau und Betrieb sollen schon auf dieser ersten Sicherheitsebene einen reibungslosen Betrieb garantieren. Dies bedeutet zum Beispiel, nur hochwertige Werkstoffe zu verwenden, die für die gegebenen Betriebsbedingungen wie Temperaturen, Drücke oder radioaktive Strahlung geeignet sind. Um dennoch auftretende Schäden früh zu entdecken, muss die Wirksamkeit dieser Maßnahmen regelmäßig geprüft und überwacht werden. Voraussetzung dafür ist allerdings, dass die entsprechenden Rohrleitungen und Einrichtungen auch zugänglich sind. Das heißt, sie müssen räumlich erreichbar sein, und die Erreichbarkeit darf nicht aufgrund einer zu hohen Strahlung ausgeschlossen sein.

Beispiel

In der US-amerikanischen Anlage Davis Besse bildete sich etwa ab 1991 am Deckel des Reaktordruckbehälters im Anschlussstutzen eines Steuerstabantriebs ein Riss. Etwa ab dem Jahr 1996 begann Kühlmittel in geringen Mengen aus dem Riss auszutreten. Durch die im Kühlmittel enthaltene Borsäure korrodierte in der Folge der Reaktordruckbehälterdeckel. Es entstand ein Loch von rund zehn Zentimeter Durchmesser und 15 Zentimeter Tiefe, das bis zur inneren Plattierung des Reaktordruckbehälters reichte. Trotz mehrfacher Inspektionen wurde dieses Loch erst im Jahr 2002 entdeckt. Nachträgliche Abschätzungen durch die Aufsichtsbehörden ergaben, dass es innerhalb von zwei bis elf Monaten zu einem schweren Kühlmittelverluststörfall gekommen wäre, wenn man das Loch auch in dieser Inspektion nicht entdeckt hätte.

Auch bei hoher Qualität der Betriebssysteme kann der Normalbetrieb jedoch gestört werden, etwa weil Pumpen ausfallen, Ventile fehlerhaft öffnen oder schließen oder an Rohrleitungen ein Leck entsteht. Zum Umgang mit solchen Störungen existiert eine zweite Sicherheitsebene, die auch als anomaler Betrieb bezeichnet wird. Sobald die Mess- und Überwachungseinrichtungen eine Störung erkannt haben, können die Betriebssysteme durch Regelungseingriffe die möglichen Folgen beherrschen. Fällt zum Beispiel eine Speisewasserpumpe aus, kann eine Reservepumpe in Betrieb genommen werden. Tritt in einer Rohrleitung ein Leck auf, kann dieses Leck unter Umständen abgesperrt werden, indem man Ventile schließt. Da solche Störungen in der Betriebszeit eines Reaktors zu erwarten sind, zählt diese Sicherheitsebene noch zum bestimmungsgemäßen Betrieb einer Anlage.

Ist die Störung jedoch so gravierend, dass die Anlage aus Sicherheitsgründen nicht weiter betrieben werden kann, spricht man von einem Störfall.

▷ Ein Störfall ist als ein Ereignisablauf definiert, bei dessen Eintreten der Betrieb der Anlage oder die Tätigkeit aus sicherheitstechnischen Gründen nicht fortgeführt werden kann und für den die Anlage ausgelegt ist oder für den bei der Tätigkeit vorsorglich Schutzvorkehrungen vorgesehen sind [1].

Das Auftreten von Störfällen soll durch die sicherheitstechnische Auslegung der Anlage verhindert werden. Sie können in der Praxis aber dennoch nicht völlig ausgeschlossen werden. Für Störfälle existiert eine dritte Sicherheitsebene, mit der diese Ereignisse sicher beherrscht werden sollen. Das Spektrum der Ereignisse lässt sich grob in die Kategorien der Reaktivitätsstörfälle, Kühlmittelverluststörfälle, Transienten sowie der Einwirkungen von innen und von außen unterteilen siehe Tab. 5.1.

Der Betreiber einer Anlage muss nachweisen, dass er solche Störfälle entweder durch Vorsorgemaßnahmen ausschließen oder sie durch das Sicherheitssystem beherrschen kann. So werden vorsorglich zum Beispiel bestimmte Räume oder Gebäudeteile baulich getrennt um die Ausbreitung eines Brandes oder einer internen Überflutung zu verhindern. Auch wird die Anlage so gebaut, dass bei einem Hochwasser kein Wasser auf das Anlagengelände oder gar in die Gebäude gelangen kann. Wie Störfälle mit Hilfe des Sicherheitssystems beherrscht werden sollen, wird im nächsten Abschnitt genauer erläutert.

Beispiel

Am 27. Dezember 1999 kam es bei der französischen Anlage Blayais zu einem schweren Sturm. Die Anlage an der Garonne liegt im Tidebereich des Atlantiks. Starke Winde und die ansteigende Flut führten dazu, dass weite Teile der Anlage überschwemmt wurden. Durch Kabelschächte drang das Wasser auch in Gebäude ein und überflutete wichtige Teile des Sicherheitssystems. Gleichzeitig führte der Sturm zu Ausfällen im externen Stromnetz, so dass die Anlage für mehrere Stunden auf die interne Notstromversorgung angewiesen war.

Im Dezember 2009 fiel in Block 4 der französischen Anlage Cruas die Kühlwasserversorgung aus. Die Ursache: Nach schweren Regenfällen gelangten Pflanzenreste in die Einlaufbauwerke der Nebenkühlwasserversorgung. Rund zehn Stunden lang musste die Anlage deshalb mit Notfallmaßnahmen gekühlt werden. Die Mannschaft nutzte dazu interne Wasservorräte zur Bespeisung der Dampferzeuger. Kein Einzelfall: Auch in anderen Kernkraftwerken weltweit verstopften in der Vergangenheit Pflanzenreste, Quallen oder anderes Bereiche des Nebenkühlwassers. Dass die Kühlwasserversorgung derart beeinträchtigt werden könnte, hatten Experten in den Sicherheitsanalysen bis dahin allerdings nicht angemessen berücksichtigt.

Tab. 5.1 Wichtige Ereignisgruppen

Art des Störfalls	Beispiele für Ursachen beziehungsweise Auslöser
Reaktivitätsstörfälle – führen zu einer veränderten Leistungsfreisetzung	Fehlerhaft ein- oder ausgefahrene Steuerstäbe
	Falsche Positionierung von Brennelementen im Reaktorkern
Kühlmittelverluststörfälle – können zu einem Verlust der Kernkühlung führen	Lecks in Rohrleitungen aufgrund von Korrosion oder Versprödung
	Abriss von Leitungen aufgrund von thermischen oder mechanischen Belastungen
Transienten – Veränderungen in der Wärmeabfuhr aus dem Reaktor	Ausfall der Stromversorgung von Pumpen für die Kühlung
	Fehlerhaftes Öffnen oder Schließen von Ventilen und dadurch bedingte Veränderung von Druck oder Temperatur des Kühlmittels
Innere Einwirkungen	Brände
	Interne Überflutungen durch ein Versagen von Rohrleitungen oder Behältern
Äußere Einwirkungen	Erdbeben, Hochwasser, Sturm, Blitzschlag, Treibgut im Kühlwasser, Muschelbewuchs in den Kühlern und den Einlaufstellen des Kühlwassers

Die Maßnahmen und Einrichtungen der Sicherheitsebenen 1 bis 3 umfassten die Ereignisse, für die die Kernkraftwerke bei ihrer Errichtung ausgelegt wurden. Das bedeutet: Die Sicherheitsexperten waren davon überzeugt, dass mit diesen Vorkehrungen schwere Unfälle sicher ausgeschlossen wären. Weitere Maßnahmen haben sie daher nicht als notwendig angesehen (siehe auch die Darstellung in [4]). Diese Haltung änderte sich nach den Unfällen in dem US-amerikanischen Reaktor Three Mile Island und dem ukrainischen Reaktor in Tschernobyl: Das Sicherheitskonzept wurde um weitere Maßnahmen auf einer vierten Sicherheitsebene ergänzt. Sie sollen greifen, wenn Ereignisse eintreten, für die eine Anlage nicht mehr ausgelegt ist. Das Ziel: zu verhindern, dass der Reaktorkern zerstört wird, oder zumindest die daraus resultierenden Freisetzungen von radioaktiven Stoffen so weit wie möglich zu begrenzen.

In Deutschland wird diese vierte Sicherheitsebene typischerweise in drei Unterebenen unterteilt. Zur Ebene 4a zählen spezielle, sehr seltene Ereignisse wie ein unfallbedingter Flugzeugabsturz oder Ereignisse, bei denen die Schnellabschaltung des Reaktors versagt. Wenn aufgrund der unfallbedingten Schäden die Kühlung eines Reaktors gefährdet ist und schwere Kernschäden drohen, sind auf der Sicherheitsebene 4b Notfallmaßnahmen vorgesehen, um die Kernkühlung wiederherzustellen. Kommt es tatsächlich zu schweren Unfällen, sind im Rahmen einer Ebene 4c noch Maßnahmen vorgeplant, mit denen die Unfallfolgen begrenzt werden sollen. Welche Vorkehrungen in Deutschland für den sogenannten anlageninternen Notfallschutz getroffen sind, wird weiter unten in Abschn. 5.8 genauer dargestellt.

Gelangen größere Mengen radioaktiver Stoffe durch einen Unfall in die Umwelt, müssen die Behörden möglicherweise Gebiete evakuieren und Menschen umsiedeln, oder landwirtschaftliche Flächen sind nur noch eingeschränkt zu nutzen. Auf der Sicherheitsebene 5 werden Maßnahmen vorbereitet, die diesen staatlichen Katastrophenschutz unterstützen. Dazu zählen beispielsweise Messsysteme, die überwachen, wie sich die radioaktiven Stoffe in der Umwelt verteilen. Im Zusammenspiel mit Ausbreitungsrechnungen ermöglichen diese Messungen etwa eine Vorhersage, welche Gebiete zu welchen Zeitpunkten von einer radioaktiven Kontamination betroffen sein können.

5.5   Das Sicherheitssystem

Die Barrieren alleine genügen nicht, um die Schutzziele einzuhalten. Vielmehr sind verschiedene technische Einrichtungen notwendig, mit denen Störfälle in Kernreaktoren beherrscht werden sollen. Diese Einrichtungen bilden zusammen das sogenannte Sicherheitssystem. Es muss verschiedene Sicherheitsfunktionen wie die Reaktivitätskontrolle und die Kühlung des Brennstoffs gewährleisten, ansonsten werden die Barrieren zerstört, und Radioaktivität kann in die Umwelt gelangen. Dabei soll das Sicherheitssystem vollständig unabhängig von den betrieblichen Systemen des Reaktors funktionieren. Außerdem unterliegt es besonders hohen Ansprüchen an die Qualität. Wie das Sicherheitssystem eines Kernreaktors im Grundsatz funktioniert, wird im Folgenden am Beispiel eines deutschen Druckwasserreaktors dargestellt.

Eine zentrale Sicherheitsfunktion ist die Kontrolle der Kettenreaktion. Zur Steuerung und Abschaltung des Reaktors dient das **Schnellabschaltsystem.** Die Steuerstäbe werden dabei vollständig in den Reaktorkern eingebracht und schalten ihn so ab. Beim Druckwasserreaktor fallen die Steuerstäbe dabei von oben in den Reaktorkern ein. Innerhalb von wenigen Sekunden wird dadurch die Leistungserzeugung im Reaktor unterbrochen.

Die Steuerelemente alleine können den Druckwasserreaktor jedoch nicht langfristig in einem unterkritischen Zustand halten. Kühlt der Reaktor ab, nimmt nämlich die Dichte des Wassers im Reaktor und damit die Moderation zu. Die Reaktivität steigt dadurch an, und der Reaktor kann wieder kritisch werden. Damit die Unterkritikalität langfristig sichergestellt ist, wird daher ein sogenanntes **Zusatzboriersystem** verwendet. Durch dieses System kann dem Kühlmittel des Reaktors Borsäure zugesetzt werden. Das chemische Element Bor absorbiert Neutronen und unterbricht damit die Kettenreaktion.

Als weitere Sicherheitsfunktion muss eine ausreichende Kühlung des Reaktorkerns sichergestellt werden. Im Druckwasserreaktor kann die anfallende Wärme entweder über die Sekundärseite oder über ein sogenanntes Not- und Nachkühlsystem abgeführt werden. Wenn bei einem Ereignis der primäre Kühlkreislauf intakt geblieben ist, also kein Kühlmittel verloren geht, wird die Kühlung zunächst über die Sekundärseite sichergestellt. Hierzu muss einerseits kontinuierlich Wasser in die Dampferzeuger gefördert, andererseits der dort entstehende Wasserdampf abgeführt werden. Im Störfall übernehmen das **Notspeisesystem** und die **Frischdampfabblaseventile** des Sekundärkreislaufes diese Funktionen. Das Notspeisesystem besteht im Wesentlichen aus den Notspeisepumpen, die aus Vorratsbehältern Wasser in die Dampferzeuger fördern. Nachdem das Wasser durch die Wärme aus dem Primärkreis verdampft wurde, kann der Dampf über die Frischdampfabblaseventile an die Atmosphäre abgegeben werden. Der Wasservorrat des Notspeisesystems ist begrenzt und muss für eine langfristige Kühlung des Reaktors kontinuierlich erneuert werden. Dazu dienen Hilfssysteme. Nachdem der Primärkreislauf über die Sekundärseite auf niedrigen Druck und niedrige Temperatur abgekühlt ist, soll langfristig das Not- und Nachkühlsystem die Kühlung des Reaktors übernehmen.

Bei Kühlmittelverluststörfällen gewährleistet das primärseitige **Not- und Nachkühlsystem** die Kühlung des Reaktors: Tritt am Primärkreislauf ein Leck auf, so kann Kühlmittel aus der druckführenden Umschließung ausströmen. Es wird im Sicherheitsbehälter aufgefangen und kann später für die weitere Kühlung des Reaktors verwendet werden. Solange der Primärkreislauf noch unter hohem Druck steht, fördern Hochdruckpumpen, sogenannte Sicherheitseinspeisepumpen, neues Kühlmittel in den Kühlkreislauf. Beim Druckwasserreaktor muss das Kühlmittel mit Borsäure versetzt sein, um die Unterkritikalität sicherzustellen, wie oben gezeigt wurde. Daher wird dieses Kühlmittel speziellen Vorratsbehältern, den sogenannten Flutbehältern, entnommen, in denen sich Kühlmittel mit einer hohen Borkonzentration befindet.

Nachdem der Druck im Kühlkreislauf bis auf etwa zehn Bar und darunter abgefallen ist, übernehmen Notkühlpumpen das Einspeisen von Kühlmittel in den Kühlkreislauf. Diese greifen zunächst auch auf die zusätzlichen Kühlmittelmengen der Flutbehälter zurück. Sind diese Vorräte jedoch verbraucht, muss das in den Sicherheitsbehälter ausgetretene Kühlmittel in den Kreislauf zurückgeführt werden. Dazu haben die Notkühlpumpen zusätzliche Ansaugleitungen, die aus der tiefsten Stelle im Sicherheitsbehälter, dem sogenannten Sicherheitsbehältersumpf, das Kühlmittel entnehmen. Dort sammelt sich das Kühlmittel, das durch das Leck ausgetreten ist, und wird wieder in den Kreislauf zurückgepumpt. Daneben existieren noch sogenannte Druckspeicher. Auch diese Behälter speichern Kühlmittel. Ihnen wird durch ein Gaspolster ein Druck von etwa 25 Bar aufgeprägt. Die Druckspeicher sind nur durch Rückschlagklappen vom Primärkreislauf abgetrennt. Fällt der Druck im Primärkreislauf aufgrund des ausströmenden Kühlmittels unter den Druck in den Druckspeichern, wird das Kühlmittel in den Primärkreislauf eingespeist. Das Not- und Nachkühlsystem gibt die Wärme über Wärmetauscher an ein Zwischenkühlwassersystem ab. Von diesem wird es erneut über Wärmetauscher an das Nebenkühlwassersystem übertragen. Dort gelangt die Wärme schließlich über Kühltürme in die Atmosphäre oder direkt in einen Fluss.

Die Kühlung des Reaktorkerns stellt eine zentrale Sicherheitsfunktion dar. Dennoch kommt es immer wieder zu Ereignissen, die die Sicherheitseinrichtungen gefährden oder deren Funktionieren insgesamt in Frage stellen.

Beispiel

Im Juli 1992 trat in der schwedischen Anlage Barsebäck-2 ein kleines Leck am primären Kühlkreislauf des Reaktors auf. Das ist ein Ereignis, wie es bei allen Leichtwasserreaktoren vorkommen kann und das es sicher zu beherrschen gilt. Dazu muss das aus dem Leck austretende Kühlmittel im sogenannten Sumpf an der tiefsten Stelle des Sicherheitsbehälters aufgefangen und von dort mit den Notkühlpumpen wieder zur Kühlung in den Reaktor zurückgeführt werden. Die Sumpfsiebe verhindern dabei, dass größere Bruchstücke oder Gegenstände, die vom Kühlmittel mitgerissen wurden, in die Notkühlpumpen gesaugt werden und diese beschädigen können.

Bei dem Ereignis in Barsebäck-2 riss das unter hohem Druck ausströmende Kühlmittel Isoliermaterialien von benachbarten Rohrleitungen ab. Diese sammelten sich im Sumpf und verstopften die Sumpfsiebe. Dadurch war das Ansaugen durch die Notkühlpumpen und damit insgesamt die Kühlung des Reaktors gefährdet. Erst nach einem improvisierten Eingriff funktionierte das Kühlsystem wieder. Das Ereignis hat also in Frage gestellt, ob eine zentrale Sicherheitseinrichtung funktioniert, die eigentlich schwere Unfälle verhindern soll. Bei den Analysen im Vorfeld hatten die Experten nicht bedacht, wie das Isoliermaterial – das in allen Anlagen weltweit vorhanden ist – die Notkühlung beeinflussen kann.

Als weitere Sicherheitsfunktion muss der Druck im Reaktorkühlkreislauf kontrolliert werden. Zum einen würde ein zu hoher Druck Schäden an der druckführenden Umschließung anrichten. Darüber hinaus muss nach der Abschaltung des Reaktors der Druck so weit abgesenkt werden, dass die Notkühlpumpen des Not- und Nachkühlsystems Kühlmittel in den Kühlkreislauf fördern können. Im primären Kühlkreislauf wird der Druck über den sogenannten Druckhalter kontrolliert, siehe Abb. 4.1. Im Druckhalter sorgt ein Dampfpolster für hohen Druck im primären Kühlkreislauf. Indem man kälteres Kühlmittel mit dem

Zusatzboriersystem einsprüht, wird Dampf kondensiert und dadurch der Druck abgesenkt. Bei einem zu hohen Druck im Primärkreislauf kann außerdem über **Druckhalterabblaseventile** verdampftes Kühlmittel in einen Abblasebehälter abgelassen und damit der Druck gesenkt werden. Im sekundären Kühlkreislauf wird der Druck durch **Frischdampfsicherheitsventile** oder die Frischdampfabblaseventile kontrolliert. Wenn man diese Ventile öffnet, kann Frischdampf direkt in die Atmosphäre entweichen, und dadurch sinkt der Druck im sekundären Kühlkreislauf.

Der Zustand des Reaktors muss kontinuierlich überwacht werden, damit man bei Störfällen sehr schnell reagieren kann: Je nachdem, welches Ereignis eingetreten ist, müssen sofort und automatisch eine Abschaltung des Reaktors und die Kühlung der Brennelemente eingeleitet werden. Dazu dient das sogenannte **Reaktorschutzsystem.** Dieses Steuerungs- und Kontrollsystem überwacht wichtige Anlagendaten wie Drücke und Temperaturen des Kühlmittels. Weiterhin kontrolliert es auch den jeweiligen Betriebszustand von Systemen, also die Drehzahl von Pumpen, die Temperatur von Kühlern oder andere wichtige Parameter. Nehmen die überwachten Parameter unzulässige Werte an, also steigt beispielsweise die Temperatur des Kühlmittels über festgelegte Grenzwerte an, so löst das Reaktorschutzsystem Aktionen des Sicherheitssystems aus. Diese ersten Reaktionen auf ein kritisches Ereignis erfolgen automatisch, so dass das Betriebspersonal frühestens nach 30 Minuten eingreifen muss. Damit haben die Mitarbeiter Zeit, sich einen Überblick über die Situation zu verschaffen und weitere Maßnahmen einzuleiten. Allerdings gibt es so viele denkbare Ereignisse, dass das eingetretene Ereignis möglicherweise nicht richtig identifiziert wird. Dann werden unter Umständen falsche Maßnahmen ausgelöst, sei es automatisch oder vom Betriebspersonal.

Beispiel

Am 14. Dezember 2001 kam es in der deutschen Anlage Brunsbüttel zu ungewöhnlichen Signalen auf der Warte. Der Betreiber erklärte sich das zunächst damit, dass in einem System für den Normalbetrieb ein ungefährliches Leck entstanden sei. Erst im Februar 2002 untersuchte der Betreiber die Ursachen im Beisein der Aufsichtsbehörde genauer. Dazu musste der Reaktor abgeschaltet und abgefahren werden, um das Innere des Sicherheitsbehälters betreten zu können. Vor Ort stellte der Betreiber fest, dass eine Wasserstoffexplosion ein Rohrleitungsteil von 2,7 Meter Länge in unmittelbarer Nähe des Reaktordruckbehälters zerstört hatte.

Der Betreiber hat die Hinweise auf Unregelmäßigkeiten nicht sofort überprüft und stattdessen die Anlage über zwei Monate weiter laufen lassen. Ursache und Ausmaß des Ereignisses kamen daher erst mit erheblicher Verzögerung ans Licht. Grundsätzlich ist bekannt, dass sich in Reaktoren Wasserstoff bilden und zu Explosionen führen kann. Anlagen werden deshalb mit entsprechenden technischen Gegenmaßnahmen ausgerüstet. In dem betroffenen Bereich hielt der Betreiber nennenswerte Wasserstoffansammlungen aber nicht für möglich. Aufgrund dieser Fehleinschätzung hat er bei der Planung der Anlage keine ausreichenden Gegenmaßnahmen getroffen. Auch wenn dieser Vorfall letztendlich glimpflich ausging, hätte es zu weitaus schwerwiegenderen Schäden an der Anlage kommen können.

Neben solchen zentralen Sicherheitsfunktionen wie Schnellabschaltung und Notkühlung sind je nach Ereignis noch viele weitere Maßnahmen notwendig. So muss sichergestellt werden, dass aus dem Sicherheitsbehälter keine Radioaktivität nach außen dringen kann. Dazu müssen alle Rohrleitungen, die aus dem Sicherheitsbehälter herausführen und aktuell nicht benötigt werden, verschlossen werden. In allen Rohrleitungen sitzen daher Ventile für einen **Durchdringungsabschluss**, die sich im Ereignisfall automatisch schließen.

Die Einrichtungen des Sicherheitssystems, wie beispielsweise Notkühlpumpen oder Sicherheitsventile, müssen zuverlässig und langfristig funktionieren, ebenso wie die Überwachung und Steuerung dieser Einrichtungen. Dafür benötigen sie auch Hilfsstoffe und Betriebsmittel – beispielsweise Kraftstoffe und elektrische Energie.

Generell verbraucht ein Kernkraftwerk selbst kontinuierlich Strom. Während des Betriebs versorgt es sich selbst mit der benötigten Energie. Nach dem Abschalten des Reaktors muss die Energie jedoch von außen kommen, dies erfolgt über die Anbindung an das externe Stromnetz. Wird der Reaktor jedoch auch vom externen Stromnetz getrennt, tritt ein sogenannter Notstromfall ein. Dann muss das **Notstromsystem** mit Hilfe von Dieselgeneratoren die Energie für die erforderliche Sicherheitstechnik erzeugen. Bis die Notstromdiesel gestartet werden können und wieder Strom zur Verfügung steht, vergeht Zeit. So lange liefern Batterien den wichtigen Systemen weiter Energie. Diese Batterien haben aber nur eine begrenzte Kapazität, sie versorgen daher nur die unmittelbar benötigten Funktionen wie die Steuerungs- und Leittechnik sowie einige wichtige Armaturen, die zum Öffnen oder Schließen von Rohrleitungen notwendig sind. Um große Verbraucher wie die Notkühlpumpen mit der notwendigen Energie zu beliefern, müssen immer die Notstromdiesel gestartet werden.

Beispiel

Am 25. Juli 2006 kam es im Stromnetz in der Nähe des schwedischen Kernkraftwerks Forsmark zu einem Kurzschluss. Die automatischen Steuerungen reagierten fehlerhaft und trennten die Anlage erst mit zeitlicher Verzögerung vom Netz. Somit wirkte sich der Kurzschluss auch im Kernkraftwerk aus.

Wird die Anlage vom Netz getrennt, muss sie sich selbst mit Energie versorgen, um den Reaktorkern weiter zu kühlen. Hierzu sind zunächst verschiedene Umschaltmöglichkeiten vorgesehen, damit die Anlage weiter Strom erhält. In Forsmark waren aber schon vorher mehrere Fehler über längere Zeit unbemerkt geblieben, so dass diese Umschaltungen nicht funktionierten. Es standen zwar Notstromaggregate bereit, die alle Sicherheitssysteme mit Energie versorgen sollten. Durch den externen Kurzschluss und die dabei aufgetretenen Spannungsspitzen fielen jedoch zwei der vier vorhandenen Notstromsysteme aus. Nur durch Zufall waren nicht alle vier Notstromdiesel betroffen.

An diesem Beispiel wird deutlich, dass neben den eigentlichen Sicherheitssystemen auch viele Hilfsfunktionen erforderlich sind. So benötigt die Sicherheitstechnik zuverlässig Strom. Wenn die gesamte Stromversorgung länger ausfällt, führt das zu Ereignissen, die sich nicht mehr beherrschen lassen – bis hin zur Kernschmelze. Dies wurde bei dem Unfall in Fukushima Dai-ichi besonders deutlich, siehe Kap. 6.

Der Fall Forsmark zeigt außerdem, dass in den Anlagen trotz einer Qualitätssicherung und umfangreicher Prüfungen Fehler über längere Zeiträume unbemerkt bleiben können. Man entdeckt sie unter Umständen erst, wenn tatsächlich ein Störfall eintritt, bei dem die Sicherheitstechnik benötigt wird.

Schließlich sind weitere Hilfsfunktionen erforderlich, damit das Sicherheitssystem funktionieren kann. Ein Beispiel dafür: Beim Betrieb von Pumpen oder elektrotechnischen Einrichtungen fällt Wärme an. Damit die Systeme nicht durch Überhitzung ausfallen, muss die Wärme über Kühlsysteme und Lüftungseinrichtungen abgeführt werden.

5.6 Grundprinzipien der Konstruktion

Die Systeme, die im Störfall aktiv werden sollen, müssen sehr zuverlässig und auch gegenüber unvorhergesehenen Ereignissen möglichst robust sein. Daher gelten für ihre Konstruktion verschiedene Grundprinzipien.

Ein erstes wichtiges Prinzip besteht in einer möglichst inhärent sicheren Auslegung des Reaktors. Das bedeutet: Die Anlage soll so aufgebaut sein, dass sie bei einer Störung des normalen Betriebs von selbst aufgrund der naturwissenschaftlichen Gesetzmäßigkeiten in einen sicheren Zustand übergeht.

So ist es bei einem Leichtwasserreaktor für die Kettenreaktion notwendig, dass die Neutronen aus der Spaltung durch das Kühlmittel moderiert werden, siehe hierzu Abschn. 2.6. Steigt nun durch eine Störung die Temperatur im Reaktorkern – beispielsweise weil die sekundärseitige Wärmeabfuhr ausgefallen ist –, so wird auch das Kühlmittel wärmer. Dadurch nimmt aber seine Dichte ab, und die Neutronen aus der Kernspaltung werden nicht mehr so gut moderiert. Dies führt dazu, dass die Leistung des Reaktors abnimmt, somit weniger Wärme produziert wird. Der Reaktor reagiert also aufgrund inhärenter Eigenschaften so, dass er sich bei einer Störung selbst stabilisiert. Doch eine rein inhärente Sicherheit ist bei heutigen Leistungsreaktoren nicht erreichbar. Sie sind daher auf die aktiven Maßnahmen des Sicherheitssystems angewiesen.

Als zweites Prinzip sollen sich Systeme möglichst fail-safe verhalten, das heißt bei Störungen selbstständig in einen sicheren Zustand übergehen.

So ist das Schnellabschaltsystem fail-safe konzipiert: Während des Betriebs hält eine elektromagnetische Verriegelung die Steuerstäbe davon ab, in den Reaktorkern einzufallen. Fällt nun im Reaktor der Strom aus, so geht auch die Kühlung des Reaktors verloren, da die Kühlpumpen auf Strom angewiesen sind. Gleichzeitig wird aber auch die Stromversorgung des Schnellabschaltsystems unterbrochen. Dann fallen die Steuerstäbe aufgrund ihres Gewichts von selbst in den Reaktorkern ein und schalten ihn ab.

Ein weiteres Prinzip verlangt, dass Einrichtungen möglichst so ausgelegt werden, dass sie ohne aktive Maßnahmen greifen. Eine solche passive Auslegung macht es wahrscheinlicher, dass ein System im Anforderungsfall wie erwartet funktioniert – schließlich muss es nicht erst gestartet werden und ist nicht auf weitere Hilfssysteme, etwa zur Stromversorgung, angewiesen. So stellen beispielsweise die Druckspeicher des Not- und Nachkühlsystems weitgehend passive Einrichtungen dar. Doch vielfach müssen auch passive Einrichtungen je nach vorliegendem Ereignis unterschiedlich funktionieren und können daher ohne ein Mindestmaß an Steuerung und Eingriffen nicht auf alle möglichen Problemsituationen angemessen reagieren.

Beispiel

Bei dem katastrophalen Unfall in der Anlage Fukushima Dai-ichi sollte die Kühlung des ersten Reaktorblocks durch einen weitgehend passiven, sogenannten Notkondensator (englisch „isolation condenser") sichergestellt werden. Bei diesem System strömt in einem geschlossenen Kreislauf Dampf aus dem Reaktorkern durch Rohrleitungen aus dem Reaktordruckbehälter und dem Sicherheitsbehälter hinaus und gibt in einem Wärmetauscher die im Reaktor entstehende Wärme an einen externen Wasserspeicher ab. Dadurch wird der Dampf kondensiert und als Kühlmittel wieder in den Reaktordruckbehälter zurückgefördert.

Dieses System benötigt keine Antriebsenergie für Pumpen. Um es zu starten, müssen lediglich die Rohrleitungen geöffnet werden, die im Normalbetrieb durch Armaturen verschlossen sind. Auch unter den Bedingungen eines vollständigen Stromausfalls, wie er in Fukushima Dai-ichi eingetreten war, hätte das System dann die Nachzerfallswärme des Reaktors für einige Stunden abführen können, bis der Wasservorrat im externen Speicher verdampft wäre. Doch die Planer des Systems waren davon ausgegangen, dass ein vollständiger Verlust der Stromversorgung im Kernkraftwerk nicht vorkommen würde. Sie befürchteten jedoch, dass beispielsweise durch einen lokalen Brand die Stromversorgung des Notkondensators selbst ausfallen könnte. Ein geöffneter Notkondensator hätte dann zu einer unerwünschten schnellen Abkühlung des Reaktors geführt. Daher wurde der Notkondensator so konstruiert, dass er bei einem Verlust der Stromversorgung die geschlossene Stellung einnahm. Diese Fail-safe-Position führte bei dem Ereignis in Fukushima Dai-ichi dazu, dass das System nicht zur Verfügung stand, als es tatsächlich gebraucht wurde.

Damit ein System mit höchster Wahrscheinlichkeit auch arbeitet, wenn es benötigt wird, gilt als weiteres wichtiges Prinzip die Redundanz von Einrichtungen. Das bedeutet, dass beispielsweise eine zur Kühlung des Reaktors notwendige Pumpe nicht nur einmal, sondern mehrfach vorhanden ist. Jede der Pumpen stellt dann eine Redundanz dar. Um die Anzahl der benötigten Reserveeinrichtungen festzustellen, geht man in Deutschland von einer ungünstigen Situation aus: Man nimmt an, dass bei einem Störfall die erste Redundanz nicht verfügbar ist, weil dort ein bislang nicht bemerkter Schaden, also ein sogenannter Einzelfehler, aufgetreten ist. Weiterhin wird unterstellt, dass sich eine weitere Redundanz zufällig gerade in Reparatur befindet. Die dann noch verbleibenden Redundanzen müssen ausreichen, um den Störfall zu beherrschen. Werden also beispielsweise zwei Pumpen für die Nachkühlung benötigt, müssen vier Redundanzen vorhanden sein.

Neben einem zufälligen Einzelfehler können jedoch auch mehrere Redundanzen gleichzeitig ausfallen, wenn nämlich dieser Ausfall auf eine gemeinsame Ursache zurückzuführen ist. Gründe hierfür können beispielsweise Brände oder Überflutungen sein. Daher müssen die Redundanzen räumlich voneinander getrennt sein. Dieses weitere wichtige Prinzip soll verhindern, dass aufgrund einer gemeinsamen Ursache plötzlich alle Redundanzen ausfallen.

Weiterhin ist es wichtig, dass verschiedene Redundanzen eines Systems nicht miteinander verbunden sind. Dies wäre beispielsweise dann der Fall, wenn alle Kühlmittelpumpen über eine gemeinsame Rohrleitung in den Reaktor einspeisen würden. Dann könnten nämlich ebenfalls alle Redundanzen gemeinsam ausfallen, wenn zum Beispiel diese eine Rohrleitung beschädigt würde. Auch wenn die Redundanzen auf Hilfseinrichtungen zugreifen, müssen diese getrennt voneinander funktionieren. So brauchen Kühlmittelpumpen während des Betriebs selbst Kühlung, damit sie nicht versagen. Werden alle Redundanzen von ein und demselben System gekühlt, können durch einen Defekt dieses Hilfssystems alle Redundanzen gleichzeitig ausfallen.

Aber auch durch menschliche Fehler können mehrere Redundanzen gleichzeitig ausfallen. Das kann beispielsweise bei der Wartung und Instandhaltung von Einrichtungen, aber auch bereits in der Planung und Auslegung von Systemen passieren, siehe auch Abschn. 5.7.2. Daher sollen als weiteres Prinzip diversitäre Einrichtungen wichtige Funktionen gewährleisten. Diversität bedeutet dabei, unterschiedliche physikalische Prinzipien zu verwenden oder zumindest eine unterschiedliche technische Realisierung von Einrichtungen zu nutzen. So kann zum Beispiel der Reaktor sowohl durch das Schnellabschaltsystem als auch durch die Zufuhr von Bor aus dem Zusatzboriersystem abgeschaltet werden.

5.7 Besondere Aspekte der Reaktorsicherheit

5.7.1 Alterung

Die Fachwelt verwendet keine einheitlichen Kriterien für den Begriff der Alterung. Häufig beziehen Experten Alterung lediglich auf technische Einrichtungen. Beispiele für typische Alterungsschäden sind: Erosion, Risse in Bauteilen als Folge betrieblicher Belastungen, Veränderung elektrischer Kenngrößen, veränderte Eigenschaften von Schmierstoffen. Störfälle wie der oben diskutierte Fall in der US-Anlage Davis Besse zeigen, dass von nicht erkannten Alterungsschäden ein großes Risiko ausgeht. Der Anlagenbetreiber muss sicherstellen, dass er altersbedingte Schäden frühzeitig erkennt, bewertet und auf einen akzeptablen Umfang begrenzt. Reparaturen und Nachbesserungen sind über die gesamte Lebensdauer eines Reaktors notwendig.

Aktuellere Konzepte verfolgen jedoch einen umfassenderen Ansatz. Danach bezieht sich der Begriff Alterung nicht nur auf die zeitabhängige Veränderung der Technik, sondern ebenso auf die Organisation und das Personal. Denn es können beispielsweise auch Management- und Betriebsführungssysteme und organisatorische Regelungen oder die Fachkompetenz des Personals veralten. Das Gleiche gilt für Sicherheitskonzepte sowie deren Grundsätze und Anforderungen: Sie veralten, wenn Regelwerke schärfer geworden sind oder die Sicherheitstechnik sich weiterentwickelt hat.

In neueren Anlagen existieren zum Beispiel üblicherweise vier Redundanzen der Sicherheitssysteme, die räumlich getrennt und teilweise gegen Angriffe von außen geschützt werden. In älteren Anlagen sind die Systeme dagegen zum Teil verknüpft und nur unzureichend voneinander getrennt. Die Gefahr: Ein Ereignis wirkt sich nicht nur auf einen Strang des Systems aus, sondern setzt gleich mehrere oder gar alle Redundanzen eines Systems außer Kraft.

▷ Veraltete Anlagenkonzepte, die praktisch die gesamte Anlage betreffen, lassen sich nur begrenzt durch Nachrüsten verbessern.

Beschränken sich Experten darauf, den Begriff Altern nur auf technische Aspekte wie beispielsweise mechanische oder elektrische Eigenschaften zu beziehen, bleiben wesentliche Folgen von Alterungsprozessen also außer Acht. Das kann sich erheblich auf die Sicherheit von Kernkraftwerken auswirken.

5.7.2 Mensch – Technik – Organisation

Ein Kernkraftwerk ist ein technisch komplexes und hochautomatisiertes System. Trotzdem können Mitarbeiter jederzeit in den Betrieb eingreifen – beim Normalbetrieb, bei Unregelmäßigkeiten oder bei Störfällen. In unterschiedlichem Umfang ist es sogar erforderlich. Unbedingt notwendig ist es, wenn es zu unerwarteten Abweichungen von den geplanten Betriebsabläufen kommt, insbesondere auch, wenn Unfallsituationen bewältigt werden müssen. Menschliche Entscheidungen spielen zudem von Anfang an eine bedeutende Rolle – wenn die Anlage geplant und errichtet wird. Der menschliche Einfluss lässt sich also nicht ausschließen und kann sich sowohl negativ als auch positiv auf die Sicherheit auswirken. Menschliche Einflussmöglichkeiten sind mit einem Fehlerpotenzial verbunden, das sich in Fehlentscheidungen, Fehlhandlungen oder Unterlassungen zeigt. Eine Schwierigkeit besteht darin, Art und Auftreten von Fehlern sicher vorherzusagen und diesen mit geeigneten Vorkehrungen zu begegnen, ohne dabei gleichzeitig das Verhalten und das kreative Potenzial nachteilig zu beeinflussen.

Wichtig ist die Kreativität des Menschen. Im positiven Sinne hilft das kreative Potenzial eines Mitarbeiters, im Kernkraftwerk Lösungen und Handlungsmöglichkeiten in unbekannten Situationen zu finden. Im negativen Sinne sorgt die Kreativität für unerwünschtes Handeln, weil der Mitarbeiter bestehende Regeln, technische Barrieren oder organisatorische Vorschriften umgeht. Letztlich lässt sich keine Fehlerfreiheit sondern nur eine Optimierung erreichen.

Beispiel

Im August 2001 wurde festgestellt, dass die Betriebsvorschriften beim Wiederanfahren des deutschen Kernkraftwerks Philippsburg nicht eingehalten wurden. So waren unter anderem die Kühlmittelvorräte in den Flutbehältern noch nicht so weit aufgefüllt, wie es die Vorschriften vorsahen. Diese Vorräte sind notwendig, um den Reaktor im Falle eines Lecks zu kühlen. Zudem war der Gehalt an Borsäure in den Behältern nicht so hoch wie vorgeschrieben. Die spätere Untersuchung dieses Ereignisses zeigte, dass hier die Mannschaft regelmäßig die Vorschriften verletzt hatte. Der Betreiber der Anlage nahm das Fehlverhalten über Jahre in Kauf und versäumte es, den nachlässigen Umgang mit den Betriebsvorschriften kritisch zu hinterfragen.

Die Arbeitsbedingungen haben einen wichtigen Einfluss darauf, welche und wie häufig Fehler passieren. Der Schnittstelle zwischen der komplexen Technik und dem Benutzer kommt hier eine besondere Bedeutung zu. So sollten technische Einrichtungen ergonomisch gestaltet, Anweisungen und Betriebsparameter zum Steuern der Anlage benutzerfreundlich dargestellt sowie klar und eindeutig formuliert sein. Beides kann dazu beitragen, Fehler zu reduzieren.

Äußere Einflüsse wie Zeit- und Finanzdruck oder eine Kultur, die Regelverstöße in bestimmten Bereichen duldet, verstärken das Fehlerrisiko erfahrungsgemäß. In den vergangenen Jahren hat man zudem erkannt, dass eine gut organisierte Arbeitswelt positive Auswirkungen auf das Verhalten des Personals hat. Unter das Stichwort Sicherheitsmanagement fallen beispielsweise die Regelung von Zuständigkeiten, die Qualifikation der Mitarbeiter für die jeweilige Tätigkeit – inklusive Aspekte von Über- oder Unterforderung – und die Kommunikation. Ebenso wichtig sind die zeitlichen und finanziellen Ressourcen, vor allem für Aufgaben, die in erster Linie der Sicherheit des Kernkraftwerks dienen. Diese Faktoren können erheblichen Einfluss darauf haben, wie verantwortungsbewusst sich ein Mitarbeiter verhält, welchen Handlungsfreiraum er hat, wie motiviert er ist und welchen Stellenwert Sicherheitsfragen bei betrieblichen Entscheidungen haben. Alle Aspekte beeinflussen damit auch die Wahrscheinlichkeit, ob es zu Fehlern kommt.

5.7.3 Terrorismus und Kriegsfolgen

Kernkraftwerke können ein potenzielles Ziel für Terroristen sein, oder sie können in einem Krieg zur Zielscheibe eines Angriffs werden. Spätestens die Anschläge in den USA auf das World Trade Center und das Pentagon am 11. September 2001 haben gezeigt, dass Angriffe von einer solchen Dimension heute möglich sind. Das erhöht das Sicherheitsrisiko von Kernkraftwerken und macht es zudem unberechenbar.

Beispiel

Es hat in der Vergangenheit bereits reale Fälle gegeben, in denen Kriminelle oder Terroristen Kernkraftwerke bedroht haben. Dazu liegen beispielsweise Berichte aus Argentinien, Russland, Litauen,

Südafrika, Korea, den USA und Frankreich vor. Dabei handelte es sich um eine breite Palette von Ereignissen, die von Sabotageversuchen durch unzufriedene Mitarbeiter über die Androhung von Bombenanschlägen bis hin zu Selbstmorddrohungen von Flugzeugentführern reichten. Dies war beispielsweise im November 1972 der Fall, als drei Entführer damit drohten, ein Flugzeug in Oak Ridge, USA, in eine Nuklearforschungsanlage zu stürzen. Es hat sogar schon militärische Angriffe von Staaten auf Nuklearanlagen anderer Länder gegeben, die allerdings noch im Bau waren, zum Beispiel der Angriff auf irakische Atomanlagen zu Beginn der 1980er-Jahre.

Sicherheitsexperten haben daher auch schon früh auf die Risiken hingewiesen, die Angriffe von außen mit sich bringen. Auch in Deutschland spielte die Sicherheitslage eine wichtige Rolle, wenn es um die Anforderungen an deutsche Kernkraftwerke ging. So stürzten in den 1970er-Jahren – unter den Bedingungen des Ost-West-Konflikts – zahlreiche schnell fliegende Militärflugzeuge ab. Die älteren deutschen Kernkraftwerke waren noch ohne besonderen Schutz gegen einen unfallbedingten Flugzeugabsturz gebaut worden. Neuere Anlagen hingegen besitzen ein massives Betongebäude, um sie robust gegen äußere Einwirkungen zu machen. Sie sollen so dem Absturz eines Militärfliegers bei Fluggeschwindigkeiten von etwa 800 Stundenkilometern standhalten können. Mittlerweile wird in Deutschland vor allem auch die Gefahr eines gezielten terroristischen Anschlags, beispielsweise mit einem zivilen Großflugzeug, diskutiert.

5.8 Maßnahmen bei Unfällen

Trotz der hohen Qualität des Sicherheitssystems kann nicht ausgeschlossen werden, dass die vorgeplanten Maßnahmen versagen und ein Störfall nicht wie vorgesehen beherrscht wird. In Deutschland gibt es auf der vierten Sicherheitsebene daher noch weitere technische Einrichtungen. Sie sollen bei Ereignissen greifen, für die eine Anlage nicht mehr ausgelegt ist, und somit katastrophale Unfälle verhindern.

Zunächst sind für spezielle Ereignisse wie einen unfallbedingten Flugzeugabsturz sogenannte Notstandseinrichtungen vorgesehen. Sie sollen den Reaktor zuverlässig abschalten sowie die Nachzerfallswärme abführen und sind so robust ausgelegt, dass sie den besonderen Belastungen bei solchen speziellen Ereignissen standhalten.

Weiterhin sind sogenannte anlageninterne Notfallmaßnahmen vorgeplant. Sie kommen dann zum Einsatz, wenn bei einem Störfall die Sicherheitssysteme versagen, die ihn eigentlich beherrschen sollten. Erstes Ziel dieser Maßnahmen ist es, die Kernkühlung wiederherzustellen, bevor es zu schweren Kernschäden kommt.

Fällt die normale Wärmesenke aus und versagt dann noch das Notspeisesystem, kann die Wärme nicht mehr über die Dampferzeuger abgegeben werden. Für diesen Fall ist eine sekundärseitige Druckentlastung und Bespeisung vorgeplant. Dazu soll über die Frischdampfsicherheitsventile Dampf an die Atmosphäre abgegeben werden, damit der Druck auf der Sekundärseite sinkt. Eine mobile Pumpe, die vor Ort lagert, soll dann Wasser in die Dampferzeuger fördern, um auf diese Weise die Wärme aus dem primären Kühlkreislauf über die Dampferzeuger an die Umgebung abzuführen.

Ist eine Wärmeabfuhr über die Sekundärseite gar nicht mehr möglich, heizt sich der primäre Kühlkreislauf auf. Für diesen Fall ist eine primärseitige Druckentlastung und Bespeisung vorgeplant. Dazu wird über die Druckhalterabblaseventile das primärseitige Kühlmittel in den Sicherheitsbehälter abgeblasen. Dann müssen die Einrichtungen des Not- und Nachkühlsystems die Kühlung des Reaktors sicherstellen.

Auch ein vollständiger Ausfall der Stromversorgung kann die Ursache dafür sein, dass die Kühlsysteme nicht mehr funktionieren. Dann sind weitere Maßnahmen geplant, um das Sicherheitssystem wieder mit Strom zu versorgen. Möglicherweise lässt sich der Notstromdiesel von Hand starten, wenn automatische Startversuche erfolglos waren. Alternativ kann das Personal vor Ort versuchen, eine externe Stromversorgung wieder verfügbar zu machen.

Gelingt all dies nicht, kommt es zur Kernschmelze. Durch die im Brennstoff freigesetzte Nachzerfallsleistung heizt sich der Reaktorkern auf. Bei etwa 1000 Grad Celsius brechen die Brennstabhüllrohre auf, ab ca. 2500 Grad Celsius schmilzt der Brennstoff selbst. Dabei kann es zu einer Reihe chemischer und physikalischer Phänomene kommen.

Zunächst kann das Metall der Brennstabhüllrohre bei Temperaturen oberhalb von etwa 1000 Grad Celsius mit dem Wasserdampf im Reaktordruckbehälter reagieren und ihm den Sauerstoff entziehen. Dabei wird zusätzlich Wärme frei. Zurück bleibt Wasserstoff, der bei hohen Konzentrationen explodieren kann.

Während der Kernschmelze kann sich immer noch Kühlmittel im unteren Teil des Reaktordruckbehälters befinden. Fallen Teile des geschmolzenen Kerns in dieses Kühlmittel, kann es spontan verdampfen. Eine solche Dampfexplosion kann den Reaktordruckbehälter und sogar den umgebenden Sicherheitsbehälter zerstören.

Auch wenn es nicht zu einer Dampfexplosion kommt, würde der geschmolzene Kern sich am Boden des Reaktordruckbehälters ansammeln und diesen in kurzer Zeit durchschmelzen. Danach würde die Kernschmelze in den Sicherheitsbehälter freigesetzt. Geschieht dies, während noch ein hoher Druck im Reaktordruckbehälter herrscht, kann in der Folge auch der Sicherheitsbehälter beschädigt werden.

Im Sicherheitsbehälter kommt die Kernschmelze in Kontakt mit dem Beton des Fundaments. Durch die hohen Temperaturen wird der Beton zersetzt, verschiedene Gase entstehen und führen zu einem Druckanstieg im Sicherheitsbehälter. Auch der Temperaturanstieg durch die dauerhaft anfallende Nachzerfallsleistung führt zu einem weiteren Druckaufbau. Langfristig ist der Sicherheitsbehälter nicht in der Lage, einen geschmolzenen Kern unter diesen Bedingungen sicher einzuschließen.

Wird das Ziel, schwere Kernschäden zu vermeiden, nicht erreicht, verbleibt nur noch der Sicherheitsbehälter als letzte Barriere gegen eine Freisetzung von radioaktiven Stoffen in die Umwelt. Damit der Sicherheitsbehälter nicht zerstört wird, sind in deutschen Kernkraftwerken zwei weitere Einrichtungen vorhanden. Zum einen hat man in Druckwasserreaktoren sogenannte Wasserstoffrekombinatoren nachgerüstet. Diese Rekombinatoren können den bei Kernschmelzunfällen freigesetzten Wasserstoff mit Luftsauerstoff zu Wasser rekombinieren, also wieder zu Wasser vereinigen. Damit soll eine unkontrollierte Wasserstoffexplosion verhindert werden. In Siedewasserreaktoren ist das Innere des Sicherheitsbehälters dagegen im Normalbetrieb mit Stickstoff gefüllt. Damit wird eine Reaktion des Wasserstoffs mit Sauerstoff verhindert.

Um ein Überdruckversagen des Sicherheitsbehälters zu verhindern, wurde in allen deutschen Kernreaktoren eine sogenannte gefilterte Druckentlastung des Sicherheitsbehälters nachgerüstet. Bei einem schweren Unfall kann man dabei Rohrleitungen aus dem Inneren des Sicherheitsbehälters hin zum Abluftkamin der Anlagen öffnen. Dampf und Gas würden dann über Filtereinrichtungen, die einen großen Teil der radioaktiven Stoffe zurückhalten sollen, an die Umgebung abgegeben. Damit würde der Druck im Sicherheitsbehälter sinken und der Behälter vorläufig nicht bersten. Allerdings würde damit auch Radioaktivität in die Umwelt freigesetzt.

Nach einer Kernschmelze können radioaktive Stoffe in großer Menge in die Umgebung gelangen. Die Edelgase Krypton und Xenon entweichen beim Schmelzen praktisch vollständig aus dem Brennstoff, Jod- und Cäsiumisotope zu einem großen Teil. Deutlich weniger flüchtig sind beispielsweise Aktiniden wie Plutonium. Die radioaktiven Stoffe würden zunächst über die Luft in der Umgebung verbreitet werden und sich im Laufe der Zeit am Boden ablagern. Für solche Notfallsituationen sind in Deutschland in den entsprechenden Regularien Werte festgelegt, bei denen anlagenexterne Notfallschutzmaßnahmen ergriffen werden. Hierzu einige Beispiele.

Man nimmt als fiktive Randbedingung an, dass ein Mensch sich sieben Tage im Freien aufhält. Wenn dann durch die äußere Bestrahlung und die Folgedosis der Radionuklide, die er in diesem Zeitraum einatmet, eine effektive Dosis von 10 Millisievert überschritten wird, so soll zum Aufenthalt in Gebäuden bei geschlossenen Fenstern aufgefordert werden. Dadurch kann die äußere Bestrahlung abgeschirmt werden, und die Menschen nehmen weniger Radionuklide durch Einatmen auf. Das Einatmen von 25.600 Becquerel Cäsium-137 führt beim Erwachsenen zu einer effektiven Folgedosis von einem Millisievert. Bei einem Kleinkind würden bereits 9090 Becquerel hierzu ausreichen.

Würde unter gleichen Randbedingungen sogar eine effektive Dosis von 100 Millisievert überschritten, so soll eine Evakuierung erfolgen, da dann geschlossene Räume nicht mehr ausreichend schützen. Es kann aber sinnvoll sein, zunächst den Durchzug der radioaktiven Wolke geschützt in Gebäuden abzuwarten, bevor die Evakuierung durchgeführt wird.

In Gebieten, in denen die abgelagerten radioaktiven Stoffe durch die äußere Bestrahlung in einem Monat zu einer effektiven Dosis von

30 Millisievert oder mehr führen würden, wäre eine temporäre Umsiedlung vorzusehen. Diese bedeutet, dass eine Rückkehr erst nach einigen Monaten möglich erscheint. Voraussetzung ist, dass die Radionuklide, die für die äußere Bestrahlung maßgeblich sind, kurze Halbwertszeiten haben und ausreichend schnell abklingen.

Bei einer effektiven Dosis von 100 Millisievert durch die äußere Bestrahlung innerhalb von einem Jahr wäre eine langfristige Umsiedlung erforderlich. Dies entspricht einer Dosisleistung von 0,0114 Millisievert pro Stunde. Diese Umsiedlung wäre zeitlich nicht begrenzt, da eine starke Ablagerung langlebiger Radionuklide auf dem Boden eine baldige Rückkehr nicht zulässt.

Neben den Maßnahmen, die unmittelbar den Menschen betreffen, würde es auch zu Einschränkungen beispielsweise in der landwirtschaftlichen Nutzung von Böden kommen.

Ab einer Bodenkontamination von 650 Becquerel pro Quadratmeter mit Cäsium-137 sollen etwa Gewächshäuser verschlossen, Tiere in ihre Ställe gebracht und der Zulauf von Zisternen unterbunden werden. Ab einer Bodenkontamination von sieben Millionen Becquerel pro Quadratmeter sollen keine für die Nahrungsmittelproduktion bestimmten Pflanzen mehr angebaut werden, die Fruchtfolge geändert oder landwirtschaftliche Flächen aufgeforstet werden. Durch den Unfall in Tschernobyl wurden 1986 in München beispielsweise 19.000 Becquerel Cäsium-137 pro Quadratmeter und 92.000 Becquerel Jod-131 pro Quadratmeter am Boden abgelagert. In kleineren Bereichen Süddeutschlands traten auch Cäsium-137-Kontaminationen im Bereich von 100.000 Becquerel pro Quadratmeter auf, im Norden Deutschlands Werte meist im Bereich von 2000 bis 10.000 Becquerel pro Quadratmeter.

Wird also das radioaktive Inventar aus dem Reaktor bei schweren Unfällen in die Umgebung freigesetzt, müssen unter Umständen Flächen von mehreren hundert bis zu zehntausend Quadratkilometern evakuiert werden. Ähnlich große Flächen können auch langfristig unbewohnbar bleiben. Evakuierungen und Umsiedlungen können auch in einigen Dutzend Kilometer Entfernung von einem Unfallreaktor noch erforderlich werden. Schwere Unfälle haben somit katastrophale gesundheitliche, soziale, ökologische und wirtschaftliche Folgen.

Weiterführende Literatur

[1] Bundesamt für Strahlenschutz: Handbuch Reaktorsicherheit und Strahlenschutz, http://www.bfs.de/de/bfs/recht/RSH, Stand 01.01.2012.

[2] Kerntechnischer Ausschuss (KTA): Regelprogramm, http://www.kta-gs.de/, Stand 01.01.2012.

[3] Gesellschaft für Anlagen- und Reaktorsicherheit (GRS) mbH: Kerntechnisches Regelwerk, http://regelwerk.grs.de/, Stand 01.01.2012.

[4] WENRA Reactor Harmonization Working Group: Safety Objectives for New Power Reactors, 2009. http://www.wenra.org/dynamaster/file_archive/100115/6c26480a39370c81b71e09e820165a69/RHWG_Report_NewNPP_Dec2009.pdf

[5] Bundesministerium für Umwelt, Naturschutz und Reaktorsicherheit (BMU): Meldepflichtige Ereignisse in Anlagen zur Spaltung von Kernbrennstoffen in der Bundesrepublik Deutschland, http://www.bfs.de/de/kerntechnik/ereignisse, Stand 01.01.2012.

[6] Georgui Kastchiev, Wolfgang Kromp, Stephan Kurth, David Lochbaum, Ed Lyman, Michael Sailer, Mycle Schneider: Residual Risk. An Account of Events in Nuclear Power Plants Since the Chernobyl Accident in 1986, Mai 2007. http://archive.greens-efa.eu/cms/topics/dokbin/181/181995.residual_risk@en.pdf.

Tschernobyl und Fukushima – Unfallablauf und Konsequenzen

Christoph Pistner, Christian Küppers

Zusammenfassung

Am 26. April 1986 kam es im Block 4 des Kernkraftwerks Tschernobyl in der Ukraine zum bis dahin schwersten Unfall in der Geschichte der zivilen Kerntechnik. Der Reaktor wurde durch einen unkontrollierten Anstieg der Reaktorleistung zerstört. Bei den anschließenden Bränden des im Reaktor verwendeten Graphits gelangte ein großer Anteil des radioaktiven Inventars weiträumig in die Umwelt.

Fast genau 25 Jahre später, am 11. März 2011, ereignete sich vor der japanischen Ostküste ein starkes Erdbeben und löste einen schweren Tsunami aus. Viele küstennahe Kraftwerksstandorte in Japan waren von diesem Ereignis betroffen. In der Anlage Fukushima Dai-ichi fiel die Stromversorgung und die Nachkühlung aus. Dadurch kam es in drei Reaktorblöcken zu Kernschmelzen, und erhebliche Mengen radioaktiver Stoffe wurden freigesetzt.

Beide Ereignisse wurden in die höchste Stufe 7: „katastrophaler Unfall" der Bewertungsskala der Internationalen Atomenergie-Organisation eingeordnet.

Christoph Pistner (✉), Christian Küppers
Öko-Institut e.V., Büro Darmstadt, Rheinstraße 95, 64295 Darmstadt
Kernenergiebuch@oeko.de

J.M. Neles, C. Pistner, *Kernenergie*, Technik im Fokus
DOI 10.1007/978-3-642-24329-5_6, © Springer-Verlag Berlin Heidelberg 2012

6.1   Der Reaktorunfall in Tschernobyl

6.1.1   RBMK-Reaktoren und ihre Besonderheiten

Beim Kernkraftwerk Tschernobyl handelte es sich um einen sogenannten RBMK-Reaktor. Diese Abkürzung steht für die russische Bezeichnung eines graphitmoderierten Siedewasser-Druckröhrenreaktors, siehe auch Abschn. 4.3.3. Der Kraftwerkstyp wurde in der ehemaligen UdSSR entwickelt und ausschließlich dort eingesetzt. Anfang des Jahres 2012 sind noch elf Blöcke dieses Typs – alle davon in Russland – in Betrieb.

Der Reaktortyp verwendet einen schwach angereicherten Uran-Brennstoff. Als Moderator wird Graphit eingesetzt. Die RBMK-Reaktoren besitzen keinen Sicherheitsbehälter. Es gibt viele einzelne Druckröhren, in denen sich jeweils eine kleine Anzahl Brennelemente befindet. Durch diese Druckröhren wird Wasser geführt, um die Brennelemente zu kühlen. Beim Durchlaufen des Reaktors siedet das Wasser. Der entstehende Dampf treibt die Turbine an.

Wasser wirkt allerdings nicht nur als Kühlmittel, sondern auch als Neutronenabsorber (siehe Abschn. 2.6). In dem RBMK-Reaktor in Tschernobyl konnte es dadurch zu unerwünschten Rückkopplungen kommen. Wird mehr Energie im Reaktor freigesetzt, verdampft auch mehr Wasser. Dadurch werden weniger Neutronen im Wasser eingefangen. Stattdessen können sie moderiert durch den Graphit neue Spaltungen auslösen. Also wird noch mehr Energie erzeugt, und noch mehr Wasser kann verdampfen. Dies ist ein wesentlicher Unterschied zu Leichtwasserreaktoren, bei denen das Wasser außer der Kühlung auch die Funktion der Moderation übernimmt. Wenn bei Leichtwasserreaktoren die Wassermenge im Reaktorkern abnimmt, so geht auch die Moderation zurück, und die Neutronen lösen weniger neue Spaltungen aus. Dadurch wird weniger Leistung erzeugt.

Das Einfahren von Abschalt- und Steuerstäben in den Kern konnte unter bestimmten, ungünstigen Bedingungen bei den RBMK-Reaktoren außerdem dazu führen, dass die Reaktivität zunächst noch weiter anstieg. Die Effekte traten bevorzugt dann auf, wenn sich nur noch wenige Steuerstäbe im Kern befanden. Darum sollte durch Vorschriften

sichergestellt werden, dass sich immer eine Mindestanzahl von Steuer-
stäben im Kern befindet. Doch es gab keine Absicherung, die bei einer
Verletzung dieser Vorschriften zu einer automatischen Abschaltung des
Reaktors geführt hätte.

6.1.2   Unfallablauf und Ursachen

Am 25. April 1986 sollte der Block 4 des Kernkraftwerks Tschernobyl
in der Ukraine zu einer geplanten Revision abgefahren werden. Die
Verantwortlichen wollten einen Test nachholen, der bei der Inbetriebnahme des Kraftwerks im Dezember 1983 nicht erfolgreich gewesen
war. Mit dieser Prüfung sollte demonstriert werden, dass bei einem
Stromausfall die Energiebereitstellung der auslaufenden Turbinen ausreichen würde, um die Pumpen des Kühlsystems so lange mit Energie zu
versorgen, bis die Notstromerzeugungsanlage in Betrieb wäre.
   Um den Test durchzuführen, war vorgesehen, den Reaktor zunächst
bis auf etwa 20 bis 30 Prozent seiner elektrischen Nennleistung von
925 Megawatt abzufahren und dann durch eine Schnellabschaltung ganz
abzuschalten. Am 25. April senkte das Betriebspersonal die Reaktorleistung daher ab 1 Uhr zunächst auf etwa die Hälfte. Entgegen den ursprünglichen Planungen benötigte das öffentliche Stromnetz aber noch
Strom aus dem Kraftwerk. Der Reaktor blieb daher noch rund weitere
20 Stunden bei dieser Leistung in Betrieb. In diesem Zeitraum wechselte
auch das Betriebspersonal, so dass eine Mannschaft den Test durchfüh-
ren musste, die diesen im Vorfeld nicht speziell trainiert hatte. Bedien-
fehler beim weiteren Abfahren führten dazu, dass kurz nach Mitternacht
am 26. April die Leistung praktisch auf null abfiel. Um dennoch wie
geplant testen zu können, sollte die Leistung wieder angehoben werden.
Dazu wurden Steuerstäbe aus dem Reaktor ausgefahren. Es gelang damit zwar, den Reaktor bei einer Leistung von etwa 200 Megawatt zu
stabilisieren. Mit diesem Vorgehen verstieß das Personal jedoch klar
gegen die Betriebsvorschriften, nach denen eine Mindestanzahl an Steuerstäben im Reaktor hätte verbleiben müssen.
   Um 1:23 Uhr am Morgen des 26. April begann das Personal dann mit
der Prüfung. Zu diesem Zeitpunkt befand sich der Reaktor aber aufgrund

der vorherigen Betriebsweise in einem extrem instabilen Zustand. Schon ein relativ geringer Temperaturanstieg im Reaktorkern, zum Beispiel infolge eines verminderten Wasserdurchsatzes, konnte die Reaktivität stark verändern. Genau dies geschah, nachdem die Frischdampfventile zur Turbine – wie für den Test erforderlich – geschlossen wurden: Die Temperatur im Reaktorkern erhöhte sich. Dadurch stieg die Reaktivität und damit die Leistung der Anlage. Sie erhitzte sich weiter, und es wurde verstärkt Dampf erzeugt. Dadurch verringerte sich der Wasseranteil im Kern noch mehr.

Nach etwa 40 Sekunden wurde vom Personal aufgrund der stark steigenden Leistung eine Schnellabschaltung des Reaktors mit Einfahren der Abschaltstäbe ausgelöst. Aufgrund des instabilen Zustands des Reaktors erhöhte sich die Reaktivität dadurch aber noch weiter. Es kam damit endgültig zu einem unkontrollierbaren Leistungsanstieg, der in wenigen Sekunden die normale Leistung des Reaktors um einen Faktor von etwa mehreren Hundert überschritt.

▷ Ein unkontrollierbarer Anstieg der nuklearen Leistung führte im Kernkraftwerk Tschernobyl zur massiven Freisetzung von Energie, in deren Folge der Reaktor zerstört wurde.

Durch diese massive und explosionsartige Energiefreisetzung wurden die Druckrohre aufgerissen, die Deckelplatte des Reaktors mit einem Gewicht von 3000 Tonnen angehoben und verdreht und das Reaktorgebäude zerstört. Radioaktivität konnte unmittelbar in die Umwelt gelangen. In der Folge kam es zu schweren Bränden des Graphits im Reaktor, das bei dem Unfall freigelegt worden war. Die Feuer ließen sich nur mit erheblichem Aufwand löschen. Noch Tage später gelangte Radioaktivität aus dem Kern in die Umwelt. Erst ein Zuschütten der Reaktorruine mit unterschiedlichen Materialien stoppte bis zum 6. Mai die Freisetzungen weitgehend. Offiziell wurde der Unfall erst am 28. April 1986 bekannt gegeben.

Für den Unfall im Kernkraftwerk Tschernobyl waren das Zusammenspiel von Mängeln in der Organisation und der Planung des Tests, menschlichem Fehlverhalten und auslegungstechnischen Fehlern der Anlage sowie spezielle ungünstige Charakteristika der RBMK-Reaktoren verantwortlich.

Bereits bei der Planung erkannten und berücksichtigten die Betreiber die Sicherheitsrisiken der Prüfung nicht in vollem Umfang. Auch bei der Umsetzung kam es zu diversen Verstößen gegen die Betriebsvorschriften. Zentral waren jedoch Mängel in der sicherheitstechnischen Auslegung des Reaktors, etwa die Möglichkeit, dass bei einem Anstieg der Reaktortemperatur die Leistung des Reaktors noch weiter anstieg. Obwohl diese Mängel bereits vor der Katastrophe von Tschernobyl bekannt waren, wurden sie nicht ausreichend behoben.

6.2 Die Folgen von Tschernobyl

Bei der Explosion und dem Brand des Reaktorblocks in Tschernobyl gelangte eine große Menge radioaktiver Stoffe in die Umgebung. Diese verteilten sich hauptsächlich über die Region nordöstlich von Tschernobyl, also auf weißrussischem Gebiet, aber auch über viele Regionen Europas. Durch die Hitze des Brands waren Radionuklide in sehr große Höhen gelangt, so dass sie weit transportiert wurden und selbst in mehr als tausend Kilometer Entfernung noch Schutzmaßnahmen erforderlich waren, so auch in Deutschland. In der 30-Kilometer-Zone um das Kernkraftwerk herum, aus der die Menschen nach dem Unfall umgesiedelt wurden, finden sich neben radioaktivem Cäsium auch heute noch größere Konzentrationen an Radionukliden, die durch die Explosion herausgeschleudert wurden und sich aufgrund der Schwere der Partikel eher in der näheren Umgebung abgelagert haben, beispielsweise Plutonium- und Strontiumisotope. Große Landflächen, die mit mehr als $1{,}5 \times 10^6$ Becquerel Cäsium-137 pro Quadratmeter belastet wurden, sind bis heute Sperrgebiet.

In der Zeit von Mai bis Oktober 1986 ließen die Verantwortlichen unter großem zeitlichem Druck und sehr schwierigen Bedingungen eine als Sarkophag bezeichnete Konstruktion aus Stahl und Beton um den zerstörten Reaktor errichten. Dadurch sollten die Freisetzungen aus dem zerstörten Reaktor eingedämmt werden. Dieser Sarkophag ist für eine Standzeit von rund 30 Jahren konzipiert. Bis 2015 soll eine neue Hülle um ihn errichtet werden, um auch weiterhin die radioaktiven Stoffe einzuschließen und unter diesem Schutz den Reaktor schließlich Schritt für Schritt abbauen zu können.

Das Personal, das zum Zeitpunkt des Unfalls auf der Anlage arbeitete, Ersthelfer und sogenannte Liquidatoren, die sich in den folgenden Tagen, Wochen und Monaten an Aufräumarbeiten beteiligten, waren sehr hohen Strahlenbelastungen ausgesetzt. 134 Personen erlitten akute Strahlenschäden, 28 verstarben nach kurzer Zeit daran. Die Zahl der Liquidatoren wird auf 600.000 bis 800.000 geschätzt. Nur 400.000 von ihnen sind überhaupt registriert worden. Über die langfristigen Folgen für diese Personengruppe liegen keine verlässlichen Aussagen vor.

Außer in der 30-Kilometer-Zone um den Reaktor wurden später auch in größerer Entfernung noch so hoch kontaminierte Gebiete entdeckt, dass die Menschen dort nicht länger leben konnten. Insgesamt mussten etwa 350.000 Menschen ihre Heimat verlassen und umsiedeln. Die gesundheitlichen Folgen in der Bevölkerung werden seither beobachtet. Am auffälligsten ist bisher, dass viel mehr Kinder und Jugendliche an Schilddrüsenkrebs erkranken: In den 25 Jahren nach dem Unfall traten mehr als 5000 Fälle auf. Die Zahl der insgesamt zu erwartenden Folgeschäden lässt sich aber nur theoretisch schätzen. So führt die freigesetzte Radioaktivität zwar zu einer Erhöhung des Krebsrisikos. Diese Erhöhung kann aber mit statistischen Methoden, außer in Gebieten mit besonders hoher Belastung, kaum nachgewiesen werden, siehe Abschn. 3.2.4. Weil im Fall von Tschernobyl jedoch sehr viele Menschen betroffen waren, kann die Anzahl der zusätzlichen Todesfälle sehr hoch sein, auch wenn man dies statistisch nicht nachweisen kann.

6.3 Der Reaktorunfall in Fukushima

6.3.1 Aufbau der Anlage

Am Standort Fukushima Dai-ichi gibt es sechs Reaktoren (siehe Tab. 6.1). Es handelt sich bei allen um Siedewasserreaktoren amerikanischer Bauart, wie sie auch in den USA und anderen westlichen Län-

Tab. 6.1 Reaktoren am Standort Fukushima Dai-ichi

	Block 1	Block 2	Block 3	Block 4	Block 5	Block 6
Inbetriebnahme	1971	1974	1976	1978	1978	1979
Typ [a]	BWR-3	BWR-4	BWR-4	BWR-4	BWR-4	BWR-5
Sicherheitsbehältertyp	Mark-I	Mark-I	Mark-I	Mark-I	Mark-I	Mark-II
Elektrische Leistung (Megawatt)	460	784	784	784	784	784

[a] BWR: Siedewasserreaktor (boiling water reactor)

dern betrieben werden. Die Blöcke 1–4 sind unmittelbar benachbart angeordnet, die beiden Blöcke 5 und 6 stehen in einem anderen Teil des Anlagengeländes.

Der grundsätzliche Aufbau eines Siedewasserreaktors vom Mark-I-Design ist in Abb. 6.1 dargestellt. Der Reaktordruckbehälter mit dem Reaktorkern ist von einem Sicherheitsbehälter umschlossen, dessen Form an eine Glühbirne erinnert. Die für Siedewasserreaktoren typische Kondensationskammer wird in den Mark-I-Reaktoren aufgrund ihrer Form, die einem Fahrradschlauch gleicht, auch Torus genannt. Diese dient als Vorratsbehälter für Kühlmittel und zugleich als Wärmespeicher, um bei Störungen die im Reaktor entstehende Nachzerfallsleistung zu speichern (siehe auch Abschn. 4.2.2).

Ein wichtiger Bestandteil des Sicherheitssystems der Mark-I-Reaktoren für den Einsatz bei Störfällen ist das in mehreren gleichartigen Strängen aufgebaute Notspeisesystem. Dieses besteht im Wesentlichen aus je einer Turbine, die durch einen Teil des im Reaktorkern entstehenden Dampfs angetrieben wird. Die Turbine wiederum treibt eine Pumpe an. Die Pumpe fördert Wasser aus der Kondensationskammer oder einem externen Vorratsbehälter in den Reaktordruckbehälter. Mit diesem Wasser wird das dort verdampfende Wasser ersetzt. So kann die Wärme aus dem Reaktorkern in die Kondensationskammer abgeführt werden. Dafür ist nur der im Reaktorkern entstehende Wasserdampf sowie elektrische Energie zumindest aus Batterien für die Steuerung des Systems erforderlich. Die Notstromgeneratoren werden für den Betrieb dieses Systems nicht benötigt.

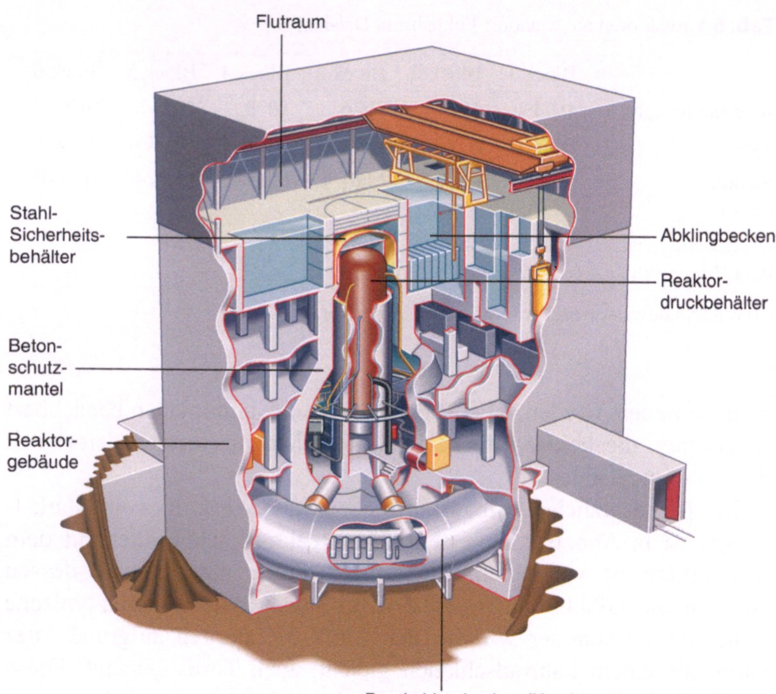

Abb. 6.1 Skizze eines Siedewasserreaktors vom Mark-I-Design, dem Reaktortyp wie am Standort Fukushima (Quelle: Wikipedia)

Die Kondensationskammer wird mit einem Nachwärmeabfuhrsystem gekühlt. Pumpen führen das aufgeheizte Wasser der Kondensationskammer über einen Wärmetauscher. Anschließend strömt das Wasser zurück in die Kondensationskammer. Für den Betrieb der Pumpen ist elektrische Energie erforderlich, die bei Verlust der externen Stromversorgung von Notstromgeneratoren erzeugt wird. Nur wenn elektrische Energie zur Verfügung steht kann also die Wärme mit diesem System an die Umgebung abgeführt werden. Über den Wärmetauscher wird die Wärme aus der Kondensationskammer an einen externen Kühlkreislauf, das Nebenkühlwassersystem, abgegeben. In Fukushima Dai-ichi wird die Wärme von dort an das Meer abgeführt.

In Block 1 von Fukushima Dai-ichi existiert darüber hinaus noch ein Notkondensationssystem. Der Dampf, der nach Abschaltung noch im Reaktordruckbehälter entsteht, strömt durch Rohrleitungen, die durch ein Wasserbecken verlaufen. Dabei kühlt der Dampf ab und kondensiert. Das kondensierte Wasser läuft zurück in den Reaktordruckbehälter. Die äußere Wasservorlage heizt sich auf, Wasser verdampft und wird an die Atmosphäre abgegeben. Für eine dauerhafte Wärmeabfuhr muss nach etwa acht Stunden das verdampfende Wasser in der Wasservorlage ersetzt werden. Hierzu sind Pumpen notwendig, die wiederum auf elektrische Energie angewiesen sind. Auch müssen für den Betrieb des Systems Ventile geöffnet werden, die im Normalbetrieb die Rohrleitungen zwischen dem Reaktordruckbehälter und dem Behälter mit der Wasservorlage geschlossen halten. Dies erfordert Strom zum Beispiel aus Batterien.

Für den Fall, dass die Sicherheitssysteme versagen, waren in Fukushima Dai-ichi noch sogenannte Notfallmaßnahmen vorgeplant, die einen schweren Unfall verhindern oder wenigstens seine Auswirkungen reduzieren sollen. Dazu zählt die Druckentlastung des Sicherheitsbehälters. Sie verhindert ein Überdruckversagen bei einem vollständigen Verlust der Wärmeabfuhr und senkt den Druck so weit ab, dass von außen Wasser in den Reaktor gefördert werden kann. Um die Entlastungsventile zu öffnen, ist eine Energieversorgung entweder über Batterien oder über Druckluft erforderlich. Einige können jedoch auch von Hand geöffnet werden.

Darüber hinaus gibt es weitere Möglichkeiten, Wasser in den Reaktor einzuspeisen. Dazu müssen jedoch nicht nur Pumpen und Kühlmittelvorräte verfügbar sein, sondern auch der Druck im Inneren des Reaktors erfolgreich abgesenkt und Rohrleitungsverbindungen durchgeschaltet werden können.

6.3.2 Unfallablauf und Ursachen

Am 11. März 2011 um 14:46 Uhr japanischer Ortszeit befanden sich die Blöcke 1 bis 3 des Standorts Fukushima Dai-ichi im Leistungsbetrieb. Die Blöcke 4 bis 6 waren für Revisionen abgeschaltet. Zu diesem Zeitpunkt kam es zu einem Erdbeben der Stärke 9,0 auf der Momenten-Magnituden-Skala, dessen Hypozentrum 155 Kilometer vom Standort entfernt, in rund 30 Kilometer Tiefe im Pazifischen Ozean lag. Das Erdbeben löste eine automatische Schnellabschaltung der Blöcke 1 bis 3 aus. Damit war die Leistungserzeugung unterbrochen. Es fiel aber weiterhin die Nachzerfallswärme an. Aufgrund der umfangreichen Erdbebenschäden brach das öffentliche Stromnetz zusammen. Die Notstromdieselaggregate zur Versorgung der Sicherheitssysteme wurden automatisch gestartet.

Das Erdbeben löste außerdem einen schweren Tsunami aus. Dieser erreichte knapp eine Stunde nach dem Erdbeben ab circa 15:27 Uhr den Standort. Die Anlage kann Tsunami-Wellen bis zu einer maximalen Höhe von 5,7 Meter widerstehen. Die tatsächlich an diesem Tag am Standort auftretenden Wellen waren jedoch etwa 14 Meter hoch. Das Anlagengelände wurde in weiten Teilen überschwemmt. Das Wasser zerstörte viele maschinentechnische und elektrische Einrichtungen und drang auch in Gebäude ein. In den Maschinenhäusern liefen die Kellerräume voll Wasser, in denen die Notstromdiesel für die Notstromversorgung der Anlagen untergebracht waren.

Damit brach die Notstromversorgung vollständig zusammen. Da einige Batterieräume überschwemmt waren, fielen auch wichtige Teile der Mess- und Steuerungstechnik, Beleuchtung und Kommunikationssysteme aus. Die Funktion der zunächst noch arbeitenden Notspeisesysteme ließ sich nicht mehr vollständig überwachen. Der Zustand im Inneren der Reaktoren war weitgehend unklar. Notwendige Entscheidungen und Arbeiten zur Stabilisierung der Reaktoren in den folgenden Stunden und Tagen mussten daher unter schwierigsten Bedingungen und mit teilweise unklaren Zuständigkeiten geplant und umgesetzt werden. Daraus resultierten an vielen Stellen Fehler und Zeitverzögerungen.

Das Nebenkühlwassersystem war aufgrund der Überflutung und des Stromausfalls in allen Blöcken ausgefallen. Damit ließ sich die Wärme nicht mehr aus den Kondensationskammern abführen. Die Nachzerfallsleistung heizte die Reaktoren immer weiter auf. Die Temperatur stieg, und es baute sich ein immer höherer Druck in den Sicherheitsbehältern auf.

Während in den Blöcken 2 und 3 das Wasser durch die Notspeisesysteme noch über mehrere Tage eine Notkühlung der Reaktorkerne ermöglichte, fiel der Notkondensator des Blocks 1 etwa zum Zeitpunkt des Tsunami aus. Nach dem Ausfall aller Kühlsysteme verdampfte das Wasser im Reaktordruckbehälter des Blocks 1, bis der Reaktorkern freilag. Dann begann sich der Brennstoff sehr schnell aufzuheizen. Im weiteren Verlauf brachen die Brennstabhüllrohre auf. Schließlich schmolz der Brennstoff selbst und fiel in die unteren Bereiche des Reaktordruckbehälters. Erst ab 5:46 Uhr am Morgen des 12. März konnte wieder Wasser von außen zur Kühlung in den Reaktor eingespeist werden. Zu diesem Zeitpunkt war aber der Reaktorkern dieses Blocks zum größten Teil bereits geschmolzen.

Durch chemische Reaktionen entstehen bei einer Kernschmelze große Mengen Wasserstoffgas. Bereits in der Nacht zum 12. März waren die Radioaktivität und der Druck im Sicherheitsbehälter von Block 1 stark angestiegen. Die erforderliche Druckentlastung des Sicherheitsbehälters erfolgte aber erst am 12. März um 14:30 Uhr. Bis zu diesem Zeitpunkt war jedoch schon Wasserstoffgas aus dem Sicherheitsbehälter in das Reaktorgebäude ausgetreten. Um 15:36 Uhr kam es in Block 1 zu einer Wasserstoffexplosion, die dort das obere Stockwerk des Reaktorgebäudes zerstörte. Durch diese Explosion wurden radioaktiv kontaminierte Anlagenteile auf dem Gelände verstreut, die die Arbeiten erschwerten. Auch bereits vorbereitete Maßnahmen zur Kühlung an den anderen Blöcken wurden durch die Explosion beeinträchtigt.

In den folgenden Tagen waren auch die Blöcke 2 und 3 jeweils für mehrere Stunden vollständig ohne Kühlung, so dass dort ebenfalls erhebliche Schäden an den Reaktorkernen auftraten. Am 14. März um 11:01 Uhr zerstörte eine Wasserstoffexplosion das Reaktorgebäude des Blocks 3. Am Morgen des 15. März gegen 6 Uhr kam es zu einer Explosion im Block 4, der zum Zeitpunkt des Erdbebens bereits seit über drei Monaten abgeschaltet war. Aufgrund zwischenzeitlich durchgeführter Analysen geht der Betreiber TEPCO davon aus, dass die Explosion in Block 4 auf eine Ansammlung von Wasserstoffgas zurückzuführen war, das bei der Kernzerstörung in Block 3 entstand und bei der Druckentlastung in Block 3 über gemeinsame Rohrleitungssysteme in den Block 4 strömen konnte.

▷ Nach dem totalen Ausfall von Stromversorgung und Kühlung kam es im Kernkraftwerk Fukushima Dai-ichi zu drei Kernschmelzen in den Blöcken 1 bis 3 und zu mehreren Wasserstoffexplosionen in den Blöcken 1 bis 4.

Aufgrund der Schäden an den Anlagen und den Gebäuden gelangte kontaminiertes Wasser, das sich dort angesammelt hatte, in Boden und Grundwasser sowie ins Meer. Durch die Verbreitung radioaktiver Stoffe bei den Explosionen wurden die Gebäude und das Gelände erheblich kontaminiert. In der Folge erschwerte oder verhinderte die stellenweise extreme Strahlenbelastung, dass Notfallmaßnahmen umgesetzt werden konnten.

Während dieser ersten Tage, aber auch in den folgenden Tagen und Wochen, versuchten die Mannschaft auf der Anlage und zahlreiche hinzugezogene Arbeitskräfte, eine stabile Kühlung der Reaktoren und der Brennelemente in den Lagerbecken aufzubauen. Da Pumpen und Kühlkreisläufe nicht zur Verfügung standen, wurde Wasser von außen auf die Reaktoren geschüttet. In der Anfangszeit wurden hierzu Wasserwerfer von Polizei und Militär sowie Hubschrauber eingesetzt. In der Folge wurden diese zunächst durch Feuerlöschfahrzeuge, später durch mobile Pumpen ersetzt. Auch eine Autobetonpumpe, die normalerweise Beton auf Baustellen fördert, spritzte Wasser von oben in die offenliegenden Brennelementlagerbecken. Parallel verlegten Arbeiter neue Stromleitungen zum Anlagengelände, um Systeme dauerhaft mit Strom versorgen zu können.

Zentrale Auslöser für den Unfall in Fukushima waren extreme äußere Einwirkungen in Form eines schweren Erdbebens gefolgt von einem dadurch ausgelösten Tsunami. Weil die die Betreiber und die Aufsichtsbehörden diese Gefahr unterschätzt hatten, konnte die Anlage einem solchen Ereignis nicht standhalten. Das Resultat: Sowohl die elektrische Energieversorgung als auch die Nebenkühlwasserversorgung brachen über einen langen Zeitraum nahezu vollständig zusammen.

Darüber hinaus waren die Notfallmaßnahmen für eine Wiederherstellung der Energieversorgung und die externe Kühlung der Reaktoren mit Wasser nicht so geplant und ausgelegt, dass sie unter den Bedingungen, die auf der Anlage herrschten, erfolgreich umgesetzt werden konnten.

6.3.3 Zustand nach einem Jahr

Auch ein Jahr nach dem Ereignis muss zur Kühlung der Reaktoren dauerhaft Wasser von außen in die Reaktordruckbehälter eingespeist werden. Dieses Wasser wird durch freigesetzte Spaltprodukte hoch kontaminiert, tritt durch Schäden an den Rohrleitungssystemen und den Sicherheitsbehältern aus und sammelt sich in den Kellern der Gebäude. Auf dem Anlagengelände sind Dekontaminationseinrichtungen aufgebaut, mit denen das in den Gebäuden zurückgehaltene Wasser teilweise von der enthaltenen Radioaktivität befreit und anschließend erneut zur Kühlung in die Reaktoren eingespeist wird.

Im Dezember 2011 gab die japanische Regierung bekannt, dass in den Blöcken 1 bis 3 der Zustand der Kaltabschaltung erreicht sei. Das Kriterium hierfür war, dass zu diesem Zeitpunkt die Temperaturen im Inneren der drei Reaktorblöcke dauerhaft unter 100 Grad Celsius gehalten werden konnten. Dieses Kriterium bedeutet jedoch nicht, dass von dem havarierten Reaktor dauerhaft keine Gefahr mehr ausgeht.

Die Reaktorgebäude können aufgrund der hohen Strahlung bislang nur durch Roboter oder für sehr kurze Zeit mit Personal betreten werden. Der tatsächliche Zustand im Inneren der Sicherheitsbehälter und der Reaktorkerne selbst ist weiterhin weitgehend unbekannt. Die bisherigen Aussagen basieren im Wesentlichen auf Simulationsrechnungen zum Unfallablauf. Erste Bilder aus dem Inneren des Sicherheitsbehälters von Block 2 konnten erst im Januar 2012 aufgenommen werden, nachdem von außen ein Loch in den Sicherheitsbehälter gebohrt und eine ferngesteuerte Kamera in das Containment eingebracht worden waren. Es ist offen, ob der bis Anfang 2012 erreichte Betriebszustand längerfristig funktionssicher ist. Dies gilt insbesondere für den Fall neuer schwerer Belastungen, zum Beispiel durch weitere starke Erdbeben.

Nach wie vor sind Reaktordruckbehälter, Sicherheitsbehälter und Gebäudestrukturen – eventuell auch Fundamente – in großem Umfang zerstört und damit undicht. Es kommt weiterhin zu Leckagen, durch die Radioaktivität in die Umwelt freigesetzt wird. Zusätzlich zu der Aktivität im Reaktorkern lagern auf dem Gelände auch Anfang 2012 noch große Mengen von kontaminiertem Kühlwasser. Ebenso sind Strukturen und Systeme stark kontaminiert und stellen ein Gefahrenpotenzial dar. Im stark zerstörten Reaktorgebäude von Block 4 lagern große Mengen abgebrannter Brennelemente praktisch unter freiem Himmel. Bei einem Einsturz dieses Gebäudes drohen erneute große Freisetzungen von Radioaktivität.

Mittelfristig muss zunächst versucht werden, weitere Freisetzungen aus der Anlage zu verringern. Dazu sollen um die Reaktoren herum Stahlgerüste aufgebaut und verkleidet werden. Diese Einhausungsmaßnahmen sollen die Freisetzung von Radioaktivität über die Luft begrenzen und das Reaktorgebäude vor eindringendem Regenwasser schützen. Dann sollen die Brennelemente aus den Brennelement-Lagerbecken in den zerstörten Reaktorgebäuden in ein zentrales Lager auf dem Anlagengelände gebracht werden.

Langfristig sollen die zerstörten Reaktorkerne geborgen und in sichere Behälter verpackt werden. Dazu muss jedoch zunächst bekannt sein, wie groß die Schäden an den Sicherheitsbehältern und den Reaktordruckbehältern sind. Ebenso stellt sich die Frage, inwieweit eventuell erforderliche Reparaturen realisiert werden können. Wenn möglich soll der Sicherheitsbehälter geflutet werden, bis der Reaktorkern vollständig mit Wasser bedeckt ist. Anschließend plant der Betreiber, die Sicherheitsbehälter und Reaktordruckbehälter zu öffnen und den zerstörten Brennstoff zu entnehmen.

Vermutlich sind zumindest Teile des geschmolzenen Brennstoffs aus dem Reaktordruckbehälter ausgetreten. Deshalb muss auch dieses Material aus dem Bereich unterhalb des Reaktordruckbehälters geborgen werden. Das wird dadurch erschwert, dass die Reaktorgebäude stark beschädigt und kontaminiert sind. Schließlich müssen auch die hoch kontaminierten Anlagenteile und Gebäudestrukturen selbst rückgebaut und entsorgt werden. All diese Arbeiten werden voraussichtlich mehrere Jahrzehnte dauern.

6.4 Radiologische Auswirkungen von Fukushima

6.4.1 Die ersten Tage nach dem Unfall

Als erste Reaktion auf den Reaktorunfall ordneten die japanischen Behörden an, die Umgebung der Anlage zu evakuieren. Die Evakuierungszone wurde schrittweise vergrößert und erreichte am 12. März 2011 einen Radius von 20 Kilometern um das Kernkraftwerk. Ca. 80.000 Menschen waren von dieser Evakuierung betroffen. Die tatsächliche radiologische

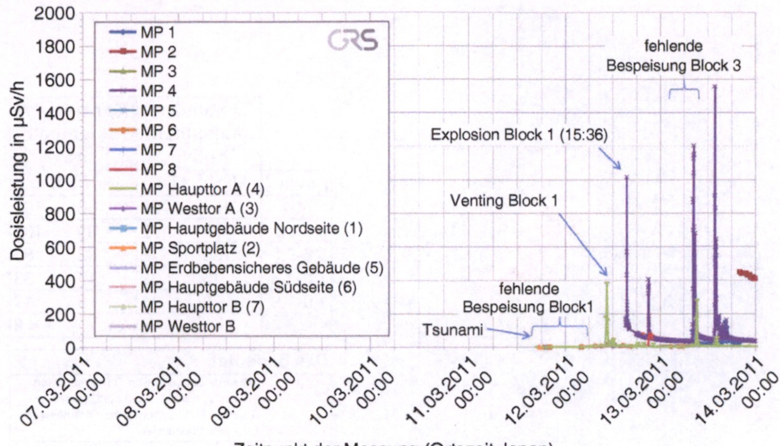

Abb. 6.2 Gemessene Ortsdosisleistung in Fukushima Dai-ichi nach dem Reaktor-unfall (Quelle: GRS)

Situation in der Umgebung war aber in dieser Zeit noch weitestgehend unklar. Das System, mit dem im Notfall Prognosen für die Ausbreitung von freigesetzter Radioaktivität errechnet und die notwendigen Maßnahmen in der Umgebung ermittelt werden sollten, konnte nicht genutzt werden. Dazu notwendige Messwerte oder verlässliche Schätzungen fehlten. Die Betreiber und Behörden verfügten zunächst lediglich über Daten der Ortsdosisleistung an verschiedenen Punkten auf dem Kraftwerksgelände. Abbildung 6.2 zeigt ein Beispiel solcher Daten für einen Zeitraum vom 11. bis zum 13. März. In einem Bericht der Gesellschaft für Anlagen- und Reaktorsicherheit wurde versucht, diesen Daten Ereignisse zuzuordnen, um damit den Unfallablauf besser zu verstehen [5].

Im Inneren der Kraftwerksblöcke herrschten teils Dosisleistungen im Bereich von einem bis mehreren Sievert pro Stunde. In einem solchen Strahlenfeld können sich Menschen nur kurzzeitig aufhalten, bevor sie akut tödliche Dosen erhalten. Auch auf dem Anlagengelände wurden mitunter sehr hohe Dosisleistungen gemessen, die zu vorübergehenden Evakuierungen des Personals von der Anlage führten. In den ersten Monaten arbeiteten jeweils weit über 3000 Personen auf der Anlage. Bis Juli 2011 waren etwa 1400 Personen höher belastet, als die in Japan

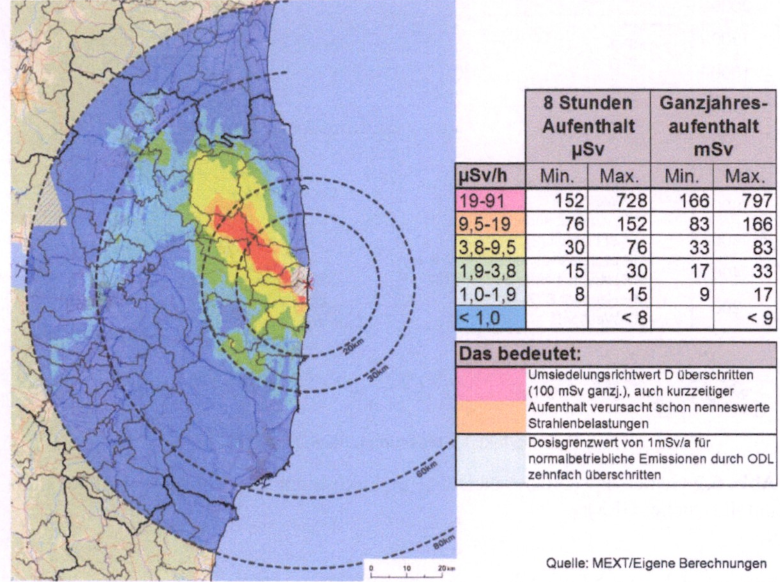

μSv/h	8 Stunden Aufenthalt μSv		Ganzjahresaufenthalt mSv	
	Min.	Max.	Min.	Max.
19-91	152	728	166	797
9,5-19	76	152	83	166
3,8-9,5	30	76	33	83
1,9-3,8	15	30	17	33
1,0-1,9	8	15	9	17
< 1,0		< 8		< 9

Das bedeutet:	
	Umsiedelungsrichtwert D überschritten (100 mSv ganzj.), auch kurzzeitiger Aufenthalt verursacht schon nenneswerte Strahlenbelastungen
	Dosisgrenzwert von 1mSv/a für normalbetriebliche Emissionen durch ODL zehnfach überschritten

Abb. 6.3 Kontamination und resultierende Dosisbelastungen in der Umgebung der Anlage Fukushima Dai-ichi

normalerweise für das Kernkraftwerks-Personal erlaubte Dosis von 20 Millisievert im Jahr vorsieht.

Die Ortsdosisleistungen auf dem Kraftwerksgelände zeigten zwar, dass es immer wieder zu Freisetzungen radioaktiver Stoffe kam. Informationen, die für Notfallmaßnahmen in der Umgebung wichtig gewesen wären, fehlten aber, beispielsweise Messungen von Jod-131. Dessen Konzentration in der Luft muss bekannt sein, damit abgewogen werden kann, ob die Einnahme von Jodtabletten sinnvoll ist. Die einzigen Daten von Einzelradionukliden in der Luft, die schon in den ersten Tagen nach dem Unfall vorlagen, stammten nicht vom Kernkraftwerksbetreiber, sondern von Messstationen, mit denen weltweit die Einhaltung des Atomwaffenteststoppabkommens überwacht wird. Die Daten kamen dann aus der Nähe von Tokyo, aus Russland und aus den USA. Aufgrund der großen Entfernung der Messstationen war es aber dem Zufall überlassen, ob und wann eine radioaktive Wolke aus Fukushima durch eine dieser Messstationen erfasst wurde. Die Messungen zeigten, dass auch Radionuklide freigesetzt worden waren, die in entsprechendem Anteil erst bei massiver Kernzerstörung austreten. Diese Daten lagen nur sporadisch und von weit entfernten Orten vor, so dass sie als Grundlage für Konsequenzen in der näheren Umgebung nicht ausreichend waren.

Ab dem 16. März veröffentlichte die Regierung Messdaten der Ortsdosisleistung, die an mobilen Messstationen außerhalb der 20-Kilometer-Zone erhoben wurden. Erst dann war es möglich, das Ausmaß der Kontamination einzuordnen. Allerdings lagen auch zu diesem Zeitpunkt nach wie vor nur spärliche Informationen darüber vor, wie sich die Kontaminationen in der Umgebung zusammensetzten. Die zu erwartende Strahlenbelastung konnte daher nicht verlässlich abgeschätzt werden.

Spätere Messungen zeigten, dass im Nordwesten auch außerhalb des 30-Kilometer-Umkreises hohe Ortsdosisleistungen in den Gemeinden Itate, Kawamata und teilweise in der Stadt Fukushima auftraten. Sie lagen derart hoch, dass weitere Gebiete evakuiert werden mussten. Einen verlässlichen ersten Überblick über die Ablagerung von radioaktiven Stoffen lieferten dann Messflüge, die ab dem 17. März starteten und sich über die weitere Umgebung des Kernkraftwerks im Umkreis von 80 Kilometern und darüber hinaus erstreckten. Abbildung 6.3 zeigt eine Karte, die aus den Ergebnissen der Messflüge erstellt wurde.

So schwerwiegend die radiologischen Folgen von Fukushima auch sind, so sollte dennoch nicht vergessen werden: Sie wären noch weit dramatischer, wenn nicht der größte Teil der freigesetzten Radionuklide auf den Pazifik hinaus getragen worden wäre. Glücklicherweise überwiegen im Frühjahr aufgrund des ostasiatischen Hochs in Nordjapan Winde aus westlicher Richtung. Die Folge der kurzzeitig am 15. März in nordwestlicher Richtung wehenden Winde sind in Abb. 6.3 deutlich zu sehen. Von diesen Folgen wären bei anderer Windrichtung noch weit größere Flächen betroffen gewesen.

6.4.2 Eintrag radioaktiver Stoffe in den Pazifik

Die Kühlung der vier Reaktorblöcke vor allem mit Meerwasser führte dazu, dass immense Mengen von zusätzlichem Wasser in die Reaktoren und die Gebäude gepumpt wurden. Das Wasser floss unkontrolliert in tiefer liegende Gebäudeteile. Etwa eine Woche nach dem Unfall stellten die Betreiber fest, dass hoch kontaminiertes Wasser aus den zerstörten Reaktoren über überflutete Kabelkanäle unkontrolliert in den Pazifik gelangte. Im Meerwasser unmittelbar vor der Anlage wurden Ende März und Anfang April 2011 Spitzenkonzentrationen von Jod-131 und Cäsium-137 von 100 Millionen Becquerel pro Kubikmeter gemessen. Da es nicht möglich war, alles kontaminierte Wasser auf dem Gelände zu speichern, bemühte sich TEPCO dann, vorrangig weniger stark kontaminiertes Wasser ins Meer zu leiten und das am höchsten kontaminierte zurückzuhalten.

Die Kontamination des Meerwassers belastete auch Meerestiere. Die höchsten Kontaminationen wurden im Japanischen Sandaal (Ammodytes personatus) gefunden, wobei es auch einige Male zur Überschreitung der in Japan geltenden Grenzwerte kam. Inzwischen ist das Meerwasser auch in der Nähe der Anlage nur noch gering kontaminiert. In den Sedimenten dagegen haben sich Radionuklide abgelagert. Damit sind vor allem Meerestiere, die das Sediment nach Nahrung absuchen, langfristig gefährdet, Radionuklide anzureichern. Der Eintrag von Radionukliden aus den verunglückten Reaktoren zeigt sich im Sediment auch noch viele Kilometer vor der Küste deutlich. So wurden Anfang 2012 Werte bis über 1000 Becquerel pro Kilogramm an Cäsiumisotopen noch in fünf Kilometer Entfernung von Fukushima Dai-ichi gemessen. In einer Entfernung von 15 Kilometern ergaben die Messungen noch Werte bis über 100 Becquerel pro Kilogramm. Diese radioaktive Kontamination wird nur sehr langsam zurückgehen.

6.4.3 Kontaminationen von Trinkwasser und Lebensmitteln

Anfänglich sorgte die Kontamination von Leitungswasser in der Öffentlichkeit für viel Aufregung, denn am 22. März stellten die Behörden in fünf Proben von Leitungswasser in Fukushima Aktivitätskonzentrationen von Jod-131 fest, die oberhalb von 100 Becquerel pro Liter lagen. Die Konzentrationen überschritten damit den Grenzwert, der für Wasser gilt, mit dem Säuglingsnahrung zubereitet werden soll. Die Ursache:

Etwa 90 Prozent des Trinkwassers wird in Japan aus Oberflächenwasser gewonnen. Über den Luftpfad wurden Radionuklide in die Gewässer eingetragen. Das Problem blieb aber auf wenige Präfekturen beschränkt. Zeitweise waren allerdings sogar im Trinkwasser der Stadt Tokyo Radionuklide aus Fukushima messbar, da Wasser aus weiter entfernten Stauseen noch bis nach Tokyo transportiert wurde. Dort blieben die gemessenen Werte aber unterhalb der behördlich festgelegten Grenzwerte.

Nach dem Transport mit der Luft und der Ablagerung auf dem Boden gelangen Radionuklide über unterschiedliche Pfade in die Nahrungskette. Je nach Ort und Zeitpunkt variiert die Kontamination von Nahrungsmitteln dabei stark. Darauf reagierten die japanischen Behörden mit einem System von zeitweiligen Vermarktungsverboten und Verzehrempfehlungen in insgesamt sieben Präfekturen. Neben landwirtschaftlichen Produkten war dabei auch Süßwasserfisch oft von Vermarktungsverboten betroffen, da sich in Oberflächengewässern insbesondere Cäsium stark in Fisch anreichern kann. Manche Vermarktungsverbote betrafen eine gesamte Präfektur, andere nur Teile. Auch die Aufhebung von Vermarktungsverboten erfolgte oft bezogen auf einzelne Orte zu unterschiedlichen Zeitpunkten. Es war also schwer nachvollziehbar, welche Verbote aktuell für wen galten. So kam es beispielsweise dazu, dass vielen Bauern und Händlern ein Vermarktungs- und Fütterungsverbot für Reisstroh nicht bekannt war. Aus der Präfektur Fukushima gelangte daher kontaminiertes Reisstroh als Rinderfutter in viele andere japanische Präfekturen. Die Folge: Japanweit wurden hohe Kontaminationen im Rindfleisch entdeckt, nachdem dieses bereits in den Handel gelangt war. Dies fiel jedoch erst spät auf, da die Behörden kein Rindfleisch aus Gebieten kontrollierten, die als wenig kontaminiert eingestuft wurden.

6.4.4 Die Zukunft der Region Fukushima

Ein vollständiges und detailliertes Bild der radioaktiven Belastung durch den Unfall in Fukushima liegt auch ein Jahr später noch nicht vor. Eine Rückkehr der Menschen in die evakuierte 20-Kilometer-Zone ist nach wie vor nicht möglich. Viele der Evakuierten haben die Region mittlerweile verlassen, viele sind jedoch auch immer noch in provisorischen Unterkünften untergebracht. Sicher ist, dass für die kommenden Jahre und Jahrzehnte das Radionuklid Cäsium-137 mit seiner Halbwertszeit von 30 Jahren die größte Bedeutung haben wird. Dies gilt sowohl für die Kontamination von Lebensmitteln als auch für die äußere Bestrahlung beim Aufenthalt in kontaminiertem Gebiet. Intensive Kontrollen von Lebensmitteln werden weiter erforderlich sein. So kann beispielsweise in Fisch aus stehenden Gewässern die Belastung mit Cäsium-137 noch ansteigen, da diese von jahreszeitlichen Vermischungen von Wasserschichten, Sedimentationsvorgängen und Nahrungsketten abhängt. Die Anreicherung von Cäsium-137 kann in einzelnen Lebensmitteln sehr unterschiedlich sein und ist in der Vergangenheit nicht für alle systematisch untersucht worden. Daher lassen sich auch nicht für alle Lebensmittel verlässliche Prognosen machen, sondern die weitere intensive messtechnische Kontrolle ist erforderlich. So fielen Anfang 2012 Kiwis auf, bei denen die Grenzwerte überschritten wurden.

Schon im Jahr 2011 ordneten die japanischen Behörden an, in den evakuierten Gebieten aufzuräumen, und versuchen seither, ausgewählte Gegenden zu dekontaminieren, um diese wieder bewohnbar zu machen. Dazu werden beispielsweise Gebäude mit Wasser abgespritzt, Bodenoberflächen abgetragen und Pflanzen aus Gärten eingesammelt. Ohne eine großflächige Planung und systematische Umsetzung solcher Maßnahmen stellen sie aber nur Flickwerk dar. Eine wirklich gefahrlos bewohnbare Umwelt ist so nicht wieder erreichbar. Bereits gereinigt Flächen oder Böden können durch wind- oder wassergetragenen Transport von Radionukliden erneut belastet werden. Der Bevölkerung wird mit solchen Maßnahmen der falsche Eindruck vermittelt, dass eine Rückkehr aus den provisorischen Unterkünften bald möglich sein würde. Stattdessen wäre es im Sinne des Strahlenschutzes erforderlich, zusätzliche Gebiete umzusiedeln. Die angestrebte Optimierung des Strahlenschutzes bleibt in Fukushima also eine langfristige Herausforderung. Mit einer solchen Optimierung versucht man einerseits, die radiologische Belastung der Menschen so gering wie möglich zu halten. Andererseits will man aber auch weitere Aspekte wie die Einschränkungen für die betroffenen Personen (etwa den Verlust der Arbeit, der Wohnung und des bisherigen Lebensumfelds) bis hin zu ökonomischen Fragen berücksichtigen.

Geplant ist ein großes epidemiologisches Programm, in dem etwa zwei Millionen Menschen weiter beobachtet werden sollen. Es besteht die Hoffnung, durch die Erfassung von Krankheitsbildern in diesem großen Kollektiv zu genaueren Schätzungen des Strahlenrisikos zu kommen. Auch für eine große Zahl von Kindern sind regelmäßige Schilddrüsenuntersuchungen vorgesehen, da es nach dem Unfall von Tschernobyl zu einem deutlichen Anstieg der Schilddrüsenkrebserkrankungen bei Menschen gekommen ist, die zum Zeitpunkt der Katastrophe Kinder waren.

Der Reaktorunfall von Fukushima führt deutlich vor Augen, vor welche Herausforderungen die Menschen in einer solchen Situation gestellt sind. Das Personal auf der Anlage muss unter großen Risiken arbeiten, um die Auswirkungen so weit zu begrenzen, wie es noch irgend geht. Zusätzliche Messtechnik und Messungen werden benötigt, um ein möglichst schnelles und umfassendes Bild von Freisetzungen und Kontaminationen zu bekommen. Offenbar waren in Japan die getroffenen Vorbereitungen für einen solchen Notfall nicht so weitgehend, wie sie beispielsweise in Deutschland nach den Erfahrungen mit Tschernobyl getroffen worden sind. Aber auch in Deutschland erfolgen aufgrund der Erfahrungen in Fukushima intensive Überprüfungen der Planungen für den Notfall, und sie zeigen, dass deutliche Ergänzungen notwendig sind.

6.5 Fazit

Während der Unfall in Tschernobyl auf interne Ursachen wie Auslegungsmängel und Fehler des Personals zurückzuführen war, wurde das Ereignis in Fukushima durch ein externes Ereignis, ein schweres Erdbeben mit einem dadurch ausgelösten Tsunami, verursacht.

Doch unabhängig von den konkreten Ursachen zeigen diese Unfälle, ebenso wie eine Vielzahl weiterer Ereignisse in den dazwischenliegenden 25 Jahren, eines deutlich: In einem so komplexen System, wie es ein Kernreaktor darstellt, können durch eine Verkettung von ungünstigen Umständen Situationen auftreten, die so nicht vorhergeplant waren und die sich dann letztlich nicht beherrschen lassen. Hierzu können

Fehler in der anlagentechnischen Auslegung ebenso beitragen wie unsichere Betriebsweisen und menschliche oder organisatorische Fehler. Sicherheitsdefizite können mitunter über lange Zeiträume in den Anlagen unentdeckt bleiben, ohne in den regelmäßig stattfindenden Sicherheitsprüfungen und Überwachungen aufzufallen. Aber auch durch externe Ereignisse kann die Sicherheit einer Anlage gefährdet werden.

Zwar würden sich die konkreten Unfallabläufe in dieser Form in anders aufgebauten Reaktoren oder an anderen Standorten so nicht ergeben. Aber umfangreiche Sicherheitsuntersuchungen haben gezeigt, dass in allen Reaktoren weltweit Unfälle mit vergleichbaren Auswirkungen, das heißt einer massiven Freisetzung von Radioaktivität in die Umwelt, möglich sind.

▷ In allen Kernkraftwerken weltweit können sich Unfälle mit vergleichbaren Folgen wie in Tschernobyl und Fukushima ereignen.

Weiterführende Literatur

[1] International Atomic Energy Agency: INSAG-7 – The Chernobyl Accident: Updating of INSAG-1. Safety Series No. 75 INSAG-7, Wien 1992.

[2] Gesellschaft für Anlagen- und Reaktorsicherheit (GRS) mbH: Der Unfall und die Sicherheit der RBMK-Anlagen, GRS-121, Köln 1996.

[3] Report of the Japanese Government to the IAEA Ministerial Conference on Nuclear Safety – The Accident at TEPCOs Fukushima Nuclear Power Stations –, Juni 2011, und Additional Report of the Japanese Government to the IAEA (Second Report), September 2011.

[4] Gesellschaft für Anlagen- und Reaktorsicherheit (GRS) mbH: Der Unfall in Fukushima, GRS-293, August 2011.

[5] Gesellschaft für Anlagen- und Reaktorsicherheit (GRS): Informationen zu den radiologischen Folgen des Erdbebens vom 11. März 2011 in Japan und dem kerntechnischen Unfall am Standort Fukushima Daiichi – Zusammenfassung der radiologischen Situation, 15.04.2011. http://fukushima.grs.de/sites/default/files/Radiologischer_Lagebericht_Stand%2020110415_1230.pdf

[6] Bundesamt für Strahlenschutz: Die Katastrophe im Kernkraftwerk Fukushima nach dem Seebeben vom 11. März 2011. BfS-SK-18/12, Salzgitter, März 2012. urn:nbn:de:0221-201203027611. http://doris.bfs.de/jspui/bitstream/urn:nbn:de:0221-201203027611/3/BfS-SK-18-12-Bericht_Fukushima_Korr-20120523.pdf

Urangewinnung – Von der Mine bis ins Kraftwerk

7

Julia Mareike Neles, Gerhard Schmidt

Zusammenfassung

Dieses Kapitel führt an den Beginn der Versorgungskette eines Kernreaktors. Der Rohstoff für die Stromerzeugung aus Kernenergie ist das radioaktive Schwermetall Uran. Es kommt nur mit 0,0003 Prozent in der Erdkruste vor, ist damit aber immer noch häufiger als Gold und Silber. Das gewonnene Natururan lässt sich nicht direkt im Reaktor einsetzen. Es muss zunächst in verschiedenen Verfahrensschritten aufbereitet und verarbeitet werden.

Uran zu gewinnen und aufzubereiten, hat erhebliche Auswirkungen auf die Umwelt. Insbesondere entstehen große Mengen an radioaktiven Rückständen, die bei der Uranerzaufbereitung bis heute nicht angemessen gesichert und verwahrt werden. Über Verschleppung, Verwehung und Auslaugung werden Luft, Wasser und letztlich auch Menschen belastet.

Julia Mareike Neles (✉), Gerhard Schmidt
Öko-Institut e.V., Büro Darmstadt, Rheinstraße 95, 64295 Darmstadt
Kernenergiebuch@oeko.de

J.M. Neles, C. Pistner, *Kernenergie*, Technik im Fokus
DOI 10.1007/978-3-642-24329-5_7, © Springer-Verlag Berlin Heidelberg 2012

7.1 Herkunft und Bedarf an Natururan

Das heute geförderte Uran stammt lediglich zu wenigen Prozent aus Ländern der EU. 2010 waren es rund 0,7 Prozent der weltweit geförderten 54.670 Tonnen Uran. Der weit größere Bedarf wird aus Bergwerken in Ländern gedeckt, deren Bergbau-Umweltstandards als unterentwickelt gelten. Dazu zählen Russland, Kanada, Niger oder Kasachstan, die beispielsweise keine Vorgaben für den Umgang mit Rückstandsdeponien machen. Die Uranabbaugebiete in Australien und Kanada befinden sich zudem teilweise in Gebieten, die von indigenen Völkern bewohnt werden. Abbildung 7.1 zeigt, welchen Anteil an Uran die einzelnen Länder im Jahr 2010 gefördert haben. Da Kasachstan, Kanada, Australien, Südafrika und die USA über große Reserven verfügen, werden sie auch künftig die maßgeblichen Lieferländer bleiben.

Benötigt wird das Uran überwiegend nicht in den Ländern, die es produzieren. So förderten die OECD-Länder 2010 lediglich 32 Prozent

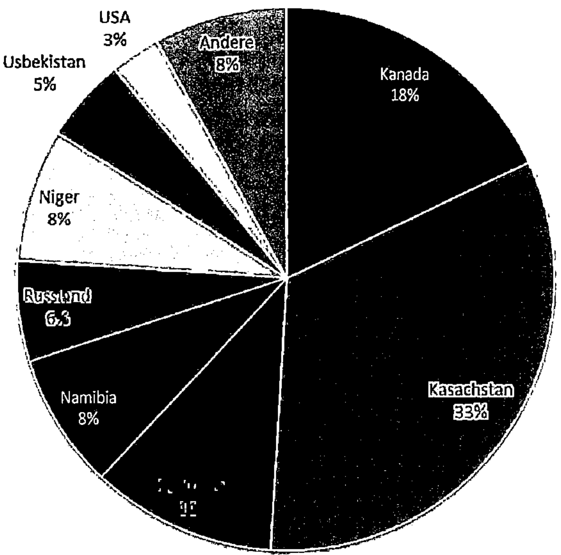

Abb. 7.1 Prozentuale Uranproduktion nach Ländern; Gesamtmenge 2010: 54.670 Tonnen Uran (nach [1])

des Eigenbedarfs an Uran selbst. Abbildung 7.2 stellt dar, welche Weltregionen welchen Anteil am Uranbedarf haben. Die unmittelbare Urangewinnung deckt jedoch nur einen Teil des weltweiten Gesamtbedarfs. Im Jahr 2010 wurde der Bedarf von 63.875 Tonnen Uran lediglich zu 85 Prozent aus Minen gefördert [1], 2008 waren es sogar nur 74 Prozent. Das restliche Uran wird aus sogenannten Sekundärquellen gewonnen. Diese sind:

- der Verkauf von bestehenden Vorräten,
- das „Verdünnen" von waffenfähigem Uran aus ehemaligen militärischen Beständen auf reaktorgängiges Uran, dieser Vorgang wird als Herunterblenden bezeichnet,
- das erneute Anreichern von bereits einmal abgereichertem Uran, um es wieder in den Herstellungsprozess einzuspeisen, siehe Abschn. 7.3
- die Nutzung von Uran aus der Wiederaufarbeitung.

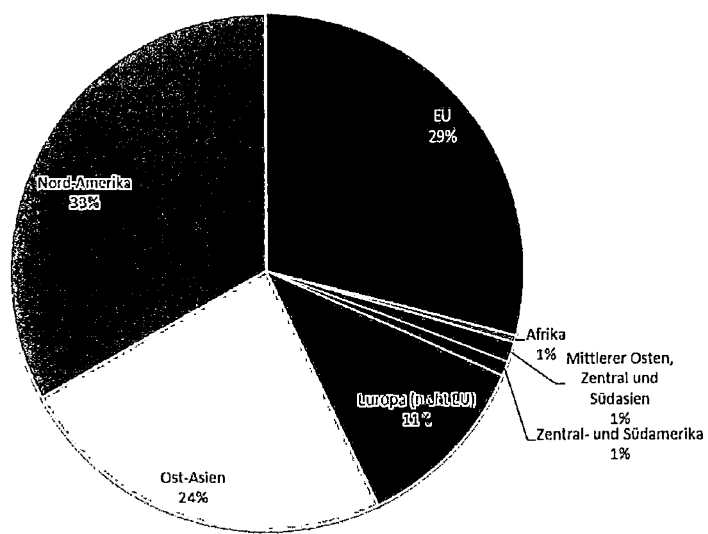

Abb. 7.2 Prozentualer Uranbedarf nach Weltregionen; Gesamtmenge 2010: 63.875 Tonnen Uran (nach [1])

Beispiel

Ein Reaktor mit 1300 Megawatt elektrischer Leistung verbraucht pro Jahr rund 28 Tonnen Brennstoff aus angereichertem Uran. Um diesen Brennstoff herzustellen, werden pro Betriebsjahr etwa 260 Tonnen Natururan benötigt. Bei der Gewinnung dieser Menge Natururan entstehen wiederum erhebliche Mengen an Rückständen: Rechnet man mit einem Urangehalt im Erz von 0,1 Prozent, so nehmen allein die Rückstände aus der Extraktion des Urans, die sogenannten Tailings, ein Volumen ein, das auf der Fläche eines Fußballfeldes eine Höhe von 16 Metern hätte, siehe Abb. 7.3.

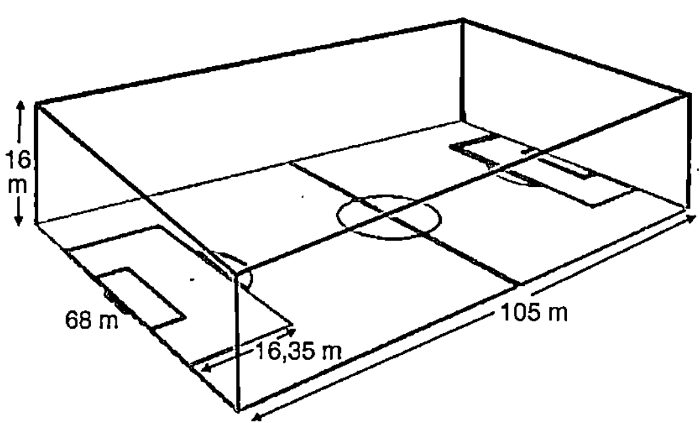

Abb. 7.3 Volumen der Tailingsabfälle eines Reaktors mit 1300 Megawatt elektrischer Leistung pro Jahr

Die internationalen Organisationen OECD/NEA (Organisation for Economic Co-operation and Development/Nuclear Energy Agency) und IAEA (International Atomic Energy Agency) erfassen regelmäßig Daten zur Gewinnung und zum Handel mit Uran [1]. Nach umfangreichen Befragungen in den Ländern gehen sie davon aus, dass rund 5,4 Millionen Tonnen Uranvorkommen in der Erdkruste bereits bekannt sind oder angenommen werden. Die Geologie bestimmter Regionen lässt weitere Vorräte vermuten. Deren Existenz ist aber rein spekulativ. Es bedarf umfangreicher Lagerstättenerkundungen, um hier konkrete Anhaltspunkte über die tatsächlichen Vorkommen und deren Umfang zu erhalten.

Die Ressourcen an bergbaulich gewinnbarem Uran werden international je nach Erkundungsgrad und abhängig von den geschätzten Kosten für die Gewinnung des Urans in Kategorien eingeteilt. In der Gruppe der bereits identifizierten Uranvorkommen gibt es die Kategorien:

reasonably assured resources: Sie bezeichnet Uranreserven, deren Mengen und Konzentration schon sehr konkret und zuverlässig geschätzt werden.

inferred resources: Mit dieser Kategorie werden Vorkommen bezeichnet, über die weniger konkrete Angaben vorliegen. Darüber hinaus gibt es die Gruppe der unentdeckten Uranvorkommen mit folgenden Kategorien:

prognosticated resources: Aufgrund der Geologie einer Region wird auf Uranvorkommen geschlossen. Über das reale Vorkommen, mögliche Urankonzentrationen und förderbare Mengen gibt es aber keine Erkenntnisse.

speculative resources: Wie prognosticated resources bei noch größerer Unsicherheit.

Damit die Uranvorkommen auch tatsächlich gefördert werden, darf der Aufwand gewisse Grenzen nicht überschreiten. Um zu beurteilen, wie wirtschaftlich und damit wie wahrscheinlich die Ausbeutung eines Uranvorkommens ist, werden die Vorkommen deshalb nach Kostengruppen unterteilt, beginnend mit der Kategorie „weniger als 40 US-Dollar pro Kilogramm Uran". Bisher galten Gewinnungskosten bis 130 US-Dollar pro Kilogramm Uran als höchste Kostengruppe. Im aktuellen Bericht [1] wird eine zusätzliche Kostengruppe bis 260 US-Dollar pro Kilo Uran eingeführt, da die 130-US-Dollar-Grenze für kurzfristige Lieferverträge in den Jahren 2007 und 2008 zeitweise überschritten wurde und die Kosten für die Gewinnung tendenziell gestiegen sind. Damit werden aber auch weitere Uranvorkommen nun den gewinnbaren Vorkommen zugerechnet, die bisher als zu unwirtschaftlich galten. Die beiden Preiskategorien von 130 und 260 US-Dollar pro Kilogramm Uran liegen noch oberhalb der heutigen Preise für langfristige Lieferverträge für Uran.

Von Beginn der Urannutzung bis 2010 wurden weltweit 2,6 Millionen Tonnen Uran gefördert und verbraucht. Bleibt der Uranverbrauch auf dem durchschnittlichen Niveau der letzten Jahre von etwa 60.000 Tonnen pro Jahr, dann decken die bekannten und vermuteten Vorräte von 5,4 Millionen Tonnen Uran noch etwa 90 Jahre den weltweiten Bedarf. Bei einem Ausbau der Kernenergie würden die Ressourcen entsprechend früher verbraucht beziehungsweise nur zu deutlich höheren Kosten zu gewinnen sein.

Dabei ist festzustellen, dass gerade Länder mit eigenen großen Plänen für den künftigen Ausbau der Kernenergie, wie etwa China oder Indien, selbst gar nicht über nennenswerte Vorkommen verfügen. Wenn sie ihre Pläne realisieren, werden sie darauf angewiesen sein, sich das nötige Uran aus anderen Ländern zu beschaffen. Die Situation ähnelt sehr derjenigen bei Erdöl und Erdgas. Deshalb ist auf diesen und anderen Rohstoffmärkten mit vergleichbaren Verteilungsproblemen zu rechnen.

7.2 Verfahren der Urangewinnung

Uranerz wurde bisher überwiegend bergmännisch oder im Tagebau abgebaut. Durch den Abbau nicht erzhaltiger Deckschichten bis zum Erzkörper entstehen große Abraumhalden, bis das uranhaltige Erz gewonnen werden kann. Der Urananteil im Erz liegt in Konzentrationen von 0,03 Prozent, wie etwa in Namibia, bis vier Prozent, wie zum Beispiel in Kanada, vor. Als Begleitprodukte kommen im Erz auch andere Schwermetalle vor, die teilweise ebenfalls gewonnen werden, größtenteils aber im Abraum und in den Aufbereitungsrückständen verbleiben.

Zur Aufbereitung des Urans wird das Erz zunächst sehr fein gemahlen. Anschließend wird das Uran unter Zugabe von Chemikalien sowie eines Oxidationsmittels aus dem Mahlgut extrahiert. Die Lösung wird in mehreren Stufen gereinigt, das Uran ausgefällt und getrocknet und als sogenannter Yellow Cake vermarktet. Die Bezeichnung bezieht sich auf Farbe und Konsistenz des Produktes.

Gegebenenfalls werden die Erzreste ein zweites Mal extrahiert, um das im Mahlgut verbliebene Uran zu erfassen. Nach dem Extraktionsprozess werden die ausgelaugten Erzreste in aller Regel in Absetzanlagen gespült. Diese werden üblicherweise als Tailings oder Tailingsdeponien bezeichnet. Meist handelt es sich dabei um einfache Erdbecken.

Sie sind von natürlichen oder künstlichen Wällen oder Dämmen begrenzt. In den Erdbecken sinken die Partikel ab und füllen als Schlämme – sogenannte Tailingsschlämme – die Becken. Die sich oben absetzende Flüssigkeit wird wieder in den Prozess eingespeist. Die ausgelaugten Erzreste enthalten fast die gesamte ursprüngliche Radioaktivität des Uranerzes. Dies liegt daran, dass Uran über eine lange Folgekette von Radionukliden zerfällt. Da diese radioaktiven Folgenuklide des Urans bei der Urangewinnung nicht mit abgetrennt werden, verbleiben sie in den Schlämmen.

In den letzten Jahren hat das Verfahren der In-situ-Laugung, auch bekannt als In-situ-leaching, an Bedeutung gewonnen, insbesondere in Kasachstan. Im Jahr 2011 wurden 45 % des gesamten Urans so gefördert. Da die Gewinnungskosten mit diesem Verfahren vergleichsweise gering sind, können damit auch noch Lagerstätten mit niedrigen Urankonzentrationen ausgebeutet werden.

Bei der In-situ-Laugung verbleibt das Erz im Untergrund. Über Rohrleitungen wird die Extraktionsflüssigkeit direkt in den Untergrund gepumpt. Die Extraktionslösung durchströmt das Gestein und löst so das Uran aus dem Erzkörper. Im Abstrom wird die mit Uran beladene Extraktionslösung gefasst und zurück an die Oberfläche befördert. Die Methode eignet sich lediglich für Erzkörper innerhalb einer porösen Gesteinsschicht, die von undurchlässigen Schichten begrenzt wird.

Vorteil dieser Methode neben den niedrigen Kosten: Es entstehen keine Abraumhalden und Tailings, keine Staub- und Gasemissionen belasten die Umwelt, und die Gefährdung der Beschäftigten durch bergbauliche Unfälle ist geringer. Der Nachteil: Bei ungenügender Isolation des Erzkörpers kann Extraktionslösung entweichen und Böden oder Grundwasser kontaminieren. Weiterer Nachteil: Ein solcher mit Chemikalien durchdrungener Erzkörper lässt sich niemals wieder reinigen und in seinen ursprünglichen Zustand versetzen (siehe Abschn. 7.4).

7.3 Weiterverarbeitung und Anreicherung

Natururan besteht aus drei verschiedenen Isotopen des Urans: Uran-238, Uran-235 und Uran-234. Bezogen auf die Masse besteht es zu 99,28 Prozent aus Uran-238 und nur zu 0,72 Prozent aus dem für die Kernspaltung relevanten Isotop Uran-235. Der Gewichtsanteil von Uran-234 ist so gering, dass er in aller Regel gar nicht aufgeführt wird. Für den Betrieb in einem Leichtwasserreaktor muss der Anteil an Uran-235 erhöht und so angereichertes Uran erzeugt werden, siehe auch Abschn. 2.5. Für den heute üblichen Reaktorbetrieb ist in aller Regel ein Anteil von etwa 3 bis 5 Prozent Uran-235 im Brennstoff nötig.

Mehrere Verfahren ermöglichen die Anreicherung des Isotops, also die relative Erhöhung des Anteils an Uran-235 gegenüber Uran-238. Die beiden gängigsten Verfahren sind das Gasdiffusionsverfahren und das Zentrifugenverfahren. Beide Verfahren nutzen die unterschiedliche Masse der Isotope für die Auftrennung. Das zunächst am weitesten verbreitete Diffusionsverfahren wurde und wird mehr und mehr von dem technisch und energetisch überlegenen Zentrifugenverfahren abgelöst. Nicht durchgesetzt haben sich bislang dagegen aufgrund technischer Probleme Verfahren, die mit Lasern arbeiten.

Im Weiteren soll das Zentrifugenverfahren vereinfacht dargestellt werden. Als Eingangsmaterial muss der Yellow Cake, also das feste Uranoxid, in gasförmiges Uranhexafluorid (UF_6) umgewandelt werden. Diese Umwandlung wird als Konversion bezeichnet. Uranhexafluorid ist ein extrem korrosives Gas, das sich bei Kontakt mit Wasser in Flusssäure umwandelt. Der Umgang ist entsprechend technisch sehr aufwändig, zum Beispiel sind korrosionsbeständige Materialien erforderlich.

Das gasförmige Uran, das so genannte Feed, wird dann in eine Zentrifuge eingespeist. Die schnelle Rotation beschleunigt die Uranisotope unterschiedlich, abhängig von ihrer jeweiligen Masse. In der Folge entmischt sich das Uran. Die schwereren Uran-238-Atome sammeln sich eher an der Außenwand und die leichteren Uran-235-Atome eher an der Rotorachse. Durch die Ausleitung auf unterschiedlichen Wegen aus der Zentrifuge werden die Isotope dann getrennt. Die Trennwirkung kann durch einen Gegenstrom in der Zentrifuge verstärkt werden. Diese Strömung wird durch Erhitzen beziehungsweise Kühlen der entgegengesetzten Enden der Zentrifuge erzeugt.

Der Vorgang muss etwa zehn Mal und mehr wiederholt werden, um den gewünschten Anreicherungsgrad von Uran-235 zu erreichen. Da die Kapazität einer Zentrifuge begrenzt ist, werden zudem zahlreiche Zentrifugen parallel betrieben.

Neben dem angereicherten Uran, das als Product bezeichnet wird, verbleibt als Reststoff abgereichertes Uran mit einem Restanteil an nicht abgetrenntem Uran-235 von etwa 0,3 Prozent. Dieser Reststoff wird als Tails oder auch als „depleted uranium" bezeichnet, nicht zu verwechseln mit den Tailings aus dem Bergbau. In aller Regel werden diese Tails zunächst als Reserve aufbewahrt. Sollte es ökonomisch sinnvoll sein, könnten sie weitere Zyklen der Anreicherung durchlaufen.

In Deutschland betreibt die Firma Urenco eine Urananreicherungsanlage, die derzeit 2750 Tonnen Urantrennarbeit pro Jahr leistet. Im Jahr 2005 wurde ein Ausbau auf eine Leistung von 4500 Tonnen Urantrennarbeit pro Jahr genehmigt. Im weltweiten Vergleich ist das eine mittelgroße Anlage. Auch in den USA, in Russland, Frankreich, Großbritannien und den Niederlanden werden Urananreicherungsanlagen zur Herstellung von Reaktoruran betrieben.

▷ **Urantrennarbeit (UTA, englisch „separative work unit" oder SWU)** Die Urantrennarbeit bezeichnet den Aufwand, der erforderlich ist, um Uran-235 anzureichern, und hat die Dimension einer Masse (Tonne). Dieser Begriff wird ausschließlich in der Urananreicherung verwendet. Es handelt sich um eine komplexe Berechnung, in die die Mengen an Feed, Product und Tails sowie die Konzentrationsverschiebungen zwischen den Isotopen unabhängig vom Trennverfahren eingehen. Der Kernbrennstoffkunde bezahlt den Anreicherer nach dieser Trennarbeit (Tonne UTA). Um den Brennstoff für einen Reaktor mit 1300 Megawatt elektrischer Leistung anzureichern, sind pro Jahr etwa 150 Tonnen UTA erforderlich.

Das abgereicherte Uran wird zu einem kleinen Teil weiterverwendet, beispielsweise bei der Herstellung von Mischoxid-Brennelementen oder in der Waffenindustrie für panzerbrechende Waffen. Auch setzt insbesondere Russland abgereichertes Uran zum Herunterblenden von hochangereichertem Waffenuran ein, um es anschließend an Reaktorbetreiber zu verkaufen, siehe Abschn. 9.2. Auf Dauer wird der größte Teil des abgereicherten Urans aber nicht benötigt und muss entsprechend entsorgt werden. So werden derzeit nach Aussagen der World Nuclear Association weltweit etwa 1,5 Millionen Tonnen abgereichertes Uran gelagert [4].

Das angereicherte Uran muss für die Weiterverarbeitung zum eigentlichen Kernbrennstoff aus Uranhexafluorid in das feste Urandioxid umgewandelt werden. Das Urandioxid wird dann zu Pellets gepresst und über mehrere Stunden bei hohen Temperaturen gesintert. Die so entstehenden keramikartigen Pellets werden in metallische Brennstabhüllrohre eingebaut und diese schließlich zu Brennelementen montiert.

7.4   Umwelteffekte

Insbesondere der Abbau von Uranerz hat verschiedene negative Auswirkungen auf die Umwelt. Diese treten bereits während des Betriebs der Mine auf. Da nach Abschluss des Abbaus bergbauliche Hinterlassenschaften meist ungenügend gesichert sind, bleiben Umwelteffekte weiterhin wirksam. Werden Schadstoffe in den unmittelbaren Lebensraum von Mensch, Fauna und Flora verschleppt, können sich die negativen Folgen noch verstärken.

Abbildung 7.4 gibt einen Überblick über die verschiedenen Umweltauswirkungen der Urangewinnung.

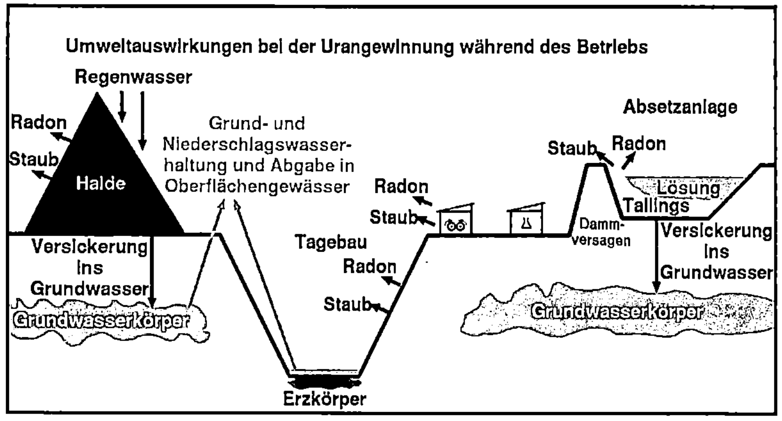

Abb. 7.4 Schematische Darstellung von Umweltauswirkungen der Urangewinnung und -aufbereitung sowie von deren Hinterlassenschaften

7.4.1 Tailings

Die größten Umweltgefahren gehen von den Tailings aus, die das höchste Schadstoffpotenzial haben. Neben Resten des Uranerzes selber enthalten sie sämtliche radioaktiven Zerfallsprodukte des Urans sowie weitere im Erz vorkommende Begleitstoffe wie zum Beispiel die Schwermetalle Arsen, Kupfer oder Cadmium, die chemisch-toxisch wirken. Auch von der Extraktionslösung, wie beispielsweise Schwefelsäure oder Soda, verbleiben Rückstände in den Tailings vor Ort.

Direkter Kontakt mit Tailingsmaterial oder der Aufenthalt auf einer unabgedeckten Tailingsdeponie führt zu hohen Strahlenbelastungen durch die Direktstrahlung der radioaktiven Zerfallsprodukte und insbesondere durch das Einatmen freigesetzten Radons. Aufgrund der langen Halbwertszeiten der Tochternuklide des Urans wie zum Beispiel Thorium-230 mit 80.000 Jahren stellt auch die Strahlenbelastung der Tailings eine lang anhaltende Gefährdung dar.

▷ **Radon**   Radioaktives Radon-222 entsteht in der Zerfallsreihe des Urans als Tochternuklid des Radiums-226. Radon ist ein Edelgas, das daher kaum im Gestein fixiert ist, sondern entweicht. Es ist farb- und geruchlos. Radon hat mit 3,8 Tagen eine eher kurze Halbwertszeit, wird aber aus dem Zerfall von Radium fortwährend nachgebildet. Seine radioaktiven Folgenuklide Polonium-218 und -210, Wismut-210 und Blei-210 liegen wieder im festen Aggregatzustand vor. Sie lagern sich aber bei der Entstehung an schwebende Aerosole und Staubteilchen an. Werden Radon und insbesondere seine radioaktiven Folgenuklide eingeatmet, können sie sich auf dem Lungengewebe ablagern. Über die lange Bestrahlungszeit kann dies zu Strahlenschäden wie zum Beispiel Lungenkrebs führen.

Nicht abgedeckte Tailingsdeponien setzen zudem durch den feinen Mahlgrad des Erzes große Mengen an besonders hoch belasteten Stäuben frei. Werden diese verweht oder verschleppt, können sie Wohnbereiche, Felder und Weiden kontaminieren. Zudem versickern Schadstoffe in den Untergrund und belasten dort das Grundwasser, das dann nicht mehr als Trinkwasser genutzt werden kann. Austretende Sickerwässer können die Schadstoffe auch in Flüsse und Bäche eintragen. Derart belastete Gewässer lassen sich dann gegebenenfalls nicht mehr zur

Bewässerung oder als Viehtränke nutzen. Manche Betreiber von Uranminen entsorgen ihre Tailings auch direkt in Seen, zum Beispiel in Kanada als „wet disposal" bezeichnet. Dadurch reduzieren sich zwar luftgetragene Umwelteffekte wie Radonfreisetzung und Staubverwehungen. Dafür sind aber die entsprechenden Gewässer erheblich und irreversibel kontaminiert.

Wird Tailingsmaterial zweckentfremdet und beispielsweise als Baumaterial oder Sandersatz verwendet, werden die Schadstoffe direkt in den Lebensraum der Menschen eingetragen. Die Gesundheit der Menschen wird so viel unmittelbarer geschädigt. Zudem bleibt die dauerhafte Strahlenbelastung häufig unentdeckt.

Da die Ränder der Tailingsbecken in aller Regel aus einfachen Erdwällen gebaut werden, besteht zusätzlich noch das Risiko eines Dammbruchs, beispielsweise ausgelöst durch Erosion, starke Regenfälle, Überflutung oder Erdbeben. Dammversagen ist allerdings nicht ausschließlich ein Risiko der Urangewinnung. Auch bei der bergbaulichen Gewinnung anderer Erze werden ähnlich konstruierte Tailingsbecken genutzt. Weltweit führen Dammbrüche jedes Jahr dazu, dass giftige Tailingsschlämme Ortschaften überschwemmen, es auf landwirtschaftlich genutzten Flächen oder in Gewässern zu ökologischen Katastrophen kommt und Menschen ihre Häuser und Dörfer verlassen müssen oder sogar sterben.

Beispiel

Die Jackpile-Paguate-Uranmine wurde von 1953 bis 1982 in einem Indianer-Reservat in New Mexico, USA, betrieben. In diesem Zeitraum wurden etwa 400 Millionen Tonnen Gestein bewegt. Etwa 25 Millionen Tonnen Uranerz wurden gefördert und zur 40 Meilen entfernten Mahl- und Extraktionsanlage transportiert. Nach der Schließung verblieben am Standort 60 bis 90 Meter tiefe offene Tagebaue, Abraumhalden und sonstige Anlagen.

1986 wurde die Sanierung des Geländes geplant, die unter anderem die Verfüllung der Tagebaue bis über den Grundwasserspiegel, die Profilierung und Abdeckung verbleibender Halden und den Rückbau der Anlage vorsahen. Diese Maßnahmen galten 1995 als abgeschlossen. Eine spätere Überprüfung ergab aber, dass die Rekultivierung des Standortes offensichtlich nicht vollständig war.

Obwohl die Vereinigten Staaten als derzeit einziges Land der Welt über eine vorbildliche Sanierungsgesetzgebung für den Umgang mit ihren historischen Altlasten verfügen und die Sanierung gemäß dieser Regeln auch durchgeführt wurde, sind die Umweltauswirkungen heute dennoch gravierend. Der Standort ist mit Uran und Schwermetallen wie Mangan, Arsen, Chrom, Blei und anderen Schadstoffen kontaminiert. In den Oberflächengewässern im Abstrom der Anlage finden sich hohe Konzentrationen an Uran-238, die die gültigen Grenzwerte deutlich überschreiten.

Für die regionale Bevölkerung bedeutet dies eine Gefährdung ihrer Gesundheit: In einigen der Gewässer werden Fische für den Verzehr gefangen, das Wasser wird zudem für Zeremonien sowie traditionelle kulturelle Zwecke der indianischen Bevölkerung verwendet.

Das Gebiet wurde nun in die „National Priorities List" der amerikanischen Umweltbehörde EPA aufgenommen, eine Art nationales Altlastenkataster, für das der Staat aufgrund der Gefährdungslage die Verantwortung übernimmt, siehe auch http://www.epa.gov/super fund/sites/npl/nar1865.htm.

7.4.2 Abraumhalden und Gruben

Abraumhalden und Gruben des unverfüllten Tagebaus sind häufig die weithin sichtbaren Hinterlassenschaften des Uranbergbaus. Sie haben einen erheblichen Flächenverbrauch und können gefährlich ins Rutschen geraten, da meist eine langzeitstabile Profilierung fehlt. Je nach Lagerstätte enthalten sie außerdem in geringen Konzentrationen Uran und dessen Tochternuklide. Kommt man in direkten Kontakt mit diesen radioaktiven Substanzen, führt dies ebenfalls zu Strahlenbelastungen.

Die Abraumhalden enthalten aber auch Schwermetalle, die im Ausgangserz vorlagen und die nicht im Extraktionsprozess entfernt wurden. Ihre Konzentration kann den Urangehalt um ein Vielfaches übersteigen. Ähnlich wie bei den Tailings kann auch von den Abraumhalden Staub verweht werden, der chemisch-toxisch wirksame Schwermetalle in der Umgebung verbreitet. Zudem werden die Halden vom Regenwasser durchspült, was zu Auslaugung und zu Schadstoffeinträgen in das

Grundwasser führt. Enthalten die Halden zusätzlich Pyrit, dann bildet sich an der Luft Schwefelsäure. Schwermetalle und Arsen werden dadurch gelöst und sickern verstärkt in das Grundwasser.

In einigen Abbaugebieten führten die Bergbauunternehmen zudem eine Haldenlaugung durch. Dazu wird eine Extraktionslösung, zum Beispiel Schwefelsäure, durch das Haufwerk gepumpt, um das noch im Abraum vorhandene Uran herauszulösen. Da aber abdichtende Schichten zum Untergrund in aller Regel fehlen, ist das Grundwasser durch versickernde Extraktionslösung erheblich gefährdet.

In der Vergangenheit wurde das Abraummaterial häufig teils legal, teils illegal weiter verwendet, etwa als Baumaterial im Straßenbau oder bei Gebäuden. Bei uranhaltigem Erz führen dann die Direktstrahlung und insbesondere die Radonfreisetzung aus dem Gestein zu einer dauerhaften Belastung der Nutzer.

7.4.3 Prozessanlagen

Aus den Prozessanlagen zum Mahlen und Extrahieren des Erzes werden ebenfalls belastete Stäube und Radon freigesetzt. Diese Anlagen werden in aller Regel nach der Uranausbeutung zwar zurückgebaut, die kontaminierten Flächen aber nicht unbedingt saniert. Entsprechend können auch von diesen Flächen Schadstoffe verweht, verschleppt oder ins Grundwasser eingetragen werden.

Die langfristige Verwahrung solcher Hinterlassenschaften unterbleibt regelmäßig. Gründe sind beispielsweise der Bankrott der Minengesellschaft und damit das Fehlen eines Zuständigen. Zudem führen geringe oder fehlende gesetzliche Vorgaben zu einer geringen Bereitschaft, tätig zu werden.

Auch ist die technische Umsetzung der Verwahrung schwierig. Es kommt vor allem darauf an, die Radonausgasung zu verringern, denn sie gefährdet den Menschen am stärksten. Außerdem darf das Material nicht ins Grundwasser gelangen. Dies bedeutet, dass ein zuverlässiges, mehrschichtiges Abdeckungssystem aufgebaut werden muss. Da die Haltbarkeit jedoch auch nach heutigem Stand der Technik auf einige Jahrzehnte begrenzt ist, müssen solche Deponien außerdem langfristig überwacht und, falls dabei Schäden an der Abdeckung festgestellt werden, immer wieder auch repariert werden.

7.4.4 Umwelteffekte der In-situ-Laugung

Auch das Verfahren der In-situ-Laugung hat negative Auswirkungen auf die Umwelt. Zwar entstehen keine Abraumhalden und Tailings, die verwahrt werden müssten. Dafür wirkt sich die Laugung direkt auf das Grundwasser aus. So besteht das Risiko, dass sich die Extraktionslösung unkontrolliert ausbreitet und schließlich genutzte Grundwasserleiter kontaminiert.

Doch auch wenn die Extraktionslösung nicht unkontrolliert entweicht, hat das erzhaltige Gestein Extraktionslösung aufgenommen. Diese wird noch über lange Zeiträume nach und nach freigesetzt (Nachlaugung). Das bedeutet, dass auch nach Abschluss der Auslaugung die aus dem Erz austretenden Lösungen weiter abgepumpt werden müssen. Trotzdem ist es praktisch nicht möglich, die ursprünglichen Grundwasserverhältnisse wiederherzustellen.

Aus der Aufbereitung der Extraktionslösung und der Abtrennung des Urans fallen relevante Mengen an Abwasser und Schlämmen an, die behandelt und in Becken abgelagert werden. Auch aus diesen können Schadstoffe und insbesondere Radon entweichen – mit Auswirkungen auf die Umwelt, wie sie bereits bei den Tailings beschrieben wurden.

Ebenso wirken sich Unfälle, Handhabungsfehler oder Leckagen auf die Umwelt aus. Sickert zum Beispiel Extraktionslösung aus schadhaften Pipelines, kontaminiert sie den oberflächennahen Untergrund oder den Boden, der die Pipelines umgibt. Unter Umständen ist auch das oberflächennahe Grundwasser betroffen. Dass solche Unfälle durchaus an der Tagesordnung sind, zeigt das nachfolgende Beispiel.

Beispiel

Die Regierung von Süd-Australien führt auf ihrer Website Störfälle verschiedener Minen auf, siehe http://www.pir.sa.gov.au/minerals. Beispielsweise führten in den letzten sieben Jahren Störfälle in der mit In-situ-Laugung betriebenen Uranmine Beverley zu Verlusten von Extraktionslösung von bis zu 77 m³. Als Ursachen dieser Störfälle werden nicht oder falsch angeschlossene Rohrleitungen, Ausfall von Anlagenteilen oder Tanküberfüllung genannt.

7.5 „Die Wismut" in Deutschland

Die im Osten Deutschlands, in Thüringen und Sachsen, vorliegenden Uranvorkommen wurden nach dem Zweiten Weltkrieg zunächst von der sowjetischen Besatzungsmacht für das eigene militärische, später auch das zivile Nuklearprogramm ausgebeutet, der dazu notwendige Aufwand als Reparation eingestuft. Dazu wurde 1947 die sowjetische Aktiengesellschaft SAG Wismut gegründet. Ab 1954 wurde die damalige DDR an dem Betrieb, der seitdem als Sowjetisch-Deutsche Aktiengesellschaft SDAG Wismut bezeichneten Gesellschaft, beteiligt. Bis 1990 arbeiteten bis zu 120.000 Bergarbeiter für die Wismut. Nach der Wiedervereinigung wurde die Urangewinnung aus wirtschaftlichen Gründen eingestellt. Bis zu diesem Zeitpunkt war die Wismut mit einer Produktion von 231.000 Tonnen Uran der weltweit drittgrößte Uranproduzent.

Die Hinterlassenschaften des Uranbergbaus prägen die ganze Region. Zahlreiche Ortschaften sind dem Bergbau zum Opfer gefallen [2, 3]. Abraumhalden und Tagebaulöcher zeichnen die Landschaft. Dazu kommen Tailings, Bergbaueinrichtungen, Anlagen zum Mahlen und Extrahieren des Uranerzes. Trotzdem ist die Region dicht besiedelt.

Zu sanieren sind über 1000 Einzelprojekte in Sachsen und Thüringen und nicht nur ein großes geschlossenes Anlagengelände. Diese Aufgabe hat 1990 die von der Bundesrepublik Deutschland gegründete Wismut GmbH übernommen. Nach über zwanzig Jahren sind die Sanierungsarbeiten der Anlagen unter Tage nahezu vollständig abgeschlossen. Auch die übertägigen Anlagen sind nach Angaben der Gesellschaft zu 70 Prozent und mehr saniert. Noch nicht abgeschlossen sind die Sanierung der in kommunaler und privater Hand befindlichen Standorte in Sachsen. Auch die Langzeitverwahrung einiger großer Tailingsdeponien sowie die Sickerwasserbehandlung, die noch über einen unbestimmt langen Zeitraum aufrechterhalten werden muss, sind noch Aufgaben für die Zukunft.

Im derzeitigen Sanierungsprogramm wird für die Sanierung der Wismut-Hinterlassenschaften bis zum Jahr 2040 ein finanzieller Gesamtbedarf von etwa 7,1 Milliarden Euro angegeben. Davon wurden 75 Prozent bereits aufgewendet. Nach Abschluss der Maßnahmen werden dann für jedes geförderte Kilogramm Uran rund 31 Euro für die Sanierung ausgegeben sein. Dies entspricht etwa 40 US-Dollar pro gewonnenes Kilogramm Uran. Wenn man also die Sanierungskosten von Beginn an einbezöge, würde sich der Uranpreis der niedrigsten Kostengruppe für die Urangewinnung verdoppeln, siehe Abschn. 7.1.

Finanziert wird die Sanierung von der Bundesrepublik Deutschland. Eine verursachergerechte Zuordnung der Kosten erfolgt in diesem Fall nicht, wie auch in den meisten anderen Fällen weltweit. Eine Folge davon ist, dass die Sanierungskosten eines Urangewinnungsprojekts in aller Regel in unrealistisch niedriger Größenordnung oder gar nicht einkalkuliert werden.

Literatur

[1]   OECD Nuclear Energy Agency (NEA) und International Atomic Energy Agency (IAEA): Uranium 2011: Resources, Production and Demand, Wien/ Paris 2012.

[2]   World Information Service on Energy – Uranium Project (WISE): Uranium Mining and Milling (u. a.), www.wise-uranium.org, Stand März 2012.

[3]   Michael Beleites: Altlast Wismut. Ausnahmezustand, Umweltkatastrophe und das Sanierungsproblem im deutschen Uranbergbau, Frankfurt/Main 1992.

[4]   World Nuclear Association: World Uranium Mining (u. a.), www.world-nuclear.org, Stand Mai 2012.

Radioaktive Abfälle – Vom Kraftwerk bis zur Endlagerung

Gerhard Schmidt, Julia Mareike Neles

Zusammenfassung

Kernkraftwerke hinterlassen große Mengen radioaktiver Abfälle. Ihre Entsorgung muss sicherstellen, dass sie auch langfristig nicht in die belebte Umwelt gelangen. Radioaktive Abfälle unterscheiden sich unter anderem in ihrer Aktivität und Wärmeentwicklung und werden entsprechend klassifiziert. Sehr hohe Aktivitäten weisen beispielsweise abgebrannte Brennelemente und verglaster hochradioaktiver Abfall aus der Wiederaufarbeitung auf.

Der letzte Schritt der Entsorgung radioaktiver Abfälle stellt in aller Regel die Endlagerung dar. In Deutschland ist das Endlager Konrad für schwachradioaktive Stoffe in Planung. Für die Endlagerung hochradioaktiver Abfälle in tiefen geologischen Formationen gibt es verschiedene Konzepte. Bis heute existiert jedoch weltweit noch kein genehmigtes Endlager für hochradioaktive Abfälle. Dies ist auf die Komplexität der Aufgabe, aber auch auf die fehlende gesellschaftliche Akzeptanz zurückzuführen.

Gerhard Schmidt (✉), Julia Mareike Neles
Öko-Institut e.V., Büro Darmstadt, Rheinstraße 95, 64295 Darmstadt
Kernenergiebuch@oeko.de

J.M. Neles, C. Pistner, *Kernenergie*, Technik im Fokus
DOI 10.1007/978-3-642-24329-5_8, © Springer-Verlag Berlin Heidelberg 2012

8.1   Abfallklassifizierungen

Beim Betrieb eines Kernkraftwerkes entstehen radioaktive Abfälle mit unterschiedlichen Eigenschaften. Auch in der Forschung oder bei industriellen Nutzungen fallen radioaktive Abfälle an, diese werden hier aber nicht behandelt. Maßgeblich für den Umgang ist die Radioaktivität des jeweiligen Abfalls. Die Klassifizierung der Abfälle erfolgt in Deutschland anhand ihrer Wärmeentwicklung, die mit zunehmender Radioaktivität steigt. Abfälle werden als wärmeentwickelnde Abfälle und Abfälle mit vernachlässigbarer Wärmeentwicklung klassifiziert. Darüber hinaus werden Abfälle kategorisiert, das heißt, durch Angaben wie Herkunft, Abfallart, Behälter und Fixierung näher beschrieben [1].

▷ **Wärmeentwickelnde Abfälle** sind Abfälle mit hohen Aktivitätskonzentrationen und aufgrund des radioaktiven Zerfalls hohen Wärmeleistungen.

▷ **Abfälle mit vernachlässigbarer Wärmeentwicklung** sind Abfälle mit geringer bis mittlerer Radioaktivität und entsprechend deutlich geringerer Zerfallswärmeleistung. Als Grenze für vernachlässigbare Wärmeentwicklung ist eine mittlere Wärmeleistung von etwa 200 Watt pro Kubikmeter Abfall definiert.

Die international nicht übliche Klassifizierung nach der Wärmeentwicklung der Abfälle ergab sich in Deutschland aus der Entwicklung der Annahmebedingungen für das Endlager Konrad. Dort sollten die unter Tage herrschenden Temperaturen durch die eingelagerten radioaktiven Abfälle möglichst wenig beeinflusst werden, um eine Belastung des Gesteins durch Temperaturschwankungen auszuschließen (siehe auch Abschn. 8.5.3). In anderen Ländern werden andere Klassifizierungen angewendet, da beispielsweise Eigenschaften wie die Langlebigkeit eines radioaktiven Stoffes maßgeblich für die Entsorgungsstrategie des Landes sind.

Aus den kategorisierenden Angaben lassen sich bestimmte Eigenschaften des Abfalls ableiten, beispielsweise welche Radionuklide der Abfall enthält, welche Strahlungsarten dominieren oder welche Abschirmung beim Umgang mit dem Abfall nötig ist. Weitere Informationen sind zum Beispiel chemische Eigenschaften oder die physikalische Form, wie „zementiert", oder die Art der Verpackung, wie zum Beispiel „Kokillen", das sind Stahlbehälter mit einer bestimmten Form und Größe.

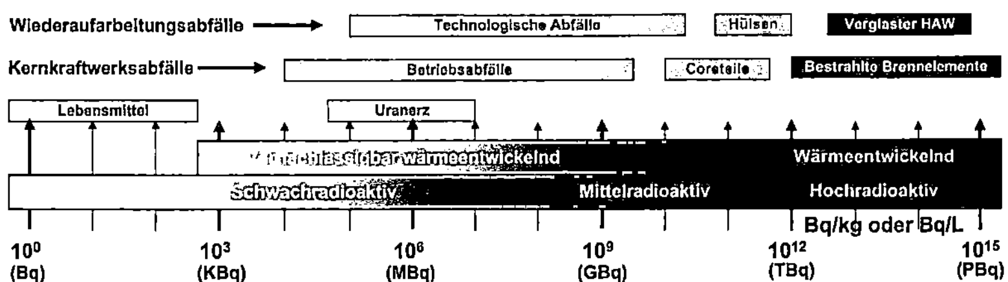

Abb. 8.1 Einordnung verschiedener Stoffe nach Aktivitätskonzentration und Wärmeentwicklung

Abbildung 8.1 ordnet einzelne Abfallarten und Abfallspektren anhand ihrer Radioaktivität und ihrer Wärmeentwicklung ein. In der Skala ist die Aktivitätskonzentration in Becquerel pro Kilogramm (Bq/kg) für Feststoffe oder Becquerel pro Liter (Bq/l) für Flüssigkeiten als Maßstab aufgetragen. Die Skala reicht über 15 Größenordnungen. Jeder feine Teilstrich zeigt eine zehnfach höhere oder niedrigere, jeder grobe Teilstrich eine 1000-fach höhere oder niedrigere Radioaktivitätskonzentration an. Über der Aktivitätsskala ist die Einstufung nach wärmeentwickelnden und vernachlässigbar wärmeentwickelnden Abfällen angedeutet. Der Übergang ist fließend.

Am linken Ende der Skala sind zum Vergleich Konzentrationen der Radioaktivität in Lebensmitteln eingezeichnet. Ihr Radioaktivitätsgehalt kann unterschiedlichen Ursprungs sein. Er kann aus natürlichen Quellen stammen, beispielsweise von Kalium oder Uran aus dem Boden. Der Radioaktivitätsgehalt kann aber auch aus künstlichen Quellen resultieren, zum Beispiel von Cäsium, das aus oberirdischen Atomwaffenversuchen oder bei den Unfällen in Tschernobyl oder Fukushima in die Umwelt freigesetzt wurde. Die Bandbreite reicht über mehr als zwei Größenordnungen.

Die höchste Aktivität bei den Kernkraftwerksabfällen haben bestrahlte Brennelemente. Es folgen mit abnehmenden Aktivitätskonzentrationen bestrahlte und aktivierte Kernbauteile, sogenannte Coreteile und das breite Spektrum der radioaktiven Betriebsabfälle.

Die Abfallarten aus der Wiederaufarbeitung überspannen Aktivitätskonzentrationen von zehn Größenordnungen. Die verglasten hochradioaktiven Spaltproduktlösungen (HAW für „high active waste") liegen im gleichen Bereich wie die abgebrannten Brennelemente und weisen eine deutliche Wärmeentwicklung auf.

Die Radioaktivitätsgehalte von hier nicht dargestellten Rückbauabfällen haben ebenfalls ein weites Spektrum. Komponenten wie der Reaktordruckbehälter und seine Einbauten sowie Rohrleitungen aus dem Primärkreislauf in Druckwasserreaktoren beziehungsweise dem Wasser-Dampf-Kreislauf in Siedewasserreaktoren weisen in diesem Spektrum die höchsten Aktivitäten auf. Sie sind auf der oben genannten Skala bei den Coreteilen, der englischen Bezeichnung für diese Komponenten, einzuordnen.

8.2   Radioaktive Abfälle aus Kernkraftwerken

Vor allem zwei physikalisch-chemische Prozesse führen im Kernkraftwerk dazu, dass radioaktive Stoffe und in der Folge radioaktive Abfälle entstehen. Es handelt sich um die Entstehung von Spaltprodukten und Aktiniden, siehe auch Kap. 2, sowie um die Aktivierung der verbauten Materialien:

- **Entstehung von Spaltprodukten und Aktiniden**: Werden Urankerne gespalten, entstehen radioaktive Spaltprodukte. Außerdem bilden sich durch Neutroneneinfang radioaktive Aktiniden. All dies passiert im Brennstoff, der in das Brennelement eingebettet ist. Das abgebrannte Brennelement ist daher nach seinem Einsatz im Reaktor hochradioaktiv, da es eine große Menge dieser radioaktiven Produkte auf kleinstem Raum enthält. Einige dieser Spaltprodukte können bei den im Reaktor vorliegenden Temperaturen verdampfen, aus dem Brennelement zum Beispiel durch feine Haarrisse entweichen und zu Kontaminationen führen.
- **Aktivierung**: Die bei der Spaltung der Urankerne entstehenden Neutronen führen nur zum Teil zu erneuten Kernspaltungen. Ein Teil der Neutronen wird mit den Steuerstäben und dem borathaltigen Kühlmittel eingefangen. Ein anderer Teil der Neutronen wird außerdem an Atome der Umgebungsmaterialien angelagert und wandelt diese in radioaktive Isotope um. Dieser Vorgang wird als Aktivierung bezeichnet. Aktivierungsprodukte entstehen in Brennstabhüllrohren, im Kühlmittel, in den Stahleinbauten im Reaktor, im

Stahl des Reaktordruckbehälters und im Beton des biologischen Schilds direkt außerhalb des Reaktordruckbehälters. Beispielsweise wird aus dem natürlichen Cobaltisotop 59 in cobalthaltigem Stahl das radioaktive Cobalt-60. Entsprechend ist festes aktiviertes Material auch im Inneren mit den entstandenen radioaktiven Isotopen durchsetzt und nicht nur rein oberflächlich verschmutzt beziehungsweise radioaktiv kontaminiert. Daher werden die Stahleinbauten, der Reaktordruckbehälter und der biologische Schild in jedem Fall radioaktiver Abfall, wenn das Kernkraftwerk stillgelegt ist und abgerissen werden soll.

Die Spalt- und Aktivierungsprodukte, die sich im Kühlmittel befinden, werden in der Kühlmittelreinigung weitgehend wieder aus dem Reaktorkühlmittel eliminiert. Sie sammeln sich in Filtermaterialien wie etwa Ionenaustauscherharzen. Das radioaktiv beladene Harz ist dann ein typischer radioaktiver Abfall aus dem Betrieb des Kernkraftwerks. Weitere typische Betriebsabfälle sind zum Beispiel Rückstände aus der Eindampfung des Reaktorkühlmittels, Luftfilter, Werkzeug und anderes.

Gelangt ein radioaktiver Stoff in gelöster Form oder als Partikel auf eine Oberfläche, kann er sich oberflächig oder auch in kleineren oder größeren Vertiefungen in der Oberfläche ablagern. So reagieren beispielsweise gelöste radioaktive Metallionen im Wasser des Kühlkreislaufs mit Metalloberflächen in Rohrleitungen oder Pumpen und lagern sich dort festhaftend ab. Gelöstes Cäsium reagiert mit Beton und bindet sich fest an dessen Silikatmatrix. Der Vorgang ähnelt dem Verschmutzen einer ansonsten sauberen Oberfläche. Wie bei verschmutzten Oberflächen lassen sich auch radioaktiv verunreinigte Oberflächen säubern, also dekontaminieren (siehe auch Abschn. 8.4). Die abgetragenen radioaktiven Stoffe gehen dabei in das Reinigungsmittel über. Das wird dadurch selbst zum radioaktiven Abfall. Ist die Kontamination sehr tief eingedrungen, etwa durch Risse im Beton, gelingt die Reinigung kaum. Der kontaminierte Gegenstand muss dann gegebenenfalls vollständig als radioaktiver Abfall entsorgt werden. Solche Abfälle fallen beispielsweise beim Austausch von Anlagenteilen während der Betriebsphase eines Reaktors oder später bei seinem Rückbau an.

Abbildung 8.2 zeigt die verschiedenen Abfallarten, ihre Entsorgungswege und das jeweilige Entsorgungsziel im Überblick.

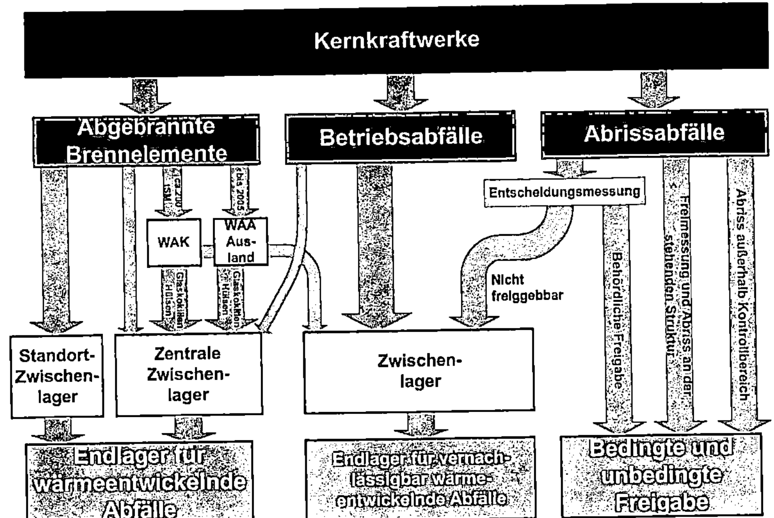

Abb. 8.2 Herkunft radioaktiver Abfälle, Abfallarten und Entsorgungsziele im Überblick

Die im Kernkraftwerk erzeugten Abfallarten werden auf verschiedenen Wegen und mit unterschiedlichem Ziel entsorgt. Abgebrannte Brennelemente weisen eine hohe Radioaktivität und aufgrund der dadurch bedingten Nachzerfallsleistung auch eine hohe Wärmeentwicklung auf. Ihr Entsorgungsziel ist ein Endlager für wärmeentwickelnde Abfälle.

Der Großteil der Betriebsabfälle und ein Teil der Rückbauabfälle sind Abfälle mit vernachlässigbarer Wärmeentwicklung. In Deutschland ist ihr Entsorgungsziel das Endlager Konrad. Ein kleiner Teil der Betriebsabfälle weist höhere Aktivitäten auf. Nach heutigen Überlegungen sollen in Deutschland derartige Abfälle in einem Endlager zusammen mit wärmeentwickelnden Abfällen eingelagert werden.

Material, das beispielsweise bei einer Wartung oder beim Rückbau aus Strahlenschutzbereichen herausgeführt wird, muss immer auf Radioaktivität untersucht werden, auch wenn keine Radioaktivität zu erwarten ist. Halten die Messergebnisse die in der Strahlenschutzverordnung festgelegten Obergrenzen ein, kann das Material freigegeben werden, das heißt, es kann beispielsweise wiederverwertet oder konventionell entsorgt werden. Diese Freigabe muss eine Behörde genehmigen und kontrollieren.

8.3   Radioaktive Abfälle aus der Wiederaufarbeitung

Die Wiederaufarbeitung abgebrannter Brennelemente wird häufig als Entsorgungsweg dargestellt, sie führt aber selbst zu einem Spektrum radioaktiver Abfälle. Bei der Wiederaufarbeitung sollen die spaltbaren Materialien Uran-235 und Plutonium, die im abgebrannten Brennstoff verblieben sind, für einen erneuten Einsatz als Reaktorbrennstoff zurückgewonnen werden. Zu Beginn der Kernenergienutzung wurde befürchtet, dass die natürlichen Vorkommen von Uran in kurzer Zeit erschöpft sein würden. Nur durch die Nutzung von Plutonium in Schnellen Brütern, siehe Abschn. 4.3.4, glaubte man, könne die Kernenergie dauerhaft betrieben werden. Zugleich stellt Plutonium jedoch auch ein wichtiges kernwaffenfähiges Material dar, so dass die Technologie der Wiederaufarbeitung auch von militärischer Bedeutung ist, siehe Abschn. 9.2.

Abgebrannte Brennelemente aus deutschen Kernkraftwerken wurden über viele Jahre insbesondere im französischen La Hague und im englischen Sellafield wiederaufgearbeitet. Deutschland ist vertraglich verpflichtet, die entstehenden Abfälle zurückzunehmen. Sie müssen in Deutschland endgelagert werden. Es werden aber nicht alle entstehenden Abfallarten zurückgeliefert. Insbesondere Abfälle mit geringerer Aktivität verbleiben in Frankreich beziehungsweise England. Im Gegenzug muss Deutschland dafür mehr hochradioaktive Abfälle zurücknehmen; dies wird als Substitution bezeichnet.

Bei der Wiederaufarbeitung werden die abgebrannten Brennstäbe in kleine Teile zerschnitten und der Brennstoff mittels Salpetersäure herausgelöst. Die zerschnittenen Metallteile, aus denen der Stab ursprünglich bestand, und die Teile des Brennelements, die die Stäbe zusammenhielten, werden als Hülsen und Strukturteile bezeichnet. Sie sind hochradioaktiver, also wärmeentwickelnder Abfall. Das Material wird unter hohem Druck verpresst und verpackt. Dieser Abfall wird aus Frankreich zurück nach Deutschland zur Endlagerung geliefert.

Aus der Säurelösung werden bei der Wiederaufarbeitung Uran und Plutonium abgetrennt. Die Lösung mit den verbleibenden hochradioaktiven Spaltprodukten und den durch Aktivierung des Urans entstandenen Aktiniden wird als hochradioaktive Spaltproduktlösung bezeichnet. Die Lösung kann nicht langzeitstabil gelagert werden, sie muss ständig gerührt und gekühlt werden. Daher wird sie calciniert, das heißt, die Säure wird abgedampft und bis zum Feststoff erhitzt, mit Borosilikatglas vermischt und verglast. Das flüssige Glas wird dann in Metallbehälter, die Kokillen, eingefüllt und die Mischung abgekühlt. Diese Abfälle werden als Glaskokillen oder verglaster hochradioaktiver Abfall (englisch HAW) bezeichnet. In dickwandigen Transport- und Lagerbehältern wie zum Beispiel den Castor-Behältern verpackt, werden sie aus den ausländischen Wiederaufarbeitungsanlagen nach Deutschland zurückgeliefert. Der Öffentlichkeit sind diese als Castor-Transporte bekannt.

Auch aus dem Betrieb und später aus dem Rückbau der Anlagen zur Wiederaufarbeitung fallen Abfälle an. Die meisten dieser Abfälle wie beispielsweise behandelte Schlämme oder kontaminierte Austauschteile verbleiben in Frankreich beziehungsweise England. Aus Frankreich zurückgeliefert werden lediglich anteilige Mengen an verglasten Konzentraten, die bei der Wasseraufbereitung anfallen.

Die Verwendung des abgetrennten Urans und Plutoniums aus der Wiederaufarbeitung ist problematisch. Das rückgewonnene Uran enthält zusätzliche im Reaktorbetrieb entstandene Uranisotope mit ungünstigen physikalischen Eigenschaften, die eine Wiederverwendung als Kernbrennstoff teuer machen. Damit wird das rückgewonnene Uran zu einem großen Teil zu einem nicht verwertbaren Reststoff.

Da weltweit keine kommerziell konkurrenzfähigen Kernkraftwerke vom Typ Schneller Brüter existieren, wird Plutonium gemischt mit Uran als Mischoxid im sogenannten MOX-Brennstoff wiederverwendet. Das eingesetzte Plutonium reduziert den jährlichen Bedarf an Natur-Uran in Europa um etwa fünf Prozent. Wirtschaftlich attraktiv ist auch das nicht, da MOX-Brennstäbe deutlich teurer sind als solche, die aus Uran hergestellt werden. Nach ihrem Einsatz im Reaktor sollen die abgebrannten MOX-Brennstäbe ebenfalls endgelagert werden. Damit wird etwa die gleiche Menge an Plutonium und Aktiniden in das Endlager eingebracht, wie wenn man gleich auf eine Wiederaufarbeitung verzichtet hätte.

Von den in Europa pro Jahr abgetrennten etwa 20 Tonnen Plutonium wird nur die Hälfte zeitnah als MOX-Brennstoff wieder in Reaktoren eingesetzt. In den Wiederaufarbeitungsanlagen in Frankreich und Großbritannien lagern im Jahr 2012 bereits rund 250 Tonnen abgetrenntes, nicht genutztes Plutonium, siehe Abschn. 9.4.2. Eine umfassende Strategie für die sichere Beseitigung dieser Mengen an Plutonium gibt es nicht.

▷ Der Einsatz des aus der Wiederaufarbeitung zurückgewonnenen Plutoniums und Urans ist technisch schwierig und wirtschaftlich unattraktiv.

Seit Sommer 2005 ist der Transport abgebrannter Brennelemente aus Deutschland zur Wiederaufarbeitung im Rahmen des so genannten Atomkonsens und der damaligen Atomgesetzesnovelle verboten (siehe Kap. 1). Entsprechend läuft die Wiederaufarbeitung deutscher Brennelemente aus. Der Rücktransport der Abfälle ist aber noch nicht abgeschlossen. So wurden aus der Wiederaufarbeitung in Sellafield noch keine Abfälle nach Deutschland zurücktransportiert. Aus La Hague erfolgte im November 2011 der letzte Transport mit verglasten hochradioaktiven Abfällen, aber der Rücktransport der anderen Abfälle steht ebenfalls noch aus. Die Wiederaufbereitung trägt insgesamt weder zu einer Verringerung der Abfallmengen noch zur Reduzierung des endzulagernden radiotoxischen Inventars bei und ist zudem unwirtschaftlich.

8.4   Behandlung und Zwischenlagerung

Radioaktive Abfälle werden nicht in dem Zustand entsorgt, in dem sie anfallen. Sie müssen mindestens verpackt werden, um sie transportieren und lagern zu können.

An den Einschluss insbesondere der hochradioaktiven Abfälle ist ein hoher Anspruch zu stellen. So müssen abgebrannte Brennelemente und verglaste Spaltproduktlösungen aus der Wiederaufarbeitung in dickwandigen Abschirmbehältern gelagert werden, die die radioaktive Strahlung abschirmen und die zudem die entstehende Wärme über ihre Oberfläche abführen. Das sind beispielsweise die sogenannten Castoren. Die Deckel dieser Behälter sind mit einem Dichtsystem ausgestattet, dessen Funktionstüchtigkeit ständig überwacht werden muss.

Die verschiedenen Abfälle mit geringerer Radioaktivität werden zusätzlich behandelt, das heißt konditioniert. Ein Ziel der Konditionierung ist immer, das Abfallvolumen zu reduzieren und ein chemisch stabiles Abfallprodukt herzustellen. Die Behandlung erfolgt in speziell dafür ausgelegten und genehmigten Anlagen. Anschließend werden die Abfälle verpackt. Je nachdem, wie stark ihre radioaktive Strahlung abzuschirmen ist, stehen dafür unterschiedliche Behälter zur Verfügung.

Methoden der Behandlung radioaktiver Abfälle mit vernachlässigbarer Wärmeentwicklung

Die **Dekontamination** dient der Entfernung von radioaktiven Anhaftungen an der Oberfläche mit mehr oder weniger schleifend wirkenden Verfahren. Die radioaktiven Stoffe befinden sich danach größtenteils in dem Reinigungsmittel, das als Sekundärabfall behandelt und entsorgt werden muss. Das gereinigte Material kann auf Basis von Messungen nach einer behördlichen Freigabe wiederverwendet oder als konventioneller Abfall entsorgt werden.

Beim **Eindampfen** von flüssigen Abfällen wird das Abfallvolumen durch Entziehen der Feuchtigkeit reduziert. Das Verfahren eignet sich aber nur für Abfälle, die kein oder nur geringe Mengen an Tritium enthalten, da Tritium mit verdampft würde.

Mit der **Trocknung** von Abfällen sollen insbesondere chemische und biologische Vorgänge unterbunden werden, beispielsweise um ein Durchrosten von Metallfässern zu verhindern.

Ein sehr häufig angewendetes Verfahren ist das Pressen von Abfällen mit sehr hohem Druck, auch als **Kompaktierung** bezeichnet. Das Verfahren führt zu einer effektiven Volumenreduzierung fester radioaktiver Abfälle.

Die **Verbrennung** brennbarer radioaktiver Abfälle reduziert nicht nur das Volumen, sondern unterbindet auch biologische Umsetzungsprozesse im Abfallprodukt. Um verdampfbare Radionuklide wie Tritium oder Kohlenstoff-14 zurückzuhalten, ist eine entsprechende Rauchgasbehandlung erforderlich.

Metallische Abfälle können **eingeschmolzen** werden. Dabei gelangen die radioaktiven Bestandteile teilweise in die Schlacke. Ein Teil verdampft und ein geringer weiterer Teil verbleibt im geschmolzenen Metall selbst. Das Metall wird überwiegend für den Bau von Behältern für radioaktive Abfälle oder bei Abschirmkomponenten wiederverwendet. Die Sekundärabfälle aus der Rauchgasreinigung und die Schlacken müssen entsorgt werden.

Nach ihrer Behandlung und/oder Verpackung müssen die radioaktiven Abfälle zwischengelagert werden. Ihre Zwischenlagerung erfolgt, weil geeignete Endlager für die betreffenden Abfallarten bislang fehlen. Für radioaktive Abfälle mit vernachlässigbarer Wärmeentwicklung hat die Zwischenlagerung keinen sicherheitstechnischen Vorteil. Da aber während der Lagerzeit durch den Zerfall die Radioaktivität des Abfalls sinkt, können manche Abfallarten nach einigen Jahrzehnten Lagerzeit freigegeben werden. Gezielt wird diese sogenannte Abklinglagerung auch bei kontaminierten Großkomponenten genutzt, um die erforderliche Zerlegung später zu vereinfachen.

Bei hochradioaktiven Abfällen und abgebrannten Brennelementen ist eine begrenzte Zwischenlagerzeit von zwei bis drei Jahrzehnten nach dem Reaktoreinsatz sinnvoll. Sie verringert die in das Endlager eingebrachte Wärmeleistung deutlich. Nach diesem Zeitraum erfolgt der Rückgang der Wärmeleistung allerdings sehr viel langsamer. Längere Zwischenlagerzeiten haben dann keinen relevanten Effekt mehr.

Den maßgeblichen Schutz vor der Strahlung bietet während der Zwischenlagerung der Einschluss der radioaktiven Stoffe im Behälter. Das Lagergebäude dient im Wesentlichen der Abwicklung der Logistik wie der Annahme der Behälter. Auch können Inspektionen und manche Reparaturen darin durchgeführt werden. Das Gebäude dient zudem als Wetterschutz und schirmt zusätzlich radioaktive Direktstrahlung ab.

Aus dem Zeitraum, bis zu dem ein Endlager für die betreffenden Abfälle verfügbar ist, ergibt sich auch die Dauer, über die Dichtsysteme dicht, Behälter korrosionsbeständig und Abfallprodukte stabil bleiben müssen. Da sich über sehr lange Zeiträume diese Eigenschaften von Abfallbehälter und Abfallprodukt verschlechtern, stellt ein langfristiger Betrieb von Zwischenlagern, beispielsweise über Jahrhunderte, ein erhebliches Risiko für den sicheren Einschluss der radioaktiven Stoffe dar.

8.5 Endlagerung

Die Endlagerung radioaktiver Abfälle ist in Deutschland Aufgabe des Bundes. Für die Umsetzung kann sich der Bund geeigneter Firmen bedienen. Gemäß dem Verursacherprinzip müssen die Abfallerzeuger die Kosten der Endlagerung tragen. Nachfolgend wird über die Endlagerung in Deutschland, wie das Prinzip des deutschen Endlagerkonzepts, bisherige Endlagerprojekte und den Bedarf an Endlagern berichtet. Das Kapitel wird zudem durch einige internationale Beispiele ergänzt.

8.5.1 Ziele, Prinzipien und Funktionsweise

▷ **Endlagerung** ist die dauerhafte und wartungsfreie Lagerung von radioaktiven Abfällen zum Zwecke ihrer endgültigen Beseitigung. Dauerhaft heißt in diesem Zusammenhang: bis die Radioaktivität auf ein ungefährliches Niveau abgeklungen ist. Die Regularien verschiedener Länder legen dafür einen Nachweiszeitraum fest. In Deutschland sind dies eine Million Jahre.

Um die belebte Umwelt zu schützen, müssen hochradioaktive Stoffe also für den Zeitraum von einer Million Jahre eingeschlossen bleiben. Nur vernachlässigbar geringen Anteilen darf es gelingen, den Einschluss zu verlassen und in die Biosphäre zu gelangen. Unter Biosphäre ist derjenige Teil der obersten Erdkruste, der Erdoberfläche und der Atmosphäre zu verstehen, der von lebenden Organismen bewohnt wird. Klar ist: Mit einer dauerhaften Lagerung an der Erdoberfläche kann dieses Ziel nicht erreicht werden. Das Einschlusssystem würde Eiszeiten, Korrosionseinwirkungen, terroristische oder kriegerische Einwirkungen, wie sie in den langen Zeiträumen wahrscheinlich auftreten, nicht überstehen. Im Hinblick auf hochradioaktive Abfälle ist sich die

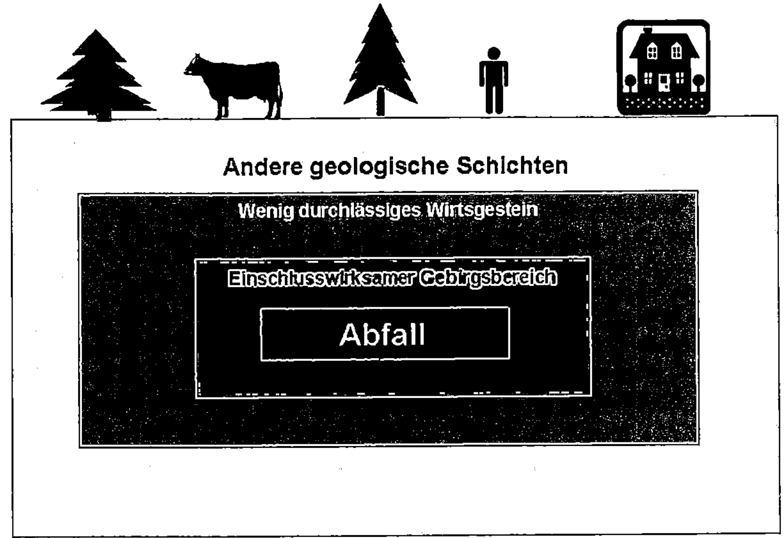

Abb. 8.3 Schutzphilosophie eines Endlagers in tiefen geologischen Formationen

internationale Fachwelt darüber einig, dass nur die Endlagerung in geologischen Formationen den nötigen Schutz erwarten lässt.

Der Einschluss wird dabei durch geologische und technische Barrieren herbeigeführt, mit jeweils unterschiedlicher Gewichtung. In Deutschland setzen die Experten vor allem auf geologische Barrieren, die bereits seit vielen Millionen Jahren existieren und stabil sind. Das Schema in Abb. 8.3 charakterisiert die Schutzphilosophie.

Entscheidend bei diesem Schutzkonzept ist der Gebirgsbereich, der die Abfälle einschließen soll. Dieser sogenannte einschlusswirksame Gebirgsbereich (EWG) muss dauerhaft erhalten bleiben. Das umgebende restliche Wirtsgestein und die anderen geologischen Schichten dürfen sich indes verändern und zum Beispiel durch Erosion oder Eiszeiten an Mächtigkeit verlieren.

> Als **Wirtsgestein** wird das Gestein bezeichnet, das ein Endlager beherbergen kann. In Deutschland werden Salz, Tonstein und Granit als geeignete Wirtsgesteine betrachtet. Sie kommen mit hinreichender Mächtigkeit und in geologisch ausreichend stabilen Umgebungen vor.

Andere Konzepte setzen auf den dauerhaften Einschluss durch technische Barrieren wie hochwertige Behälter aus Kupfer, die in einer Granitformation endgelagert werden – ein Konzept, das beispielsweise Schweden und Finnland favorisieren. Dieses Konzept stellt hohe Anforderungen an die Qualitätssicherung bei der Herstellung und dem Verschluss der Behälter. Denn es muss nachgewiesen werden, dass die Behälter über einen sehr langen Zeitraum korrosionsbeständig bleiben. Beim Sicherheitsnachweis sind zudem weitere Szenarien zu untersuchen, die zu einer massiven Beschädigung der Behälter führen können, beispielsweise die Auswirkungen eines Erdbebens. Eine geringere Rolle spielen in diesem Konzept dagegen die Eigenschaften des Wirtsgesteins wie beispielsweise seine Wasserdurchlässigkeit.

Für Abfälle mit geringerer Radioaktivität gilt das Ziel, die Biosphäre zu schützen, in gleicher Weise. Aufgrund der geringeren Radioaktivitätsgehalte reichen aber kürzere Isolationszeiträume und geringere Ansprüche an die Dichtigkeit der Barrieren aus. In anderen Ländern ist es durchaus üblich, Abfälle mit geringerer Radioaktivität und kürzerer Halbwertszeit in Endlagern nahe der Erdoberfläche zu deponieren. Die zusätzliche geologische Barriere wird bei diesen Abfällen nicht für erforderlich gehalten.

8.5.2 Endlagerprojekte in Deutschland

In Deutschland wurden erste Überlegungen zur Endlagerung von radioaktiven Abfällen schon in den 1960er-Jahren angestellt. Anders als in vielen anderen Ländern war von Beginn an klar, dass eine oberflächennahe Ablagerung aller Arten von radioaktiven Abfällen, auch schwachradioaktiver, in Deponien nicht in Frage kam. Dies galt für die Bundesrepublik Deutschland ebenso wie für die DDR. Begründet wurde dies mit der hohen Bevölkerungsdichte und der intensiven Nutzung von Grund- und Oberflächengewässern.

In der Bundesrepublik wurde 1967 mit der Einlagerung schwachradioaktiver Abfälle, ab 1972 auch mittelradioaktiver Abfälle, in das sogenannte Forschungsbergwerk Asse, ein ehemaliges Salzbergwerk in der Nähe von Wolfenbüttel in Niedersachsen, begonnen. In der DDR

Abb. 8.4 Lagerung von Fässern und folienverschweißten Kartonagen im ehemaligen Endlager Morsleben

wurde 1978 das ehemalige Salzbergwerk Morsleben in Sachsen-Anhalt ausgewählt und für die Endlagerung genehmigt. Ab 1981 begann dort die Einlagerung schwachradioaktiver Abfälle, siehe Abb. 8.4.

Obgleich in beiden Salzbergwerken zunächst mit der Einlagerung schwachradioaktiver Abfälle begonnen wurde, schwang dabei anfangs die Hoffnung mit, dass diese Bergwerke vielleicht auch für die Endlagerung der hochradioaktiven Abfälle geeignet sein könnten. In beiden Fällen handelte es sich jedoch um ausgebeutete Salzbergwerke, in denen der Ausbau, die Hohlraumerstellung und der Abbau nach dem Prinzip der optimalen Salzausbeute erfolgt waren. Im Laufe der Zeit wurden die Nachteile beider Projekte im Hinblick auf die Endlagerung radioaktiver Abfälle immer deutlicher und drängender. Probleme mit der Standsicherheit, den zu geringen Abständen der Hohlräume bis zum Rand des Salzstocks, Flüssigkeitsvorkommen und -austritte und weitere Schwierigkeiten führten dazu, dass beide Endlager heute als nicht mehr akzeptabel eingestuft werden. Die Einlagerung in der Asse endete 1978. Die Endlagerung in Morsleben erfolgte noch bis 1998.

Neben der Asse wurde für die Abfälle mit vernachlässigbarer Wärmeentwicklung die Schachtanlage Konrad, ein 1976 mangels Rentabilität stillgelegtes Eisenerzbergwerk in der Nähe von Salzgitter, ins Gespräch gebracht. Als Argumente für Schacht Konrad sprachen, dass es ein relativ trockenes Bergwerk ist und über eine große Schachtförderanlage verfügt, die für sperrige Abfälle geeignet ist. Der nachfolgende Überblick stellt stichpunktartig die Geschichte des Endlagers Konrad dar. Von der ersten Erkundung bis zur geplanten Inbetriebnahme werden 43 Jahre vergangen sein.

Geschichte des Endlagers Konrad:

1957–1965	Abteufung und Errichtung des Erzbergwerkes Schacht Konrad
1965–1976	Eisenerzabbau
1976–1982	Untersuchung von Schacht Konrad auf Eignung als Endlager für schwachradioaktive Abfälle
1982–2002	Planfeststellungsverfahren (entspricht Genehmigungsverfahren)
1985/86	Grundlegende Erweiterung des Planantrages, Kriterien: Erwärmung um nicht mehr als drei Grad Kelvin und Ausschluss hochradioaktiver Abfälle
1992	Erörterungstermin über 75 Tage, 290.000 Einwendungen werden eingereicht.
2000	Im sogenannten Atomkonsens einigen sich Bundesregierung und Kernenergiewirtschaft auf Konrad als Endlager
22. Mai 2002	Der Planfeststellungsbeschluss für die Einlagerung von 303.000 Kubikmeter radioaktiver Abfälle wird durch das zuständige niedersächsische Ministerium für Umwelt erteilt
2002–2007	Klagen gegen das Endlager Konrad werden höchstrichterlich abgewiesen, damit ist der Planfeststellungsbeschluss rechtskräftig
seit 2007	Planungsarbeiten
seit 2010	Umbau der Schachtanlage und Errichtung des Endlagers
2019	Geplante Inbetriebnahme des Endlagers Konrad

8.5.3 Endlager Konrad – Annahmebedingungen

Der Endlagerbereich wird in einer Eisenerzschicht errichtet, die in 800 bis 1300 Meter Tiefe auftritt und mit bis zu 400 Meter mächtigem tonigem Gestein aus der Unterkreide überdeckt ist. Dieses Gestein stellt die abdichtende Barriere zu den darüber liegenden Grundwasserleitern und der Biosphäre dar. Zudem begrenzen Endlagerbedingungen die Art, die Mengen und den Zustand der einlagerbaren Abfälle [2]. Abfälle, die diesen Anforderungen nicht genügen, können nicht im Endlager Konrad eingelagert werden. Ziel der Endlagerbedingungen ist, dass die radioaktiven sowie die chemotoxischen Bestandteile weder in unzulässigen Konzentrationen die Biosphäre erreichen noch das Personal gefährden, das mit den Abfällen arbeitet.

Als man überlegte, für welche Arten radioaktiver Abfälle das Endlager Konrad geeignet sein könnte, hat man sich früh die Frage gestellt, wie groß die Wärmeentwicklung sein darf, die auf das Wirtsgestein wirkt. In der Folge wurde die Bedingung entwickelt, dass die Temperatur des Wirtsgesteins am Stoß – das sind die Seitenwände des Grubenbaues – durch die Abfälle um nicht mehr als drei Grad Kelvin erhöht werden darf. Diese Begrenzung bedeutete, dass das Endlager Konrad für radioaktive Abfälle mit vernachlässigbarer Wärmeentwicklung, also mit geringer bis mittlerer Radioaktivität genehmigt wurde. Abfälle mit hoher Radioaktivität könnten durch ihre Wärmeentwicklung auf das Gestein einwirken und beispielsweise Spannungen bis hin zu Rissen verursachen. Zwar entwickelte der Betreiber im Zusammenspiel mit der Planfeststellungsbehörde später weitere Endlagerbedingungen, die Wärmeentwicklung blieb in Deutschland jedoch Namensgeber für die Klassifizierung der radioaktiven Abfälle (siehe auch Abschn. 8.1).

Weitere Endlagerbedingungen wurden anhand sogenannter Sicherheits- und Störfallanalysen entwickelt. Dazu hatte man nicht nur den bestimmungsgemäßen Betrieb im Blick, sondern auch verschiedene als möglich angenommene Störfälle sowie den Zeitraum nach dem Verschluss des Endlagers. Im Ergebnis werden heute konkrete Obergrenzen für Aktivitäten einzelner Radionuklide vorgegeben, die abhängig von der Qualität der Verpackung des Abfalls sind. So können Abfälle, die in Verpackungen mit besonders hoher Dichtheit verpackt sind, höhere Nuklidinventare beinhalten.

Um die Gefahr zu vermeiden, dass im Endlager eine Kettenreaktion auftritt, muss der Gehalt an spaltbaren Materialien in den radioaktiven Abfällen begrenzt und kontrolliert werden. Einschränkungen ergeben sich auch, weil für die Nachbetriebsphase die radiologischen Auswirkungen mit zu berücksichtigen sind, so dass die zulässigen Grenzwerte eingehalten werden, wenn das Endlager verschlossen ist. Das wird als Langzeitsicherheitsnachweis bezeichnet.

Beispiel

Dosisberechnungen für das Endlager Konrad

Wenn von den radiologischen Auswirkungen in der Nachbetriebsphase die Rede ist, geht es darum, welcher Dosis die Bevölkerung durch radioaktive Stoffe, die das Endlager verlassen, maximal ausgesetzt ist. Diese Dosis wird über Modellrechnungen ermittelt. Grundlegend ist der Zeitraum, der bei einem ungehinderten Transport von Stoffen mit Wasser aus dem Endlager bis in die belebte Umwelt benötigt würde. Für das Endlager Konrad wurde dieser Zeitraum mit mehr als 150.000 Jahren ermittelt.

Nach diesem Zeitraum können erstmals Radionuklide in die Biosphäre gelangen. Nach den Berechnungen dominieren bis nicht ganz eine Million Jahre die sehr mobilen Spaltprodukte Iod-129, Selen-79 und Technetium-99 sowie die Aktivierungsprodukte Chlor-36 und Calcium-41 die Dosis. Jenseits von zehn Millionen Jahren tritt eine Strahlenbelastung durch Uran und seine Folgeprodukte auf. Dabei hat man sicherheitshalber eine relativ hohe Mobilität des Urans angesetzt. Auch unter diesen unterstellten eher ungünstigen Bedingungen wird der Grenzwert von einem Millisievert pro Jahr effektiver Dosis an zulässiger Strahlenbelastung der zukünftigen Bevölkerung eingehalten.

Die Endlagerbedingungen Konrad legen auch Obergrenzen für nicht radioaktive, aber wassergefährdende Stoffe fest und machen Vorgaben, wie sie zu bilanzieren sind.

Zudem umfassen die Endlagerbedingungen auch technische Vorgaben, wie Abmessungen und Material der Behälter sowie das maximale Gesamtgewicht des Gebindes, damit der Förderkorb im Schacht und die Maschinen unter Tage die Abfallgebinde transportieren können. Die Gebinde müssen außerdem nach bestimmten Vorgaben gekennzeichnet werden. Eine Dokumentation muss die Zuordnung und Identifikation der einzelnen Abfallgebinde ermöglichen.

Das Endlager Konrad wurde für ein Abfallvolumen von 303.000 Kubikmetern nicht wärmeentwickelnde Abfälle genehmigt. Aus heutiger Sicht wird diese Kapazität als ausreichend angesehen, um die in Deutschland anfallenden Betriebs- und Rückbauabfälle der Kernenergienutzung und der Forschung zu entsorgen.

8.5.4 Der Standort Gorleben

Mit Schacht Konrad, zunächst als Endlager für sperrige radioaktive Bauteile vorgesehen, ist die Entsorgung in der Bundesrepublik Deutschland noch nicht gelöst. Als Konsequenz wurde ab 1977 ein deutsches Entsorgungszentrum in Gorleben vorgesehen, das neben einem Endlager für wärmeentwickelnde Abfälle und anderen Anlagen des Kernbrennstoffkreislaufs auch eine industrielle Wiederaufarbeitungsanlage umfassen sollte. Die Wiederaufarbeitungsanlage galt später als politisch nicht durchsetzbar. Der Salzstock wurde jedoch weiter für die Endlagerung radioaktiver Abfälle erkundet – unter großem Protest, wie in Abschn. 1.3 dargelegt.

Eine Zäsur im Streit um Gorleben stellte zunächst der Atomkonsens zwischen der Bundesregierung und der Kernenergiewirtschaft im Jahr 2000 dar, der die Erkundung zur Klärung von Zweifelsfragen für einen Zeitraum von zehn Jahren aussetzte. Nach Ablauf der Frist wurde Ende 2010 die Eignungserkundung wieder aufgenommen. Parallel sollte der bis dahin erreichte Erkundungsstand in Gorleben dargestellt und sicherheitstechnisch bewertet werden.

Im November 2011 verständigten sich Bund und Länder darauf, die Suche nach einem Endlagerstandort für wärmeentwickelnde radioaktive Abfälle im Konsens zu lösen und dabei in einem vergleichenden Standortauswahlverfahren den für Deutschland im Hinblick auf die Sicherheit bestgeeigneten Standort zu finden. Das Verfahren soll gesetzlich verankert werden. Die Rolle von Gorleben ist in diesem Zusammenhang noch nicht geklärt. Kritiker befürchten, dass bei einer Berücksichtigung oder gar Weitererkundung von Gorleben keine Vergleichbarkeit hergestellt werden kann. Gorleben könnte allein aufgrund des Kenntnisvorsprungs eine positivere Bewertung erhalten als weniger gut erkundete Alternativstandorte.

8.5.5 Endlager für wärmeentwickelnde Abfälle in Deutschland

Ein Endlager für wärmeentwickelnde Abfälle ist vorgesehen für die abgebrannten Brennelemente, die Glaskokillen mit hochradioaktiven Abfällen aus der Wiederaufarbeitung sowie geringe Mengen wärmeentwickelnder Abfälle aus dem Betrieb und dem Rückbau der Kernkraftwerke. Weil von diesen Abfällen eine langdauernde und höhere Gefahr ausgeht, muss der Gebirgsbereich, der die Abfälle künftig einschließen soll, sehr sorgfältig gewählt und im Hinblick auf die Ziele und Prinzipien der Endlagerung geprüft werden.

In Deutschland kommen hierfür grundsätzlich Formationen in Steinsalz, in Tonstein und eventuell in Granit in Frage. Steinsalz findet sich in Salzstöcken oder in horizontaler Lagerung. Tonstein entsteht durch Druck und Erwärmung konsolidierter Tonvorkommen. Bei Granit handelt es sich um ein magmatisches Tiefengestein. Andere Wirtsgesteine in Deutschland erfüllen die Anforderung, hochradioaktive Abfälle wirksam einzuschließen, nicht ausreichend.

Jedes Wirtsgestein hat dabei seine spezifischen Vor- und Nachteile und erfordert eigene Endlagerkonzepte. Nachteilig ist beispielsweise, dass Steinsalz bei Anwesenheit von Wasser die Korrosion von Metallgebinden fördert und die Löslichkeit vieler Radionuklide erhöht. Es weist aber als Vorteile eine sehr hohe Wärmeleitfähigkeit auf, ist gegenüber Gasen und Flüssigkeiten weitgehend dicht und hat die Fähigkeit, Hohlräume selbst zu „verheilen". Hingegen ist Tonstein gegenüber Wärmeeinwirkung wesentlich empfindlicher, da er mehr gebundenes Wasser enthält, und bei Erwärmung seine Struktur ungünstig verändert. Als Vorteil kann Tonstein Metallionen so fest in seine Mineralstruktur einbinden, dass diese sich praktisch nicht mehr bewegen. Granit weist eine hohe mechanische Stabilität auf und ist gegenüber Wärme unempfindlich. Dagegen ist das Gestein häufig von Rissen und Störungen durchzogen, so dass man Dichtigkeit nicht per se voraussetzen kann.

Der Vergleich wird noch komplexer, wenn die standortspezifischen Eigenschaften beispielsweise verschiedener Salzstöcke in Deutschland mit einbezogen werden. So sind weder zwei Salzstöcke noch zwei Tonstein- oder Granitformationen identisch. Entsprechend sind diese formationsspezifischen Eigenschaften ebenfalls zu berücksichtigen. Hier wird bereits deutlich, dass eine komplexe Abwägung bei der Auswahl eines Endlagerstandorts unumgänglich ist. Grundlage hierfür müssen aussagekräftige Kriterien sein. Allein die schwierigen technischen Fragestellungen können ein Endlagerprojekt auch noch in einer fortgeschrittenen Erkundungsphase scheitern lassen.

Aufgabe des Bundes ist darüber hinaus auch, die Gesellschaft in die Aufgabe einzubinden, ein sicheres Endlager zu finden. Dies setzt ein hohes Maß an Zusammenarbeit mit der Bevölkerung durch fachliche Vermittlung der Notwendigkeiten, Anforderungen und Zusammenhänge und durch fortlaufende Kommunikation und echten Dialog voraus. Bei der Entscheidung für einen Endlagerstandort gilt es die verschiedenen Bedürfnisse abzuwägen und die Lasten auszugleichen. Dies sind Fragestellungen von großer Tragweite, die aber im Rahmen dieses Buches nicht vertieft werden können.

8.5.6 Internationaler Stand

International ist die Endlagerung hochradioaktiver Abfälle seit den 1960er-Jahren im Gespräch. Im vergangenen halben Jahrhundert wurde eine Vielzahl von Projekten in vielen verschiedenen Ländern begonnen und zu einem großen Teil auch wieder aufgegeben.

Weltweit ist noch kein Endlager für hochradioaktive Abfälle in Betrieb. Als Erklärung werden häufig politische und gesellschaftliche Kontroversen herangezogen. Neben dieser Erklärung gibt es weitere Gründe, die für das Scheitern von Endlagervorhaben verantwortlich sind. Dazu gehören:

- **Die Aufgabenstellung wird unterschätzt:** Alle Vorhaben in den 60er- und 70er-Jahren scheiterten daran, dass die Erkundung, die Geologie, die Lagertechnik und die Verfahrensabläufe in der Detailplanung komplizierter waren als angenommen und deshalb ein Neustart anvisiert wurde.

- **Sachfremde Erwägungen dominieren die Auswahlprozesse:** So fiel die Entscheidung für die Standorte Yucca Mountain in den USA, Gorleben in Deutschland oder Scanzano Jonico in Italien unter anderem aufgrund der geringen Bevölkerungsdichte beziehungsweise der schwachen wirtschaftlichen Entwicklung der Region. Die Auswahl von Sellafield und Dounreay in Großbritannien, Forsmark in Schweden und Olkiluoto in Finnland war dagegen mit der Erwartung von Akzeptanz verbunden, weil die Regionen wirtschaftlich von bereits angesiedelter Kernenergie profitieren.

  Ob die Standorte jedoch auch die Anforderungen an ihre geologische Eignung erfüllen, tritt demgegenüber oft in den Hintergrund und kann später ein Grund für das Scheitern sein. Dies war etwa in Yucca Mountain in den USA der Fall, siehe das Beispiel weiter unten.

- **Den Projekten mangelt es an öffentlicher und politischer Akzeptanz:** Standortauswahlverfahren, in denen nach dem Prinzip „Entscheiden, Verkünden, Verteidigen", vorgegangen wird, erreichen erfahrungsgemäß nur eine sehr geringe Akzeptanz. Zu Vertrauens- und Akzeptanzverlust führten zudem:

  - die Auswahl von Regionen, die mit den Risiken belastet werden, aber nicht oder kaum von der Kernenergie profitieren.
  - die Vorschläge, Abfälle in möglichst weit entfernte Regionen „abzuschieben". Das führt zu Zweifeln an dem Verantwortungsbewusstsein der Zuständigen. Ein besonders drastisches Beispiel dafür ist die Mongolei, die als potenzieller Endlagerort für japanische oder US-Abfälle ins Gespräch gebracht wurde.
  - die unzureichende Information von und Kommunikation mit Betroffenen. Statt auf Bedenken und Befürchtungen einzugehen, wird auf die Expertise der Beteiligten verwiesen sowie
  - der Rückzug auf formale Abläufe und Rechtspositionen, unzureichende Unabhängigkeit der staatlichen Kontrollbehörden vom Betreiber oder Versuche, Akzeptanz zu „kaufen".

- **Die Entscheidung, ob das Risiko der Endlagerung an sich tragbar ist, ist umstritten:** Die Endlagerung ist ein System, das mit sehr spezifischen und vor allem mit neuartigen Risiken verknüpft ist, über die auch in der Fachwelt noch intensiv diskutiert wird. Bei der Bewertung spielt auch immer die Frage eine Rolle, ob „bessere" Alternativen als die Endlagerung existieren, siehe auch den nächsten Abschnitt.

. Weltweit sind in den Ländern, die Kernenergie nutzen, Endlagerprojekte unterschiedlich weit realisiert. Keines der Projekte ist soweit fortgeschritten, dass die Umsetzung der Pläne nicht noch durch neue Erkenntnisse oder Entwicklungen in Frage gestellt werden könnte.

Beispiel

USA

Das Projekt Yucca Mountain in Nevada begann Anfang der 1980er-Jahre. Bis 2008 war es trotz erheblicher Kritik und offensichtlicher Sicherheitsmängel so weit fortgeschritten, dass weltweit der erste Genehmigungsantrag für ein solches Endlager eingereicht wurde. Nach dem damaligen Zeitplan wäre die Prüfung und Genehmigung zügig verlaufen. Yucca Mountain in Nevada hätte damit das international erste Endlager für hochradioaktive Abfälle werden können. Präsident Obama jedoch entschied, dass das umstrittene Projekt und das Genehmigungsverfahren nicht weiter fortgeführt werden sollten. Er setzte die Blue-Ribbon-Commission ein, die sich sehr grundlegend mit allen Entsorgungsfragen befasste und Lösungsvorschläge für eine Standortauswahl erarbeitete. Eine Umsetzung dieser Vorschläge steht noch aus.

Beispiel

Schweden

Schweden betreibt seit den 80er-Jahren intensive Forschung zur Endlagerung in Kupferbehältern in Granit. In den 90er-Jahren startete dazu eine erste landesweite Suche, die in einer Vorauswahl von mehreren bevorzugten Standorten mündete, unter anderem im Norden Schwedens. Die meisten der Standorte lehnten Erkundungen jedoch ab. Die Kommunen beriefen sich dabei auf ein jahrhundertealtes, in der Verfassung verbrieftes Recht, in allen sie betreffenden Angelegenheiten autonom und letztinstanzlich entscheiden zu können. Die Betreiberfirma SKB konzentrierte ihre Bemühungen ab

2001 schließlich auf die beiden Kernkraftwerksstandorte Forsmark und Oskarshamn in Mittelschweden und kooperierte jeweils mit den Standortgemeinden Östhammar und Oskarshamn. In einem sorgfältig abgewogenen und lange anhaltenden Dialogprozess stimmten beide Gemeinden zu, Erkundungsarbeiten an den Standorten zuzulassen. Die SKB hat auf Basis der Erkundungsergebnisse letztlich Östhammar (Forsmark) als weiter zu verfolgenden Standort gewählt. Sie reichte die Antragsunterlagen im März 2011 bei den zuständigen Behörden ein.

8.5.7 Alternativen zur Endlagerung

Die Entsorgung radioaktiver Abfälle muss dem hohen und langanhaltenden Gefährdungspotenzial Rechnung tragen. Dies kann mit der Endlagerung in tiefen geologischen Formationen mit heute verfügbarem Wissen und heutiger Technik realisiert werden. Da jedoch die Akzeptanz insbesondere in der betroffenen Region in aller Regel eher gering ist, wurden in den letzten 50 Jahren und auch heute immer wieder Alternativen zur Endlagerung diskutiert.

Eine optimale Entsorgungslösung müsste bestmögliche Sicherheit bieten und weitestgehend von der Bevölkerung akzeptiert sein. Zudem sollte sie sich in einem absehbaren Zeitraum, etwa in ein bis zwei Generationen, umsetzen lassen. Und schließlich sollten die Projektkosten in einem angemessenen Verhältnis zu den Möglichkeiten einer Volkswirtschaft stehen.

Eine Entsorgungsstrategie für radioaktive Abfälle ist die sogenannte Partitionierung und Transmutation (P&T), deren Erforschung zum Beispiel mit Geldern der Europäischen Union unterstützt wird. Das Prinzip besteht darin, die langlebigen radioaktiven Stoffanteile aus den Abfällen abzutrennen und aufzukonzentrieren. Dieser Vorgang wird als Partitionierung bezeichnet. Die langlebigen radioaktiven Stoffanteile sollen dann in einem besonderen Reaktor mittels Neutronenbestrahlung in kürzerlebige Isotope umgewandelt werden. Dieser Prozess wird Transmutation genannt. So soll zum einen das endzulagernde Abfallvolumen stark reduziert und zum anderen das langfristige Gefährdungspotenzial der Abfälle durch Verringerung der Radioaktivität herabgesetzt werden. Die Umsetzung erfordert verschiedene technische Anlagen. Dies sind:

- Anlagen zur Abtrennung des jeweils relevanten Nuklids, vergleichbar Wiederaufarbeitungsanlagen,
- Anlagen zur Weiterverarbeitung der relevanten Nuklide für den Einsatz im Reaktor, vergleichbar mit Anlagen der Brennstoffherstellung, sowie
- Kernkraftwerke oder Teilchenbeschleuniger spezifischer kernphysikalischer Auslegung zur Bestrahlung und eigentlichen Umwandlung.

Bisher konnte die Machbarkeit für einzelne Radionuklide lediglich im Labormaßstab nachgewiesen werden. Bis zur Umsetzung im großtechnischen Maßstab gibt es entsprechend noch immensen Forschungsbedarf. Die Realisierung ist derzeit noch völlig offen. Daneben bestehen viele weitere Kritikpunkte. Einer davon lautet, dass mit P&T nur ein kleiner Anteil der langlebigen Bestandteile des radioaktiven Abfalls verringert, aber nicht vollständig beseitigt wird. Für die verbleibenden Abfälle ist dann trotzdem ein Endlager erforderlich, bei dem auch keine Abstriche bei den Sicherheitsmerkmalen gemacht werden könnten. Zudem sind die oben genannten Nuklearanlagen im großtechnischen Maßstab zu errichten und über einige Jahrzehnte hinweg zu betreiben. Das ist nicht nur kostspielig, sondern birgt auch Risiken, wie zum Beispiel das Risiko schwerer Unfälle in den Reaktoren zur Transmutation der Radionuklide.

Als Alternative zu einer passiven Endlagerung in tiefen geologischen Formationen werden auch Konzepte einer überwachten Endlagerung gesehen. Die Idee dabei ist: Kommende Generationen können über den radioaktiven Abfall noch verfügen, um mit dann möglicherweise vorhandenen, neuen Technologien gegebenenfalls die enthaltenen Stoffe weiter zu nutzen oder um den Abfall besser zu entsorgen. Außerdem ließe sich im Rahmen einer solchen Überwachung beobachten, wie sich die Lagerstätte entwickelt, zum Beispiel mit Blick auf ihre Einschlusswirksamkeit. Diesen Argumenten wird häufig eine hohe Akzeptanz entgegengebracht, entsprechend planen international einige Länder zumindest eine zeitlich begrenzte Überwachung.

Zwar sehen solche Konzepte keine unbefristete Überwachung vor – dies würde bei wärmeentwickelnden Abfällen zu einem Überwachungszeitraum von einer Million Jahren führen. Aber auch der in aller Regel angestrebte Überwachungszeitraum von einigen hundert Jahren ist mit Blick auf historische Entwicklungen sehr lang und eigentlich nicht überschaubar. In solchen Zeiträumen verändern sich sogar Staatsformen oder Ländergrenzen. Auch ist fraglich, ob eine zugängliche Lagereinrichtung über diesen Zeitraum vor Angriffen, missbräuchlichem Zugriff oder auch Klimaveränderungen geschützt werden kann. Zudem müssen für diesen Zeitraum finanzielle Mittel vorhanden sein, und es muss sichergestellt werden, dass Know-how erhalten bleibt, um Wartung, Ersatz und die technische Überwachung, beispielsweise mit Hilfe von Messtechnik, gewährleisten zu können.

Gerne wird der Transport radioaktiver Stoffe in das Weltall diskutiert. Denn mit dieser Strategie könnten die radioaktiven Abfälle endgültig aus der Biosphäre entfernt werden. Tatsächlich wurden Ende der 1970er- und Anfang der 1980er-Jahre laut Studien der NASA Überlegungen dazu angestellt, wie mit der Spaceshuttle-Technologie radioaktive Abfälle im Weltall entsorgt werden könnten. Doch der technische und finanzielle Aufwand sowie die Unfallgefahren, zum Beispiel eine Explosion beim Flug in den Weltraum, erwiesen sich als inakzeptabel hoch. Entsprechend spielt diese Entsorgungsstrategie in der Fachwelt keine Rolle mehr.

Ein tatsächlich praktizierter Entsorgungsweg war dagegen die Versenkung von schwachradioaktiven Abfällen im Meer. Die Befürworter dieser Strategie gingen davon aus, dass die Abfälle durch die hohe Verdünnung weniger schädlich seien. Unter anderem berücksichtigten sie jedoch nicht, dass die kollektive Dosis einer weltweiten Verbreitung trotzdem zu stochastischen Schäden führt. Auch können Anreicherungseffekte, zum Beispiel in der Nahrungskette, die Verdünnungseffekte teilweise wieder aufheben. Im Jahr 1972 einigte sich die Staatengemeinschaft daher auf ein Versenkungsverbot hochradioaktiver Abfälle. 21 Jahre später, 1993, kam mit der Londoner Dumping Convention schließlich das komplette Aus für die Versenkung aller Arten radioaktiver Abfälle im Meer. Auch die Endlagerung auf dem Meeresboden ist seitdem verboten.

Weiterführende Literatur

[1]   Bundesministerium für Umwelt, Naturschutz und Reaktorsicherheit (BMU): Gemeinsames Übereinkommen über die Sicherheit der Behandlung abgebrannter Brennelemente und über die Sicherheit der Behandlung radioaktiver Abfälle – Bericht der Bundesrepublik Deutschland für die vierte Überprüfungskonferenz im Mai 2012, Bonn 2011.

[2]   Bundesamt für Strahlenschutz: Anforderungen an endzulagernde radioaktive Abfälle (Endlagerungsbedingungen, Stand: Oktober 2010) – Endlager Konrad, Salzgitter 2011.

[3]   Öko-Institut e. V., Gesellschaft für Anlagen- und Reaktorsicherheit (GRS) mbH: Endlagerung wärmeentwickelnder radioaktiver Abfälle in Deutschland 2008. http://endlagerung.oeko.info/

Kernwaffen – Das Zusammenspiel von Kernenergienutzung und Atombombe

Matthias Englert

Zusammenfassung

Eine der größten Bedrohungen der internationalen Sicherheit besteht in der Existenz und Weiterverbreitung von Kernwaffen. Selbst zwanzig Jahre nach dem Ende des Kalten Krieges befinden sich immer noch etwa 20.000 Sprengköpfe in den aktiven Arsenalen der Kernwaffenstaaten. Auch nahm die Zahl der Kernwaffenstaaten über die Jahrzehnte zu. Dabei gehen die zivile und militärische Nutzung der Kernenergie seit Entdeckung der Kernspaltung Hand in Hand. Oft kommen dieselben Technologien und Materialien sowohl beim Bau von Kernwaffen als auch bei der zivilen Kerntechnik zum Einsatz – man spricht daher von Dual-Use-Technologien. Und auch das spaltbare Material hat einen solchen ambivalenten Charakter. Dieses Kapitel vermittelt Grundlagen über Kernwaffen, spaltbare Materialien und deren weltweite Bestände. Es informiert über Dual-Use-Technologien und den Zusammenhang zwischen Kernwaffen und der zivilen Kernenergienutzung.

Matthias Englert
Interdisziplinäre Arbeitsgruppe Naturwissenschaft, Technik und Sicherheit (IANUS)
Technische Universität Darmstadt Alexanderstr. 35, 64289 Darmstadt
englert@ianus.tu-darmstadt.de

J.M. Neles, C. Pistner, *Kernenergie*, Technik im Fokus
DOI 10.1007/978-3-642-24329-5_9, © Springer-Verlag Berlin Heidelberg 2012

9.1 Kernenergie und Kernwaffen

Seit der Entdeckung der Kernspaltung geht die militärische Forschung und Entwicklung mit der zivilen Nutzung der Kernenergie einher. Den Anfang aber machten militärische Programme: Sie mündeten in der Zündung der ersten Atombomben 1945 in den USA – als Ergebnis des Manhattan-Projekts – und 1949 in der Sowjetunion. Nach heutigem Wissen gab es bislang in etwa 25–30 Staaten Bestrebungen, Kernwaffen zu entwickeln [1]. Die meisten gaben diese Pläne aus unterschiedlichen Gründen wieder auf. Zehn Staaten haben jedoch Kernwaffen gebaut: die USA, die damalige Sowjetunion – heute Russland –, Frankreich, Großbritannien, China, Israel, Indien, Südafrika, Pakistan und Nordkorea. Südafrika beendete1989 sein Kernwaffenprogramm, ebenso gaben die Ukraine, Weißrussland und Kasachstan nach dem Zusammenbruch der Sowjetunion die Kernwaffen auf ihrem Territorium an Russland ab.

9.1.1 Nukleare Nichtverbreitung

Um der zivil-militärischen Ambivalenz nuklearer Technologien gerecht zu werden, begründete die internationale Gemeinschaft nach dem Zweiten Weltkrieg neue Institutionen wie die Internationale Atomenergie-Organisation im Jahr 1957 und brachte Abkommen auf den Weg, wie den Vertrag über die Nichtverbreitung von Kernwaffen (NVV), der 1968 geschlossen wurde. Damit sollte künftig der Gefahr der sogenannten Proliferation, also der Verbreitung von Kernwaffen, begegnet werden, ohne dabei die zivile Kernenergienutzung zu behindern.

▷ Der Begriff **Proliferation** bezeichnet die Weiterverbreitung von Kernwaffen. Werden militärisch nutzbare Nukleartechnologien, Materialen und Informationen an andere Länder weitergegeben, spricht man von horizontaler Proliferation. Unter vertikaler Proliferation wird die Vergrößerung des Arsenals und die qualitative Weiterentwicklung von Kernwaffen innerhalb eines Landes verstanden.

Vertrag über die Nichtverbreitung von Kernwaffen

Der Vertrag über die Nichtverbreitung von Kernwaffen (NVV) unterscheidet Kernwaffenstaaten und Nicht-Kernwaffenstaaten. Er ist daher asymmetrisch aufgebaut, da bestimmten Ländern das Recht auf Kernwaffenbesitz zugestanden wird, anderen dagegen nicht. Vom Vertrag anerkannte „offizielle" Kernwaffenstaaten sind solche, die vor 1967 Kernwaffen getestet haben. Die USA, Großbritannien und die ehemalige Sowjetunion, heute Russland, gehörten zu den Erstunterzeichnern des NVV. Frankreich und China, die ebenfalls vor 1967 Kernwaffen testeten, traten dem NVV erst 1992 bei. Alle anderen Unterzeichner sind Nicht-Kernwaffenstaaten. Heute gehören mit Ausnahme der De-facto-Kernwaffenstaaten Israel, Pakistan und Indien, die den Vertrag nicht unterzeichnet haben, sämtliche Länder der Erde dem NVV an. Nordkorea hat allerdings seine Mitgliedschaft 2003 gekündigt und in der Folge selbst Kernwaffen getestet.

Der NVV beruht auf drei grundlegenden Säulen:

Nichtweiterverbreitung (Art. I, II und III): Die Kernwaffenstaaten verpflichten sich, keine Kernwaffen und kein kernwaffenrelevantes Know-how an andere Länder weiterzugeben. Die Nicht-Kernwaffenstaaten erklären ihren Verzicht auf Kernwaffen. Sie unterwerfen sich der Kontrolle und müssen dulden, dass die Internationale Atomenergie-Organisation ihre zivilen Nuklearprogramme mittels sogenannter Sicherungsmaßnahmen oder Safeguards überwacht.

Zivile Nutzung (Art. V): Im Gegenzug sichert der Vertrag den Nicht-Kernwaffenstaaten einen unbeschränkten Zugang zu zivilen nuklearen Technologien zu und verpflichtet alle anderen Staaten zu technischer Hilfe.

Abrüstung (Artikel VI): Die Kernwaffenstaaten verpflichten sich, für ein zeitnahes Ende des Rüstungswettlaufs und für nukleare Abrüstung zu sorgen.

Jeder Staat kann mit einer dreimonatigen Frist aus dem Vertrag austreten *(Artikel X).*

Der NVV hat maßgeblich dazu beigetragen, eine internationale Norm für die Nichtverbreitung von Kernwaffen zu etablieren. Zum Teil reichte sein Einfluss so weit, dass Staaten sich gegen nationale Kernwaffenprogramme entschieden oder bestehende Programme wieder aufgaben, zum Beispiel Argentinien oder Brasilien.

Heute befindet sich der NVV allerdings in einer Krise. Die Nicht-Kernwaffenstaaten weisen darauf hin, dass die Kernwaffenstaaten ihrer Verpflichtung zu Abrüstung, wenn überhaupt, nur sehr schleppend nachkommen. Stattdessen betreiben die Kernwaffenstaaten sogar Modernisierungsprogramme für ihre Arsenale. Solange jedoch nicht vollständig abgerüstet ist, kann die grundlegende Asymmetrie zwischen den Habenden und Nicht-Habenden nicht beendet werden.

Große Schwierigkeiten bereitet zudem der Ansatz des Vertrages, zwischen zivilen und militärischen Anwendungen nuklearer Technologien zu trennen. In Artikel IV ist das unveräußerliche Recht aller Länder verankert, nukleare Technologien für zivile Nutzung zu erhalten oder selber zu entwickeln. Die Technologiehalter verpflichten sich damit zur Weitergabe ihres Wissens für zivile Zwecke. Dies betrifft aber auch Technologien, die für die militärische Nutzung der Kernenergie eine wesentliche Rolle spielen, wie die Urananreicherung und die Wiederaufarbeitung. Die Internationale Atomenergie-Organisation soll zwar die ausschließlich zivile Anwendung überwachen (Artikel III). Aber selbst wenn ein Staat rein zivile Absichten verfolgt, sichert er sich immer auch das technische Potenzial für eine eventuelle künftige militärische Nutzung. Die weltweiten Diskussionen über die Nuklearprogramme Nordkoreas und des Iran zeigen dieses Dilemma zwischen dem Recht auf zivile Verwendung und einem möglichen militärischen Gebrauch des spaltbaren Materials sowie der dazugehörigen Technologien. Allein die Ankündigung, eine Technologie, die auch militärisch interessant ist, für zivile Zwecke zu entwickeln, kann bereits zu internationalen Krisen führen.

9.1.2 Überwachung ziviler Nuklearenergienutzung

Die Internationale Atomenergie-Organisation ist beauftragt, die zivile Nutzung der Kernenergie zu überwachen. Zu den Sicherungsmaßnahmen, den Safeguards, gehören Meldepflichten sowie die Überwachung kernwaffenfähiger Materialien und wichtiger Anlagen. Safeguards reichen von technischen Mitteln – wie der Anbringung von Siegeln oder der Kameraüberwachung sensitiver Bereiche – bis hin zu Vor-Ort-Inspektionen durch Experten, die auch Interviews führen und Material-proben entnehmen.

Safeguards stellen ein wesentliches Element dar, um die nukleare Nichtverbreitung zu kontrollieren. Gleichzeitig können sie aber nur sicherstellen, dass ein Vertragsbruch mit einer bestimmten Wahrschein-lichkeit innerhalb eines vorgegebenen Zeitraums entdeckt wird. Grund-sätzlich lässt sich damit nicht verhindern, dass ein Staat Technologien oder Kernwaffenmaterialien militärisch nutzt. Die Kontrollen können nur dazu dienen, Verstöße nachträglich zu entdecken und dadurch ab-schreckend zu wirken.

Beispiel

Staaten versuchen aber auch, die Kontrollen zu umgehen oder heim-lich zu handeln. Dies geschah etwa im Falle des Irak vor dem Ersten Golfkrieg Ende der 1980er-Jahre. Dem Irak gelang es, zahlreiche Technologien und Materialien in einem groß angelegten, heimlichen Programm zu akquirieren, ohne dass die Internationale Atomenergie-Organisation dies erkannte. Als Reaktion darauf wurde 1997 das Zu-satzprotokoll (Additional Protocol) zum NVV eingeführt. Es räumt der Internationalen Atomenergie-Organisation weitergehende Kon-trollmöglichkeiten ein, ist aber kein vertraglicher Bestandteil des NVV, und die Annahme des Zusatzprotokolls beruht auf Freiwillig-keit. Viele Staaten sind aber nicht bereit, es zu unterzeichnen.

Um die illegale Weitergabe von Schlüsseltechnologien zu verhin-dern, haben sich die Staaten, die über die Technologie verfügen, auch in weltweite Exportkartelle zusammengeschlossen. Die Nuclear Suppliers Group, ein Zusammenschluss dieser Staaten, kontrolliert weitgehend die Weitergabe der Technologien an andere Staaten und will damit die militärische Nutzung dieser Technologien verhindern.

9.1.3 Dual-Use

Fast alle der etwa 25–30 Staaten, die zumindest den Versuch unternahmen, in den Besitz von Kernwaffen zu gelangen, verfolgten eine ausgeprägte zivil-militärische Doppelstrategie. Der Dual-Use-Charakter vieler nuklearer Technologien erlaubt es, eventuelle militärische Ambitionen durch vorgeblich rein zivile Interessen zu verdecken.

Viele Staaten setzten ihre Kernwaffenprogramme vor Inkrafttreten des NVV um oder hatten den Vertrag zunächst nicht unterzeichnet. Da mittlerweile alle Staaten ohne Nuklearwaffen Mitglieder im NVV sind, könnten sie nur noch über folgende Wege zur Kernwaffe gelangen:

- Heimliche Entwicklung: Der Staat baut ein komplett verdecktes Kernwaffenprogramm mit oder ohne gleichzeitige zivile Nutzung der Kernenergie auf. Fehlt eine zivile kerntechnische Infrastruktur ließe es sich jedoch nur sehr langsam umsetzen. Ohne zivile Tarnung wäre heute zudem das Risiko, bei der heimlichen Entwicklung entdeckt zu werden, auch höher.
- Ausbruch (Break-out): Ein Staat kann seine Mitgliedschaft im Nichtverbreitungsvertrag mit einer dreimonatigen Frist kündigen und ein Kernwaffenprogramm beginnen, wie dies Nordkorea tat. Ein solcher Schritt hat allerdings massive Sanktionen der internationalen Gemeinschaft zur Folge.
- Latente Proliferation: Die zivile Kerntechnik wird im Rahmen des Nichtverbreitungsvertrags offiziell vorangetrieben, um technologisch möglichst alle Voraussetzungen für einen Bombenbau zu schaffen, ohne zunächst die Entwicklung einer Kernwaffe direkt zu betreiben oder zu vollenden.

In der Vergangenheit haben Staaten versucht, parallel zur Einführung der zivilen Kernenergie recht früh ein heimliches militärisches Nuklearprogramm umzusetzen. Dabei setzten sie sich zwar immer dem Risiko aus, entdeckt zu werden, in vielen Fällen konnte das militärische Parallelprogramm jedoch erfolgreich versteckt werden.

Beispiel

Dual-Use Technologien spielten in einigen Kernwaffenprogrammen eine bedeutende Rolle. So stahl etwa der pakistanische Atomphysiker

Khan in den 1970er-Jahren Blaupausen für Zentrifugen zur zivilen Urananreicherung und legte damit den Grundstein für das pakistanische Kernwaffenprogramm. Khan gründete später einen Nuklearschmuggelring, der Urananreicherungstechnologie an Iran, Libyen und Nordkorea lieferte und erst im Jahr 2003 entdeckt wurde.

In Folge dieser Entdeckungen erhöhte sich die weltweite Aufmerksamkeit und neue Überwachungsmaßnahmen wie das Zusatzprotokoll zum Nichtverbreitungsvertrag wurden eingeführt. In Zukunft wird es vor allem für technologische Schwellenländer schwieriger, wenn auch nicht unmöglich, ein heimliches militärisches Programm durchzuführen. Daher könnten Staaten mit militärischen Plänen eher eine Strategie latenter Proliferation verfolgen und die zivil-militärische Ambivalenz nuklearer Technologien ausnutzen, ohne sich durch ein paralleles militärisches Programm zu früh zu kompromittieren. Schon heute kann dieser Strategiewechsel im Iran beobachtet werden, der schon in den 1980er Jahren ein paralleles Kernwaffenprogramm hatte. Nach dessen Aufdeckung 2003 hat er offiziell erklärt, kein militärisches Programm mehr zu betreiben. Er entwickelt jedoch die Technik der Urananreicherung weiter und beruft sich dabei auf sein Recht einer zivilen Kernenergienutzung.

In jedem Fall wird ein Staat versuchen, den eigentlichen Break-out so lange wie möglich zu verzögern, um negativen Reaktionen der internationalen Gemeinschaft vorzubeugen. Das notwendige spaltbare Material zum Bau einer Kernwaffe kann er entweder aus einem zivilen Programm abzweigen oder in einer heimlich errichteten Anlage produzieren.

Letztlich lässt sich eine latente Proliferation nicht völlig verhindern, da zivil genutzte Nukleartechnologien immer auch für militärische Zwecke verwendet werden können. Mohammed el-Baradei, von 1997 bis 2009 Generaldirektor der Internationalen Atomenergie-Organisation, prägte dafür den Begriff „Virtueller Kernwaffenstaat". Darunter werden Staaten verstanden, die Nukleartechnologien wie die Urananreicherung und die Wiederaufarbeitung bereits für die zivile Nutzung beherrschen sowie kernwaffenrelevante Materialien besitzen und daher grundsätzlich in der Lage sind, nach einer entsprechenden politischen Entscheidung in kurzer Zeit auch eine Kernwaffe zu bauen.

9.2   Kernwaffenrelevante Materialien

Eine Voraussetzung für die militärische Nutzung der Kernenergie ist vor allem der Zugriff auf spaltbares Material [2]. Die zwei wesentlichen Materialien zum Bau einer Kernwaffe sind hochangereichertes Uran und Plutonium. Beide Elemente gehören gemäß Definition der Internationalen Atomenergie-Organisation zur Kategorie der „speziellen spaltbaren Materialien". Nur wenige Kilogramm hochangereichertes Uran oder Plutonium genügen als Spaltstoff für eine Bombe. Die Internationale Atomenergie-Organisation definiert acht Kilogramm Plutonium oder hochangereichertes Uran mit einem Anteil von 25 Kilogramm Uran-235 als signifikante Menge, mit der der Bau einer einfachen Kernwaffe nicht ausgeschlossen werden kann. Doch moderne Kernwaffen lassen sich bereits mit weniger als vier Kilogramm Plutonium und zwölf Kilogramm hochangereichertem Uran bauen. Die Technologien, um Zugriff auf hochangereichertes Uran oder Plutonium zu erhalten, sind zum einen die Urananreicherung, siehe Abschn. 7.3, zum anderen der Betrieb von Kernreaktoren und die anschließende Wiederaufarbeitung des abgebrannten Brennstoffs, siehe Abschn. 8.3.

9.2.1   Hochangereichertes Uran

Wie auch für den Einsatz im Kernkraftwerk muss für eine Kernwaffe der natürliche Anteil des Uran-235 gegenüber dem Uran-238 erhöht werden. Während Brennelemente für Leichtwasserreaktoren einen Anreicherungsgrad von drei bis fünf Prozent aufweisen, sind für Kernwaffen höhere Anreicherungsgrade erforderlich. Für Kernwaffen wird Uran typischerweise auf über 90 Prozent Uran-235 angereichert. Dies wird dann als hochangereichertes Uran bezeichnet, international „highly enriched uranium" (HEU) genannt. Von HEU spricht man bereits bei einem Anreicherungsgrad von 20 Prozent Uran-235. Ein Anreicherungsgrad darunter gilt als niedrigangereichertes Uran, das als „low enriched uranium" (LEU) bezeichnet wird. Unterhalb dieser 20-Prozent-Schwelle kann davon ausgegangen werden, dass sich das Uran nicht mehr sinnvoll in einer Kernwaffe einsetzen lässt.

9.2.2 Plutonium

Plutonium ist, neben dem Isotop Uran-235, das zweite Material, das sich zum Bau einer Kernwaffe eignet. Die Isotope des Elements Plutonium sind in Kernwaffen ebenfalls spaltbar. Wie in Abschn. 2.8 dargestellt, entsteht in einem Reaktor über Neutroneneinfang aus Uran-238 zunächst Plutonium-239, das von allen Plutoniumisotopen für den Bau von Kernwaffen am besten geeignet ist. Durch weitere Neutroneneinfänge bilden sich neben Plutonium-239 auch die Isotope Plutonium-240, Plutonium-241 und Plutonium-242. Durch andere Kernreaktionen entsteht außerdem Plutonium-238. Je länger der Brennstoff im Reaktor eingesetzt wird, umso mehr von diesen für Kernwaffen ungünstigeren Plutoniumisotopen entstehen. Der Bau einer Kernwaffe mit einem solchen Plutoniumgemisch wird schwieriger, ist aber grundsätzlich möglich.

Entsprechend dem Anteil des Plutonium-239 am Gesamtplutonium wird unterschieden zwischen Reaktorplutonium und Waffenplutonium. Für die Herstellung von Kernwaffen wird ein Anteil von mehr als 93 Prozent Plutonium-239 angestrebt. Diese Zusammensetzung erreicht man bei einer Einsatzzeit von Uran im Reaktor von nur wenigen Wochen. In zivilen Leistungsreaktoren entsteht dagegen durch die wirtschaftlich bedingten viel längeren Einsatzzeiten von mehreren Jahren Reaktorplutonium. Der Anteil von Plutonium-239 in den Brennelementen beträgt bei diesen Einsatzzeiten typischerweise etwa 60 Prozent am gesamten Plutonium. Dieses Reaktorplutonium weist aufgrund des hohen Anteils an anderen Plutoniumisotopen eine höhere Radioaktivität auf, die die Fertigung eines Sprengkopfs erschweren würde. Es entsteht eine höhere Wärmefreisetzung, die eine besondere Kühlung erfordern würde. Zudem würde die erhöhte Neutronenrate eine bessere Sprengtechnik voraussetzen. Technisch versierte Staaten können diese Schwierigkeiten jedoch überwinden [3].

Das einzige für den Kernwaffenbau ungeeignete Plutoniumisotop ist das Plutonium-238. Es wird in hochreiner Form speziell für thermoelektrische Anwendungen produziert, wie man sie zur Energieerzeugung beispielsweise in Satelliten einsetzt.

9.3 Die Funktionsweise von Kernwaffen

Die einfachsten Kernwaffen sind reine Kernspaltungswaffen. Im Gegensatz zu einer kritischen Anordnung in einem Reaktor, in dem die Kettenreaktion kontrolliert wird (siehe Abschn. 2.5), soll die Anordnung in einer Kernwaffe stark überkritisch sein. Durch eine externe Neutronenquelle werden dann Neutronen eingebracht und dadurch die Kettenreaktion gestartet. Die Neutronen vermehren sich exponentiell, und die

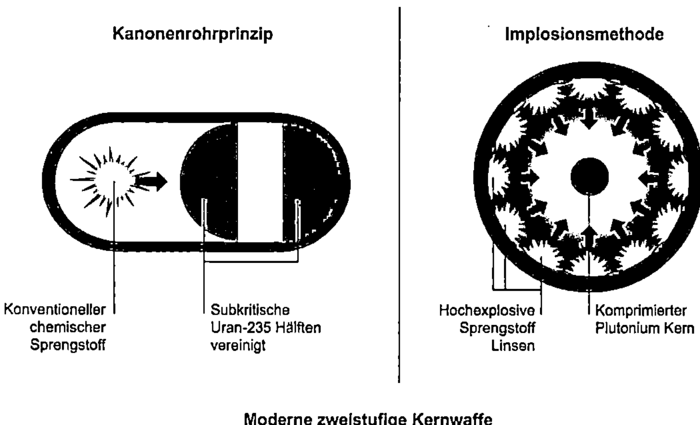

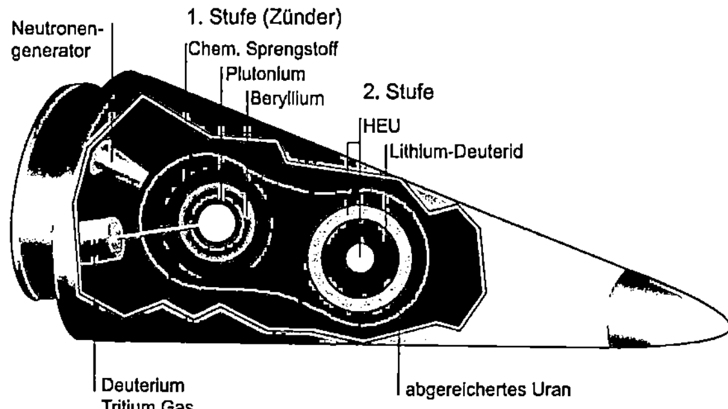

Abb. 9.1 Sprengmechanismen, die spaltbares Material in einen überkritischen Zustand bringen und so die Kettenreaktion ermöglichen. *Links:* Kanonenrohrtyp. *Rechts:* Implosionstyp. *Unten:* Prinzip einer modernen thermonuklearen Waffe mit Implosionstyp als Zünder für die zweite Fusionsstufe. Graphik adaptiert aus [4].

Kettenreaktion spaltet lawinenartig einen möglichst großen Teil des Spaltmaterials. Durch die freigesetzte Energie wird das spaltbare Material schließlich auseinandergerissen und die Kettenreaktion beendet. Dieser ganze Ablauf dauert etwa eine Mikrosekunde.

Die notwendige Überkritikalität zum Start der Kettenreaktion kann erreicht werden, indem entweder zwei unterkritische Massen zusammengebracht werden oder indem das Material verdichtet wird. Eine einfache Spaltwaffe ist der sogenannte Kanonenrohrtyp (siehe Abb. 9.1). Dieser Bautyp funktioniert nach dem ersten Prinzip. Wie eine Granate im Lauf eines Artilleriegeschützes wird die eine Hälfte des spaltbaren Materials stark beschleunigt und auf eine unterkritische zweite Hälfte spaltbaren Materials geschossen. Dieser Bombentyp wurde in Hiroshima eingesetzt. Die Waffe erzielte eine Sprengkraft äquivalent zu etwa 15.000 Tonnen des herkömmlichen Sprengstoffs TNT und bestand aus hochangereichertem Uran.

Das zweite Waffenprinzip besteht in einer kugelförmigen Verdichtung des spaltbaren Materials durch Implosion. Dadurch können weniger Neutronen durch die Kugeloberfläche entkommen. Sie stehen somit vermehrt für die Kettenreaktion in der Spaltmaterialkugel zur Verfügung. Die Verdichtung wird erreicht, indem eine Kugel aus spaltbarem Material mit konventionellem Hochexplosivsprengstoff umhüllt wird, der dann explodiert und das Spaltmaterial im Inneren zusammenpresst. Das spaltbare Material implodiert dadurch und wird komprimiert. Ist das spaltbare Material genügend verdichtet, wird es überkritisch. Die Bombe, die Nagasaki zerstörte, war eine Implosionsbombe mit Plutonium als Kernsprengstoff. Sie erreichte etwa 21.000 Tonnen TNT äquivalenter Sprengkraft, siehe Abb. 9.1.

Der Bau einer Kanonenrohrbombe ist technisch wesentlich einfacher als der Bau einer Implosionsbombe, bei der das Material exakt kugelsymmetrisch verdichtet werden muss. Ein Nachteil des Kanonenrohrtyps ist jedoch die recht hohe benötigte Masse an spaltbarem Material, so dass eine Verkleinerung der Waffe kaum möglich ist. Außerdem zündet eine Kanonenrohrbombe langsamer als eine Implosionsbombe. Denn die Implosion erfolgt etwa tausend Mal schneller als das mechanische Aufeinanderschießen zweier unterkritischer Hälften beim Kanonenrohrtyp. Dadurch erhöht sich die Wahrscheinlichkeit, dass es durch Neutronen, die zufällig durch Spontanspaltungen entstehen, zu einem ungewollt verfrühten Start der Kettenreaktion kommt und ein Großteil der Explosivwirkung verpufft. Daher kann ein solches Design mit Plutonium als spaltbarem Material nicht verwendet werden, denn Plutonium emittiert im Vergleich zu Uran sehr viele Neutronen durch Spontanspaltung. Eine solche Waffe würde militärischen Anforderungen an eine hohe Zuverlässigkeit nicht entsprechen. Allerdings würden auch bei einer ungewollten Frühzündung immer noch etliche hundert Tonnen TNT-Äquivalent an Explosionswirkung frei.

Die Entwicklung moderner Kernwaffen beruht zunächst darauf, sie effizienter zu machen. Wenige zusätzliche Gramm eines Gemisches aus Tritium und Deuterium in einer Kernwaffe können durch Kernfusionsreaktionen zusätzliche Neutronen erzeugen. Diese bewirken eine schlagartige Erhöhung der Neutronenzahl, so dass es zu mehr Spaltungen kommt und die Effizienz der Kernwaffe steigt. Dies wird als Boosting bezeichnet. Solche Waffen entfalten mit weniger Spaltmaterial dieselbe Explosivkraft – eine wichtige Voraussetzung, um eine Kernwaffe zu verkleinern und sie auf Raketen oder gar in Artilleriegeschosse zu packen.

Mit zweistufigen thermonuklearen Waffen, besser bekannt als Wasserstoffbomben, wird die Sprengkraft von Kernwaffen noch weiter erhöht. In solchen Waffen dient eine Spaltbombe lediglich als Zünder, um die Fusionsreaktion einer zweiten Stufe auszulösen. Als Fusionsmaterial wird dabei Lithium-Deuterid verwendet. Neutronen wandeln das Lithium in Tritium um, das wiederum mit Deuterium fusioniert. Mit thermonuklearen Waffen, siehe Abb. 9.1, kann eine tausendfach höhere Sprengkraft als mit den ersten Spaltbomben erreicht werden, also Millionen Tonnen TNT.

Das grundsätzliche Bauprinzip und einige konstruktive Details einfacher Kernwaffen sind mittlerweile öffentlich bekannt. Vor allem der Bau einer Kernwaffe nach dem Kanonenrohrprinzip ist technisch sehr einfach. Die Herstellung einer Implosionswaffe bleibt nach wie vor aufwändiger, ist jedoch bei Einsatz ausreichender Ressourcen für praktisch alle Staaten technisch machbar, wie das Beispiel Nordkorea zeigt. Kernwaffen so zu verkleinern, dass sie auf Interkontinentalraketen eingesetzt werden können, ist technisch besonders schwierig. Bisher verfügen nur die fünf offiziellen Kernwaffenstaaten über solche Kernwaffen.

▷ Einfache Spaltbomben zu konstruieren, wie sie in Hiroshima und Nagasaki eingesetzt wurden, stellt heute technisch auch für Schwellenländer keine Herausforderung mehr dar. Heute ist daher die größte technische Hürde, in den Besitz von hochangereichertem Uran oder Plutonium zu gelangen.

9.4 Pfade zur Bombe

Anhand des verwendeten Spaltmaterials lassen sich grundsätzlich zwei Pfade zur Bombe unterscheiden: der Uranpfad und der Plutoniumpfad (siehe Abb. 9.2). Enge Berührungspunkte zur zivilen Kerntechnik ergeben sich beim Uranpfad vor allem durch die Anreicherungstechnologien und die zivile Nutzung von hochangereichertem Uran, zum Beispiel in der Forschung. Beim Plutoniumpfad ist die Abtrennung von Plutonium aus bestrahltem Brennstoff durch die Wiederaufarbeitungstechnik relevant. Diese beiden Pfade und die heute existierenden Mengen an spaltbaren Materialien werden im Folgenden genauer beschrieben.

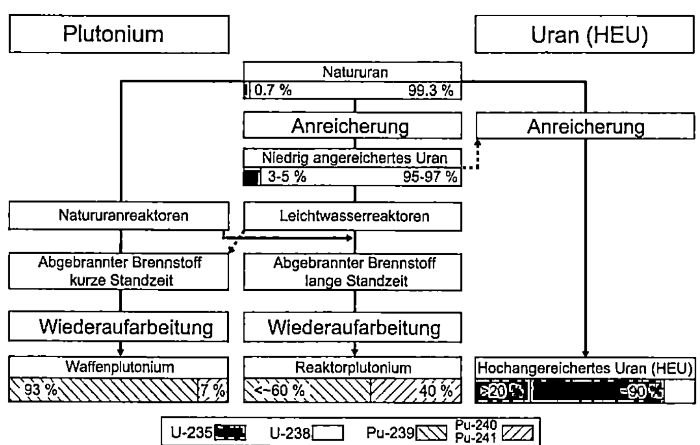

Abb. 9.2 Technologische Pfade, um Plutonium oder hochangereichertes Uran zu erzeugen

9.4.1 Urananreicherung und Bestände

Uranbrennstoff für kommerzielle Leichtwasserreaktoren muss typischerweise auf einen Anteil an Uran-235 von etwa drei bis fünf Prozent angereichert werden. Mit denselben Technologien kann der Anteil von Uran-235 aber auch auf über 90 Prozent erhöht werden, um waffentaugliches Material zu erhalten. Uran lässt sich mit verschiedenen Technologien anreichern, kommerziell genutzt werden die Gasdiffusion und Gaszentrifugen (siehe Abschn. 7.3).

Wie oben gezeigt, wird für beide Verfahren das Uran zunächst in gasförmiges Uranhexafluorid (UF_6) umgewandelt. UF_6 ist ein extrem korrosives Gas, bei Kontakt mit Wasser entsteht Flusssäure. Der Umgang mit UF_6 erfordert daher korrosionsbeständige Materialien und ist technisch sehr aufwändig.

Beide Methoden nutzen den kleinen Massenunterschied zwischen Uran-235 und Uran-238. Bei der Gasdiffusion wird UF_6 durch eine poröse Membran gedrückt. Die leichteren Moleküle sammeln sich bevorzugt hinter der Membran an. In einer Gaszentrifuge werden die Isotope durch Fliehkraft aufgrund der schnellen Rotation voneinander getrennt.

Kommerzielle Gasdiffusionsanlagen sind einige Fußballfelder groß und benötigen sehr große Mengen Energie, so dass sie meist ein eigenes Großkraftwerk besitzen. Das UF_6-Inventar in einer Gasdiffusionsanlage beträgt mehrere hundert Tonnen, und die Anlagen emittieren messbare Mengen davon. Diffusionsanlagen reagieren sehr träge, wenn sie so umgestellt werden, dass Uran nicht nur auf drei bis fünf Prozent, sondern für militärische Zwecke hochangereichert werden soll. Eine Umstellung kann mehrere Monate dauern.

Vergleichbare Gaszentrifugenanlagen passen dagegen in eine Lagerhalle und verbrauchen etwa so viel Energie wie ein großer Supermarkt. Sie beinhalten nur wenige Kilogramm UF_6, emittieren fast kein UF_6 und sind in wenigen Stunden oder Tagen auf eine Hochanreicherung umstellbar.

Bei der kommerziellen Urananreicherung sind Gaszentrifugen technisch und wirtschaftlich den älteren Gasdiffusionsanlagen überlegen und ersetzen letztere zunehmend. Aus Sicherheitsaspekten ist dieser Technologiewechsel allerdings problematisch: Denn Gaszentrifugen können viel einfacher und schneller auf eine militärische Nutzung umgestellt werden als Gasdiffusionsanlagen, sie sind wesentlich kleiner, haben einen viel geringeren Energiebedarf und sind weitgehend emissionsfrei. Dadurch lässt sich beispielsweise eine unerlaubte Nutzung schwerer entdecken. Nur ein Bruchteil der Zentrifugen einer heutigen kommerziellen Anreicherungsanlage müsste abgezweigt oder deren Verschaltung verändert werden, um ausreichend Material für einige Bomben pro Jahr zu erzeugen. Ebenso kann eine kleine Anlage relativ leicht und mit einfachen Mitteln getarnt werden. Bis heute ist es kaum möglich, so getarnte Zentrifugen von außen zu entdecken.

Uran wird nur in wenigen Ländern angereichert. Kommerzielle Anlagen zur Produktion von Reaktoruran betreiben die USA, Russland, Frankreich, Großbritannien, Deutschland und die Niederlande. Die Herstellung von hochangereichertem Uran haben die Kernwaffenstaaten fast vollständig eingestellt. Nur Indien und Pakistan produzieren weiterhin hochangereichertes Uran für militärische Zwecke.

Die weltweiten Bestände an hochangereichertem Uran im militärischen Bereich beziffern sich auf etwa 1200 Tonnen (siehe Abb. 9.3). Es wird als Material für Kernwaffen und als Brennstoff für die Kernreaktoren zum Antrieb der russischen und amerikanischen U-Boot-Flotte eingesetzt. Ein Teil des ursprünglich für militärische Zwecke produzierten hochangereicherten Urans wurde jedoch auch mit Natururan oder abgereichertem Uran heruntergeblendet und in zivilen Kernreaktoren zur Energieerzeugung verwendet. So verkaufte Russland 1993 im „Megatons to Megawatt Program" 500 Tonnen hochangereichertes Uran an

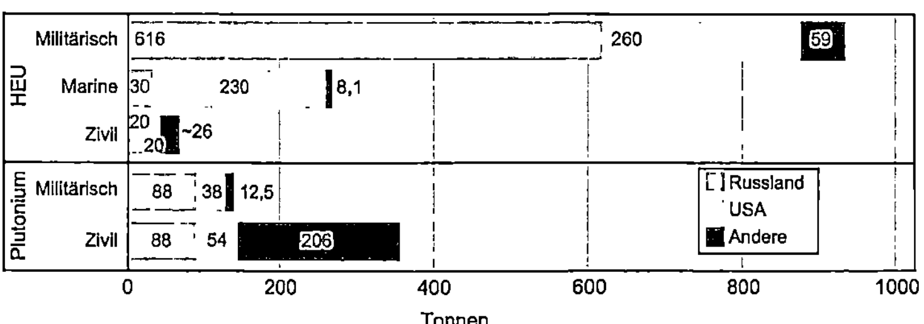

Abb. 9.3 Weltweite Bestände an hochangereichertem Uran (HEU) und separiertem Plutonium im Jahr 2011 (Daten aus [4]).

die USA, welches seither zu Reaktorbrennstoff heruntergeblendet, und in amerikanischen Kernkraftwerken eingesetzt wird.

Im Gegensatz zu Plutonium ist mit hochangereichertem Uran der Bau einer einfachen Kernwaffe nach dem Kanonenrohrprinzip möglich (siehe oben Abschn. 9.3). Dadurch ist es vor allem für Staaten oder eventuell auch substaatliche Gruppen interessant, die über relativ geringe technische Fertigkeiten verfügen: Wer es besitzt, muss keine größeren technischen Hürden mehr zum Bau einer einfachen Kernwaffe überwinden. Daher ist auch die Nutzung von hochangereichertem Uran im zivilen Bereich besonders problematisch.

Zivil wird hochangereichertes Uran vor allem in Forschungsreaktoren als Brennstoff und zur Herstellung medizinischer Isotope eingesetzt. Es gibt weltweite Bemühungen, auf dieses Material möglichst ganz zu verzichten und technologische Alternativen so zu entwickeln, dass niedrigangereichertes Uran anstelle von hochangereichertem verwendet werden kann. Im Fokus steht dabei vor allem hochangereichertes Uran, das sich außerhalb der Kernwaffenstaaten weltweit an Dutzenden Standorten vorwiegend in Forschungsreaktoren befinden. Dabei handelt es sich um etwa zehn Tonnen hochangereichertes Uran, genug zum Bau von 400 Kernwaffen.

9.4.2 Plutoniumproduktion und Bestände

In den meisten Kernwaffenprogrammen wurden mit Schwerwasser oder Graphit moderierte Natururanreaktoren (siehe Kap. 4) zur Plutoniumproduktion herangezogen. Sie eignen sich besonders, Waffenplutonium zu produzieren, da Plutonium-239 in relativ reiner Form entsteht und die Brennelemente während des Betriebes gewechselt werden können. Kernwaffenstaaten setzten in der Vergangenheit meist Reaktoren ein, die sie für die militärische Plutoniumproduktion optimierten. Mehrere Länder, darunter Indien oder Nordkorea, nutzten jedoch auch Forschungsreaktoren, die im Rahmen ziviler Programme erbaut wurden.

Auch in Kernkraftwerken zur Stromerzeugung lässt sich Plutonium mit Waffenqualität produzieren [5]. Dazu müsste lediglich die Einsatzzeit des Urans im Reaktor verkürzt werden. Dieser Weg ist technisch machbar, ökonomisch allerdings höchst unattraktiv.

Plutonium befindet sich nach seiner Entstehung im Reaktor in bestrahlten und damit hochradioaktiven Brennelementen. Deren hohe Strahlung verhindert einen direkten Zugriff auf das Plutonium. Zur militärischen Verwendung muss es durch Wiederaufarbeitung aus dem bestrahlten Brennelement abgetrennt werden. Die Wiederaufarbeitungstechnologie, siehe Abschn. 8.3, spielt für eine mögliche militärische Nutzung daher eine zentrale Rolle.

Im militärischen Bereich werden weltweit derzeit etwa 138,5 Tonnen abgetrenntes Plutonium aufbewahrt (siehe Abb. 9.3). Davon befinden sich 126 Tonnen in Russland und den USA, etwa 11 Tonnen in England, Frankreich und China. Indien, Israel, Pakistan und Nordkorea verfügen zusammen geschätzt nur etwa über 1,5 Tonnen.

Russland und Indien geben zusätzlich 10 Tonnen Plutonium an, das als strategisches Material deklariert ist, jedoch nicht direkt für Waffenzwecke bestimmt sein soll. Darüber hinaus haben die USA, Russland und England etwa 92 Tonnen Plutonium aus ehemaligen militärischen Beständen zu Überschuss erklärt. Diese Mengen werden nicht als militärisches, sondern als ziviles Plutonium gezählt. Die offiziellen Kernwaffenstaaten haben die Herstellung von Plutonium für militärische Zwecke beendet. Allerdings produzieren Indien, Pakistan und vermutlich Israel weiterhin militärisches Plutonium.

Bei der zivilen Nutzung der Kernenergie setzen viele Staaten heute auf eine direkte Endlagerung der abgebrannten Brennelemente. Einige Staaten nutzen Plutonium aber auch als spaltbares Material zur Energieerzeugung. Hierzu muss es ebenfalls abgetrennt werden. Das abgetrennte Plutonium ist dann bis zu seinem Wiedereinsatz in Kernreaktoren nicht mehr durch eine Strahlungsbarriere vor einem direkten Zugriff geschützt.

Heute wird nur ein Bruchteil der weltweit anfallenden abgebrannten Brennelemente wiederaufgearbeitet, und nur wenige Länder wie Frankreich, England, Russland und Japan verfügen über entsprechende Anlagen im kommerziellen Maßstab. Trotzdem sind die im zivilen Bereich derzeit gelagerten Bestände größer als die im militärischen Bereich (siehe Abb. 9.3). Im letzten Jahrzehnt stiegen zudem die zivilen Bestände an separiertem Plutonium jährlich um etwa zehn Tonnen Plutonium.

9.5   Perspektiven der nuklearen Nichtverbreitung

Heute, zwanzig Jahre nach dem Ende des Kalten Krieges, setzt sich die Einsicht durch, dass eine Welt mit vielen Kernwaffenstaaten dauerhaft nicht tragbar ist. Schon ein unabsichtlicher Einsatz von Kernwaffen, sei es durch einen Unfall, sei es durch Fehlreaktionen in einer Krisensituation, wie sie in der Geschichte schon mehrfach nur knapp vermieden werden konnten, würde immense Konsequenzen nach sich ziehen. Auch die Bedrohung durch einen terroristischen Einsatz von Kernwaffen wird international diskutiert. Ein großflächiger nuklearer Schlagabtausch durch Kernwaffenstaaten hätte sogar katastrophale globale Auswirkungen. International wird daher das – auch im NVV verankerte – Ziel der kompletten nuklearen Abrüstung hin zu einer kernwaffenfreien Welt wieder verstärkt diskutiert. So haben die USA und Russland 2011 einen neuen Abrüstungsvertrag abgeschlossen. Er sieht vor, die stationierten Kernwaffen auf insgesamt 2600 zu begrenzen. Auch dies ist allerdings immer noch ein Vielfaches der Anzahl von Kernwaffen, die für die komplette Vernichtung eines Staates erforderlich sind.

Der nächste Schritt sollte eine Abrüstung hin zu wenigen hundert oder gar wenigen Dutzend Kernwaffen sein. Eine solche Abrüstung würde vermutlich graduell verlaufen und dabei auch den Zeitraum zwischen einem nuklearen Einsatzbefehl und dem tatsächlichen Einsatz einer Nuklearwaffe hinausschieben. Zunächst könnte der Zeitraum bis zum Einsatz einer Kernwaffe von derzeit wenigen Minuten auf mehrere Stunden verlängert werden, etwa indem die Alarmbereitschaft der Kernwaffen verändert wird. Eine weitere Verlängerung auf Tage lässt sich dadurch erreichen, dass der Gefechtskopf von den Trägersystemen wie zum Beispiel Raketen getrennt wird. Durch die Zerlegung der Gefechtsköpfe kann der Zeitraum auf mehrere Wochen und durch eine Vernichtung des spaltbaren Materials gar auf Monate und Jahre erweitert werden. Durch die Verlängerung der Zeiten bis zu einem möglichen Einsatz von Kernwaffen können in Krisensituationen politische Lösungen gesucht und damit die Gefahr eines tatsächlichen Kernwaffeneinsatzes reduziert werden.

Bereits heute tragen zivile Kernenergieprogramme zu politischen Instabilitäten und regionalen Spannungsherden bei, wie die Beispiele Iran und Nordkorea zeigen. Bei einem Einstieg von Ländern in die Kernenergie, die bisher noch keine Kerntechnik nutzen, könnten auch sie besseren Zugriff auf Technologien und Materialien erhalten. So könnten sie potenziell auch Kernwaffen produzieren oder zumindest in den Verdacht geraten. Eine Situation, die regionale Konflikte verschärfen und in neue Rüstungswettläufe münden kann.

Je weiter die Abrüstung fortschreitet, desto strategisch bedeutsamer werden künftig auch die Bestände an spaltbarem Material sowie deren Produktionskapazitäten und damit auch die zivile nukleare Infrastruktur eines Landes, da diese einen schnellen Wiederaufbau abgerüsteter Arsenale ermöglichen könnten.

Ein nächster wichtiger Schritt, die Verbreitung von Kernwaffen zu verhindern, wäre die möglichst breite Anerkennung des Zusatzprotokolls zum Nichtverbreitungsvertag, um die Befugnisse der Internationalen Atomenergie-Organisation zu stärken. Zur Kontrolle und Begrenzung spaltbarer Materialien sollte außerdem auf die Nutzung von hochangereichertem Uran im zivilen Bereich vollständig verzichtet werden. Ebenso könnten Anlagen, die für die Produktion von Nuklearwaffen besonders relevant sind, wie die Urananreicherung und Wiederaufarbeitung, unter die Kontrolle mehrerer Länder oder internationaler Institutionen gestellt werden. Auch die Einführung von Technologien, die eine militärische Nutzung möglichst schwer machen, kann einen Beitrag leisten.

Mit einem neuen Vertrag zum Stopp der Spaltstoffproduktion – unter dem Begriff Fissile Material Cut-Off Treaty (FMCT) bereits international diskutiert – ließen sich dann die Bestände an spaltbarem Material auf dem heutigen Stand zunächst einfrieren, um sie später möglichst vollständig zu beseitigen. Bereits 1996 wurde der Vertrag über das umfassende Verbot von Nuklearversuchen, der Comprehensive Nuclear-Test-Ban Treaty (CTBT), erarbeitet, der seither zur Unterzeichnung durch die Staaten ausliegt. Dieser würde sämtliche Kernwaffentests weltweit verbieten und damit die Entwicklung oder Verbesserung von Kernwaffen massiv erschweren. Da jedoch wichtige Staaten wie die USA, Ägypten und China den Vertrag noch nicht ratifiziert und England, Israel, Indien, Pakistan, Nordkorea oder der Iran den Vertrag noch nicht einmal unterzeichnet haben, ist er bislang nicht in Kraft getreten.

Nur wenn die Kernwaffenstaaten bereit sind, neue Schritte hin zu einer vollständigen Abrüstung der bestehenden Arsenale zu gehen, lässt sich jedoch langfristig das gewünschte Ziel erreichen: nämlich den nuklearen Nichtverbreitungsvertrag durch eine Nuklearwaffenkonvention zum vollständigen Verbot von Nuklearwaffen abzulösen.

Literatur

[1]   Scott D. Sagan: The Causes of Nuclear Weapons Proliferation, Annu. Rev. Polit. Sci. 2011, 14: 225–244.

[2]   Robert F. Mozley: The Politics and Technology of Nuclear Proliferation, University of Washington Press, Washington, DC 1998.

[3]   Siegfried Hecker, Matthias Englert, Mike Miller: Nuclear Non-Proliferation, in: Fundamentals of Material for Energy and Environmental Sustainability, Eds. David S. Ginley and David Cahen, Cambridge University Press. Material Research Society, Cambridge 2012.

[4]   International Panel on Fissile Materials: Global Fissile Material Report 2011, Princeton 2011. http://fissilematerials.org/library/gfmr11.pdf

[5]   Victor Gilinsky, Marvin Miller, Harmon Hubbard: A fresh examination of the proliferation dangers of light water reactors, Washington DC 2004.

Julia Mareike Neles, Stefan Alt, Christoph Pistner

Zusammenfassung

Als wichtige Argumente für die Kernenergie werden angeführt: Sie sei kostengünstig und klimaschonend. Das Argument der Kosten gilt allerdings nur für ältere, bereits abgeschriebene Anlagen. Ein Kernkraftwerksneubau erfordert dagegen erhebliche Investitionen, die auch wieder verdient werden wollen. Neubauten werden deshalb überwiegend in Ländern vorangebracht, in denen die Gesellschaft die finanziellen Risiken mitträgt.

Im Hinblick auf den Klimaschutz sind die Freisetzungen von Klimagasen durch Kernkraftwerke zwar vergleichbar gering wie bei regenerativen Energiequellen. Doch der weltweite Anteil an der gesamten Energieerzeugung ist zu gering, um tatsächlich einen wesentlichen Beitrag zum Klimaschutz leisten zu können. Hierzu wäre ein massiver Ausbau der Kernenergie erforderlich. Aber viele Länder stellen ihre Kernenergieprogramme auf den Prüfstand, nachdem der Unfall im japanischen Kernkraftwerk Fukushima Dai-ichi der Welt vor Augen führte, dass sich auch eine Hightech-Nation mit westlichen Sicherheitsstandards nicht zuverlässig vor einer Reaktorkatastrophe schützen kann. Während Staaten wie Deutschland oder die

Julia Mareike Neles (✉), Stefan Alt, Christoph Pistner
Öko-Institut e. V., Büro Darmstadt, Rheinstraße 95, 64295 Darmstadt
Kernenergiebuch@oeko.de

J.M. Neles, C. Pistner, *Kernenergie*, Technik im Fokus
DOI 10.1007/978-3-642-24329-5_10, © Springer-Verlag Berlin Heidelberg 2012

Schweiz oder Japan den Ausstieg aus der Kernenergie beschlossen haben, überprüfen andere Länder wie China zumindest ihre bisherigen massiven Ausbaustrategien. In der Zukunft wird daher die Bedeutung der Kernenergie auch global eher zurückgehen.

10.1 Die Kosten der Kernenergie

Die Kernenergie gilt als kostengünstige Form der Energieerzeugung. Für ältere Anlagen, deren Errichtungskosten bereits abgeschrieben sind, trifft dies sicherlich zu – so beliefen sich die Betriebskosten der bestehenden deutschen Kernkraftwerke 2005 auf rund 17 Euro pro Megawattstunde elektrischer Leistung. Ob sich Strom auch mit neu gebauten Kernkraftwerken kostengünstig erzeugen lässt, ist aber eher fraglich.

Betreiber in Industrienationen beziffern die Stromerzeugungskosten beim Neubau eines Kernkraftwerks heute auf rund 54 Euro pro Megawattstunde elektrischer Leistung. Diesen Schätzwert nennt zum Beispiel Vattenfall für ein europäisches Kernkraftwerk oder der französische Stromkonzern EDF für den im Bau befindlichen Europäischen Druckwasserreaktor (EPR) in Flamanville. In den USA werden die Stromerzeugungskosten für ein neues Kernkraftwerk auf umgerechnet 49 bis 61 Euro pro Megawattstunde elektrischer Leistung geschätzt. Alle Angaben sind aber mit großen Unsicherheiten behaftet.

Zukünftig ist zu bewerten, ob die Stromerzeugung in neuen Kernkraftwerken im Vergleich zu alternativen Technologien wettbewerbsfähig sein wird. Aktuell liegen die erzielbaren Strompreise im Bereich der Wirtschaftlichkeitsschwelle neuer Kernkraftwerke. So wurden 2010 und 2011 an der europäischen Strombörse EEX für Grundlaststrom Preise von über 50 Euro pro Megawattstunde elektrischer Leistung erreicht. Für 2012 pendeln sie sich auf rund 54 Euro ein. Mittelfristig werden durchaus auch Börsenpreise zwischen 60 und 70 Euro pro Megawattstunde elektrischer Leistung erwartet. Ob mit neuen Kernkraftwerken aber tatsächlich Renditen erwirtschaftet werden können, die einen Neubau für privatwirtschaftliches Investment attraktiv machen, ist offen.

10.1.1 Investitionskosten

Die Kosten für den Strom werden bei Neubauvorhaben von Kernkraftwerken überwiegend von den Investitionskosten bestimmt. Diese Kosten sind abhängig von der Bauart und Kapazität der Anlage, von den lokalen Standortbedingungen und nicht zuletzt von den Bedingungen des Kapitalmarktes, unter denen ein Neubauvorhaben finanziert werden muss. Für jedes konkrete Vorhaben unterscheidet sich die Kalkulation. Beim Neubau eines Leichtwasserreaktors mit einer typischen Leistung zwischen 1200 und 1600 Megawatt elektrischer Leistung machen die Investitionskosten einen Anteil von rund 65 Prozent an der Kalkulation der künftigen Stromerzeugungskosten aus. Betrieb, Wartung, Rückbau und Entsorgung des Kernkraftwerks schlagen mit rund 23 Prozent zu Buche, während Brennstoffkosten bislang mit etwa zwölf Prozent einfließen.

Bei der Angabe von Neubaukosten ist zu beachten, aus welchem Blickwinkel die Aussage gemacht wird und welche Kostenbestandteile enthalten sind. So nennen die Hersteller von Kernkraftwerken Kosten, die unmittelbar durch Planung, Beschaffung und Bau des Kernkraftwerks entstehen. Betreiber hingegen gehen meist von ihrem spezifischen Kapitalbedarf aus, das heißt, sie berücksichtigen zusätzlich zu den reinen Anschaffungskosten die sogenannten „owner's costs", die bis zur Inbetriebnahme des Kraftwerks anfallen. Hierzu gehören zum Beispiel: Kosten für Landerwerb, zusätzliche Infrastrukturinvestitionen etwa in die Übertragungsnetze und die Standorterschließung, Personalschulung, Genehmigungsverfahren, Versicherungen oder das Bereitstellen von Ersatzteilen. Die Kosten, die der Betreiber zusätzlich berücksichtigen muss, sind sehr variabel. Denn sie hängen entscheidend von den örtlichen Voraussetzungen ab, zum Beispiel der vorhandenen Infrastruktur oder dem Kostenniveau im Land. Zusätzlich ist zu berücksichtigen, ob es sich um „overnight costs" oder „total capital investment costs" handelt. Während die erste Angabe nur die Kosten berücksichtigt, die bei einer Fertigstellung „über Nacht" fällig würden, beinhaltet der Gesamtkapitalbedarf zusätzlich auch Kapitalzinsen, Inflation und Kostensteigerung während der Bauzeit.

Dies erklärt die Bandbreite an Kostenschätzungen, die in der Literatur zu finden sind. Anbieter von Kernreaktoren schätzten die Baukosten in den letzten Jahren auf 1500 bis 3000 Euro pro installiertem Kilowatt elektrischer Leistung, im Mittel auf 2300 Euro. Die wohl bekannteste Kostenschätzung eines Anbieters liegt für den finnischen Reaktor Olkiluoto-3 vor (siehe Beispiel).

Die „overnight costs" beziffern Betreiber auf 1900 bis 4000 Euro pro installiertem Kilowatt elektrischer Leistung. Im Mittel liegen die Schätzungen bei rund 3000 Euro. Für den Gesamtkapitalbedarf werden Kosten zwischen 2000 und 5000 Euro pro installiertem Kilowatt elektrischer Leistung erwartet. Im Mittel belaufen sich die Angaben auf rund 3100 Euro. Von den Mittelwerten ausgehend, heißt das für einen Reaktor mit 1600 Megawatt: zu den Baukosten von 3,7 Milliarden Euro sind noch weitere 1,3 Milliarden Euro dazu zu rechnen, um den Gesamtkapitalbedarf zu erfassen.

Beispiel

Der Kraftwerksneubau Olkiluoto-3 in Finnland

Als im Januar 2002 der finnische Ministerrat den Neubau eines Kernkraftwerks des Typs Europäischer Druckwasserreaktor (EPR) mit einer Kapazität von 1600 Megawatt elektrischer Leistung befürwortete, bezifferten die Planer die Baukosten auf maximal 2,5 Milliarden Euro. Bei Vertragsabschluss zwei Jahre später vereinbarten die beiden Parteien, die finnische Betreibergesellschaft TVO und der französische Anbieter AREVA NP, eine feste Kaufsumme für das schlüsselfertige Kraftwerk von 3,2 Milliarden Euro.

Baubeginn des Reaktors war im August 2005. Ende 2008 lagen die Bauarbeiten weit hinter dem Zeitplan zurück. Die ursprünglich für Mitte 2009 vorgesehene Inbetriebnahme wird Anfang des Jahres 2012 erst für die zweite Jahreshälfte 2013 erwartet. Das sind vier Jahre Verzug. Der künftige Betreiber TVO schätzt den dadurch entstandenen ökonomischen Schaden auf etwa 2,4 Milliarden Euro.

Neben den zeitlichen Verzögerungen schätzen Experten die Baukosten mittlerweile auf 5,7 Milliarden Euro – das entspricht rund 3500 Euro pro Kilowatt installierter elektrischer Leistung und liegt etwa 2,5 Milliarden Euro über dem vertraglich vereinbarten Festpreis. Dabei handelt es sich um die anbieterseitigen Kosten für Planung, Beschaffung und Bau des Kraftwerks. Die zusätzlichen Kosten des späteren Betreibers, die „owner's costs", sind darin nicht enthalten. Hierzu gibt es keine offiziellen Angaben.

Die Erfahrungen beim Bau von Olkiluoto-3 beeinflussen auch die Kostenangaben für den zweiten EPR-Reaktor, der im französischen Flamanville gebaut wird. Die Kosten werden hier mittlerweile auf fünf Milliarden Euro anstelle der ursprünglich geplanten 3,3 Milliarden Euro geschätzt. Aktuell gehen Experten davon aus, dass bei Kernkraftwerken des Typs EPR die allgemeinen Baukosten zwischen fünf und sechs Milliarden Euro liegen.

Die hohen Kapitalkosten für den Bau eines Reaktors werden erst nach langem Betrieb durch die Einnahmen wieder gedeckt. Typische Refinanzierungszeiträume liegen im Bereich von zwei bis drei Jahrzehnten. Jede Verzögerung beim Bau eines Kernkraftwerks, unabhängig davon, ob sie technische, organisatorische oder auch gesellschaftliche Ursachen hat, verzögert auch die Refinanzierung, erhöht die Kapitalkosten und verringert somit die Kapitalrendite.

Ein relevanter Teil der Investitionskosten entsteht auch durch die hohen Anforderungen an die Sicherheit der Anlagen. In Reaktion auf die Ereignisse in Fukushima ist davon auszugehen, dass die weltweiten Standards für die kerntechnische Sicherheit erheblich angehoben werden müssen, um eine gesellschaftliche Akzeptanz für Neubauprojekte zu schaffen oder zu erhalten. Wie stark dies die Anfangsinvestitionen in neue Kernkraftwerke erhöhen wird, ist aus heutiger Sicht noch nicht absehbar.

10.1.2 Weitere Kostenfaktoren

Neben den reinen Investitionskosten sind zusätzliche wirtschaftliche Risiken und externe Kosten zu berücksichtigen, die nur bedingt abschätzbar sind, aber die Wirtschaftlichkeit eines Kernkraftwerkneubaus erheblich beeinflussen.

So bestehen große Unsicherheiten darüber, welche Laufzeit und welche Auslastung ein neues Kernkraftwerk im Normalbetrieb erreichen kann. Häufig wird für Neubauten von einer 90-prozentigen Auslastung über eine Laufzeit von 60 Jahren ausgegangen. Doch solche Zahlen lassen sich anhand der praktischen Erfahrungen nicht belegen. Die ältesten noch aktiven Kernkraftwerke haben gerade eine Laufzeit von 40 Jahren überschritten. Ob ein Kernkraftwerk 60 Jahre am Netz bleiben wird, ist aus ökonomischen wie aus Sicherheitsgründen völlig offen.

Eine Auslastung von über 90 Prozent wurde zwar für begrenzte Zeiträume erreicht, beispielsweise in der jüngsten deutschen Anlage Neckarwestheim-2. Sie war seit Betriebsbeginn 1989 bis 2009, also in den ersten 20 Jahren ihrer Laufzeit, zu 93,3 Prozent verfügbar. Nach den bisherigen Betriebserfahrungen ist dies aber nicht über die gesamte Lebensdauer eines Kernkraftwerks möglich. Im langjährigen Durchschnitt erreichten deutsche Kernkraftwerke insgesamt nur eine Auslastung von etwa 82 Prozent. Mit zunehmendem Alter einer Anlage werden längere Ausfallzeiten – zum Beispiel für Nachrüstungen – immer wahrscheinlicher.

Damit das eingesetzte Kapital und die erhoffte Rendite erwirtschaftet werden, muss ein Kernkraftwerk über Jahrzehnte stabil und störungsfrei laufen. Ein weiterer Unfall würde die Nutzung der Kernenergie in vielen Ländern gesellschaftlich endgültig in Frage stellen. Dabei ist es nach den Erfahrungen von Tschernobyl und Fukushima unerheblich, ob sich ein Unfall im eigenen oder in einem anderen Land ereignet. Entsprechend stellt auch die Unwägbarkeit eines weiteren schweren Unfalls ein großes Risiko für die angestrebte Laufzeit eines Kernreaktors und somit für das eingesetzte Kapital dar.

Die Liberalisierung der Strommärkte sorgt in Kombination mit dem weltweiten Ausbau der erneuerbaren Energien zusätzlich dafür, dass Großkraftwerke künftig eine immer geringere Rolle spielen werden.

Um die weltweiten Klimaziele zu erreichen, wächst der Anteil erneuerbarer, aber zeitlich variabler Energiequellen stetig. In der Folge wird sich das Einspeiseverhalten fossiler oder nuklearer Großkraftwerke ändern. Es wird zukünftig in immer stärkerem Maße auch von dem steigenden Angebot erneuerbarer Energien sowie der Kraft-Wärme-Kopplung bestimmt. Deutschland gilt dabei als vorbildlich, Instrumente ähnlich dem deutschen Erneuerbare-Energien-Gesetz finden mittlerweile weltweit breite Anwendung.

Diese Entwicklung bedingt einerseits ein intelligentes und flexibles Management bei Stromerzeugung und Stromverbrauch und setzt andererseits der Auslastung von Grundlastkraftwerken künftig Grenzen. Denn es werden immer mehr Lastfolgekraftwerke und Speichertechnologien benötigt, die flexibel und verbrauchsorientiert Strom liefern. Die Folge: Der Bedarf an immer verfügbarer Grundlast und damit auch der Bedarf an entsprechenden Großkraftwerken geht zugunsten einer flexiblen Stromerzeugung zurück.

Auch aus diesen Gründen bleibt es fraglich, ob die lange Lebensdauer und die hohe Auslastung, wie sie Wirtschaftlichkeitsberechnungen neuer Kernkraftwerke zugrunde liegen, realisierbar sind. Privatwirtschaftliche Investitionen in den Neubau eines Kernkraftwerks bergen vor diesem Hintergrund erhebliche Risiken bei unsicheren Renditen.

Wirtschaftliche Erwägungen können Kernkraftwerksprojekte in allen Stadien der Planung und Realisierung scheitern lassen. Der Stopp des südafrikanischen Atomprogramms ist dafür ein Beispiel. Der südafrikanische Energieversorger ESKOM hat Ende 2008 die erste Stufe seines Nuklearprogramms zum Bau von insgesamt 20.000 Megawatt elektrischer Leistung an Kernenergiekapazität auf unbestimmte Zeit verschoben. Die bis dato vorliegenden Angebote für die ersten Neubauvorhaben seien nicht zu finanzieren, hieß es.

Auch US-amerikanische Energieversorger stellen ihre Neubauprojekte verstärkt selbst in Frage. Im Januar 2008 wurde bekannt, dass Mid American Nuclear Energy aus Kostengründen auf den Neubau eines geplanten Kernkraftwerks in Idaho verzichtet. Entergy Corp. hat Pläne für einen Reaktorneubau unter Verweis auf ständig steigende Kostenschätzungen des Anlagenanbieters GE Hitachi auf unbestimmte Zeit verschoben. Die Exelon Corp., der derzeit größte Kernkraftwerksbetreiber in den USA, erteilte im Mai 2009 einem Neubauprojekt in Texas vorerst eine Absage. Der Grund: Das Projekt erhält keine Unterstützung aus dem Bürgschafts-Budget, das die US-Regierung aufgelegt hat. 2010 gab das Unternehmen hierzu bekannt, der Neubau von Kernkraftwerken sei derzeit zu teuer und ein Engagement im Bereich Gas und Windkraft wirtschaftlich attraktiver. Constellation Energy hat sich 2010 trotz staatlicher Bürgschaft aus einem Neubauvorhaben in Maryland zurückgezogen, weil die von der US-Regierung geforderten Bürgschaftskosten zu hoch seien.

In der Vergangenheit hat die Kernenergie in Deutschland, aber auch weltweit sehr hohe staatliche Hilfen erhalten – umgerechnet etwa 2000 Euro je installiertem Kilowatt (Stand 2006) [4]. Die bisherige Förderung erneuerbarer Energien beträgt demgegenüber etwa 590 Euro je installiertem Kilowatt (Stand 2006), die Förderung durch das Erneuerbare-Energien-Gesetz miteingerechnet [4]. Die staatliche Förderung neuer Technologien ist ein weit verbreitetes politisches Instrument. Sie verfolgt das Ziel, neue Technologien besser zu verbreiten und ihren Einstieg in den Markt zu erleichtern. Langfristig sollen die geförderten Technologien aber ohne Hilfen am Markt bestehen können.

▷ Aufgrund des hohen Investitionsbedarfs wäre ohne staatliche Förderung die Markteinführung für Kernenergie nicht möglich gewesen.

Unabhängig von der massiven staatlichen Unterstützung in der Vergangenheit können neue Kernkraftwerke heute jedoch immer noch nicht vollständig privatwirtschaftlich realisiert werden. So schreiten Neubauprojekte aktuell nur dort konkret voran, wo

- staatliche Gelder fließen wie zum Beispiel in den USA,
- der Strommarkt nicht wettbewerblich organisiert ist wie in Frankreich, Russland und China
- oder das grundsätzliche Interesse am Bau eines Prototyps größtenteils aufseiten des Herstellers liegt wie in Finnland.

Die wirtschaftlichen Risiken tragen in diesen Fällen letzten Endes nicht die Kraftwerksbetreiber, sondern Stromkunden, Steuerzahler oder die Hersteller selbst.

10.2 Das Argument des Klimaschutzes

Der Beitrag der Kernenergie zum Klimaschutz wurde in den letzten Jahren häufig diskutiert. 2008 betrug der weltweite Anteil der Kernenergie am Primärenergieverbrauch knapp sechs Prozent. Den weitaus größten Anteil am Primärenergieverbrauch hat der Energieträger Öl mit

33 Prozent, gefolgt von Kohle mit 27 Prozent und Gas mit 21 Prozent
[1]. Über 80 Prozent unseres weltweiten Primärenergieverbrauchs stellen demzufolge fossile Energieträger bereit.

▷ Unter **Primärenergie** wird die Energie verstanden, die mit fossilen Energieträgern wie Kohle, Öl, Gas und erneuerbaren Energieträgern wie Wind, Wasser und Sonne sowie mit Uran beziehungsweise der Kernenergie verfügbar ist. Damit der Verbraucher diese Primärenergie als **Endenergie** nutzen kann, muss sie umgewandelt werden, etwa durch Verbrennung von Kohle oder Gas im Kraftwerk, um Strom zu erzeugen, oder durch Aufbereitung von Öl, um es als Treibstoff für den Verkehr einzusetzen.

Da Kernenergie praktisch ausschließlich genutzt wird, um Strom zu erzeugen, wird häufig nur ihr Anteil an der Stromerzeugung angegeben. Der Anteil der Kernenergie im Stromerzeugungsmix unterscheidet sich in den Staaten, die Kernenergie nutzen, von typischerweise 20 bis 30 Prozent Kernenergieanteil am Strom bis zu rund 78 Prozent in Frankreich. Weltweit trug sie 2009 mit weniger als 15 Prozent zur gesamten Stromerzeugung bei. Damit rangiert die Kernenergie sogar hinter der Wasserkraft, die rund 16 Prozent des weltweiten Stroms liefert. Der Energieträger Kohle dominiert mit 41 Prozent bisher den Stromerzeugungsmix. In Ländern wie China und Indien, die zuletzt stark auf Kernenergie gesetzt haben, spielt diese mit 1,7 beziehungsweise 3,7 Prozent bislang immer noch eine sehr geringe Rolle für die Stromerzeugung.

Beispiel

Energieträger in Deutschland

Auch in Deutschland hatten im Jahr 2011 die fossilen Energieträger wie Kohle, Öl und Erdgas mit 58 Prozent den größten Anteil an der Stromerzeugung. 19 Prozent entfielen auf die regenerativen Energieträger. Der Anteil der Kernenergie betrug im Jahr der Abschaltung der älteren Reaktoren 18 Prozent.

Kohlekraftwerke stoßen große Mengen an klimaschädlichen Treibhausgasen aus, weshalb ein Umstieg hin zu anderen Energieträgern und zu mehr Energieeffizienz erforderlich ist. Die Kernenergie wird in diesem Zusammenhang häufig als klimaneutrale Alternative dargestellt. Tatsächlich entsteht beim laufenden Betrieb eines Kernkraftwerks praktisch kein CO_2. Die Technik insgesamt ist jedoch keineswegs CO_2-frei. Bei der gesamten Prozesskette vom Bau über den Betrieb bis zur Entsorgung und insbesondere bei der Urangewinnung und Brennstoffherstellung entstehen Treibhausgase. So erfordern der Abbau und die Verarbeitung von Uranerz, die Anreicherung des spaltbaren Urans und die Brennelementherstellung Energie. Auch der Bau eines Kernkraftwerks und die Gewinnung der dazu erforderlichen Materialien sind energieintensiv. Für viele Prozesse werden fossile Primärenergieträger umgesetzt und so Treibhausgase erzeugt.

▷ Zur Beurteilung der CO_2-Emissionen eines Kraftwerks zur Stromerzeugung muss die gesamte Prozesskette berücksichtigt werden, von der Rohstoffgewinnung bis zur Umsetzung in Strom.

Tabelle 10.1 stellt die CO_2-Emissionen verschiedener Wege der Stromproduktion dar und berücksichtigt dabei die gesamte Prozesskette. Dabei wird deutlich: Gegenüber einem konventionellen Kohlekraftwerk spart das Kernkraftwerk zwar erhebliche Mengen an CO_2 ein. Aber auch regenerative Energiequellen produzieren vergleichbar geringe CO_2-Mengen. Klimaschutz ist also auch mit anderen Energiequellen erreichbar.

Wissenschaftler am Massachusetts Institute of Technology haben 2003 untersucht, welche Kernenergie-Infrastruktur in der Zukunft nötig wäre, um den globalen Ausstoß an Treibhausgasen bedeutend zu verringern. Die Studie nimmt dabei an, dass der weltweite Stromverbrauch im Zeitraum 2000 bis 2050 pro Jahr zwischen 1,5 und 2,5 Prozent wachsen wird. Soll der Anteil der Kernenergie an der weltweiten Stromversorgung gleich bleiben oder sich sogar auf angenommene 25 Prozent erhöhen, müsste die installierte Kraftwerksleistung im Jahr 2050 dann zwischen 650 und 1545 Gigawatt elektrische Leistung betragen. Bei einer installierten Leistung von 1000 Gigawatt könnte die Kernenergie dann im Jahr 2050 1800 Millionen Tonnen an CO_2-Äquivalenten einsparen. Dies entspräche etwa zehn Prozent der heutigen globalen Treibhausgas-Emissionen und könnte als relevanter Beitrag angesehen werden. Dazu müssten im Jahr 2050 zwischen 1000 und 1500 Reaktoren mit jeweils

Tab. 10.1 Gesamte Treibhausgasemissionen verschiedener Stromerzeugungsoptionen einschließlich vorgelagerter Prozesse und Stoffeinsatz zur Anlagenherstellung; Daten: Öko-Institut 2007 und 2012

Strom aus:	Emissionen in Gramm pro Kilowattstunde elektrischer Energie	
	CO_2-Äquivalente (inklusive weiterer Klimagase)	Nur CO_2-Ausstoß
Kernkraftwerk (Uran nach Import-Mix)	32	31
Kernkraftwerk (Uran nur aus Russland)	65	61
Braunkohle-Kraftwerk	1153	1142
Braunkohle-Heizkraftwerk	729	703
Erdgas-Gas-und-Dampf-Heizkraftwerk*	148	116
Erdgas-Blockheizkraftwerk*	49	5
Windpark onshore	10	9
Windpark offshore (ohne zusätzliche Netzanbindung)	5	4
Wasserkraftwerk	6	6
Solarstrom Deutschland	18–78	15–66

* gerechnet mit Wärmegutschrift

1000 Megawatt elektrischer Leistung installiert sein. Zum Vergleich: Heute sind weltweit 435 Kernkraftwerke in Betrieb.

Praktisch alle heute laufenden Anlagen werden jedoch bis zum Jahr 2050 aufgrund ihres Alters abgeschaltet sein. Wie könnten solche Ausbau-Szenarien also aussehen? Dazu ein Gedankenspiel: Um bis 2050 einen – aus Sicht der Studie nennenswerten – Beitrag zum Klimaschutz zu leisten und einen hohen Anteil der Kernenergie an der Stromversorgung von beispielsweise 1200 Gigawatt zu erreichen – das entspräche also einer Verdreifachung der heutigen Kraftwerksleistung –, müssten die hierfür erforderlichen Anlagen zwischen den Jahren 2010 und 2050 neu errichtet werden. Geht man von 1000 Megawatt elektrischer Leistung pro Anlage aus, wären hierzu 1200 Kernkraftwerke erforderlich. Dies würde bei sofortigem Baubeginn einen mittleren jährlichen Neubau von 30.000 Megawatt installierter Kraftwerksleistung oder die Inbetriebnahme von durchschnittlich 30 Reaktoren pro Jahr bedeuten.

Dem steht gegenüber, dass während der vergangenen zehn Jahre im Mittel nur 2700 Megawatt pro Jahr neu in Betrieb genommen wurden. Selbst in der Periode des stärksten weltweiten Neubaus von Kernkraftwerken um 1980 betrug die mittlere Kapazität, die jährlich ans Netz ging, nur etwa 21.000 Megawatt. Das entspricht auch nur etwa zwei Drittel dessen, was für einen umfassenden Ausbau bis zum Jahr 2050 erforderlich wäre. Ein Ausbau der Kernenergie bis auf ein Niveau, bei dem die Kernenergie signifikant zum Erreichen der Klimaschutzziele beiträgt, ist deshalb aus heutiger Sicht nicht realistisch.

10.3 Konsequenzen aus Fukushima

Aus der Reaktorkatastrophe von Tschernobyl vor über 25 Jahren wurden nur begrenzt Lehren gezogen. Das Gros der Experten und zuständigen Behörden, die den Unfall analysierten und bewerteten, beschränkte sich darauf, den Blick ausschließlich auf die spezifischen Daten und ortstypischen Gegebenheiten zu richten. Entsprechend lautete die Schlussfolgerung: Genau so ein Unfallablauf, wie er sich in Tschernobyl ereignete, ist an anderen Standorten nicht möglich, da beispielsweise der Reaktortyp im eigenen Land gar nicht betrieben wird. Zwar wurden in der Folge von Three-Mile-Island und Tschernobyl zusätzliche Maßnahmen im Rahmen des anlageninternen Notfallschutzes weltweit diskutiert und eingeführt, siehe Abschn. 5.8. Doch auch diese zusätzlichen Maßnahmen konnten das grundsätzliche Unfallrisiko nicht wesentlich beeinflussen, wie auch der Unfall in Fukushima gezeigt hat.

Im Jahr eins nach Fukushima sind die nuklearen Aufsichtsbehörden der einzelnen Länder und Organisationen wie insbesondere die Internationale Atomenergie-Organisation noch vollauf damit beschäftigt, die Ereignisse aufzuarbeiten und daraus Konsequenzen zu ziehen. Ob die bisher getroffenen Maßnahmen ausreichen und Wirkung zeigen werden, ist bislang allerdings offen.

Zunächst zeigte sich die Politik verschiedener Länder auch von den Ereignissen in Fukushima nahezu unbeeindruckt. Als Beispiel sei der geplante Neueinstieg Polens und der Türkei in die Kernenergie genannt.

Einige Staaten wie Deutschland, Belgien und die Schweiz haben sich dagegen für den Ausstieg entschieden.

Insgesamt hat sich die Ansicht durchgesetzt, dass grundsätzliche Lehren aus Fukushima zu ziehen sind. Dies gilt insbesondere auch für Japan selbst, dessen Aufsichtsbehörde eine erweiterte Überprüfung der Reaktoren anordnete, bevor Anlagen nach ihrer turnusgemäßen Revision wieder angefahren werden können. Zusätzlich muss die zuständige Präfektur dem Wiederanfahren eines Reaktors zustimmen. Deren Vorstellungen über Art und Intensität der Überprüfung sind oft restriktiver als die der Zentralbehörden. Als eine Maßnahme sollen die Laufzeiten der bestehenden Kernkraftwerke auf vierzig Jahre begrenzt werden. Ein Jahr nach Fukushima waren alle 54 Reaktoren vorübergehend abgeschaltet. Wie viele von diesen wieder anfahren dürfen und wann das sein wird, ist noch völlig offen. Die japanische Regierung hat eine vollständige Überprüfung der grundsätzlichen Energiepolitik angeordnet mit dem Ziel, die Abhängigkeit von der Kernenergie zu reduzieren.

Auch in Frankreich, dem Land mit den meisten Reaktoren in Westeuropa, etabliert sich eine kritische Haltung zum Ausbau der Kernenergie in breiteren politischen Kreisen. So hat der 2012 neu gewählte Präsident François Hollande angekündigt, die Abhängigkeit Frankreichs von der Atomenergie zu verringern. Dazu ist geplant, bis 2025 zunächst 24 Kernkraftwerke zu schließen.

Wie sich die Planungen zu Neubauvorhaben in den USA weiterentwickeln werden, ist noch weitgehend offen. Alle diese Aktivitäten sind von einer massiven finanziellen Unterstützung durch die US-amerikanische Regierung abhängig. Bislang hält die Regierung an ihrer Unterstützung der Kernenergie fest.

In China, dem Land mit den meisten laufenden Neubauvorhaben, ist die Zukunft der Kernenergie ungewiss. Nach dem Unfall in Fukushima hat auch China eine Überprüfung der Sicherheit aller laufenden und in Bau befindlichen Anlagen angeordnet. Die Bauvorhaben sind dadurch vorübergehend ausgesetzt. Auch für die Anlagen, die sich noch in Planung befinden, will die chinesische Regierung zunächst die Sicherheitsvorschriften neu bestimmen, die auf Basis der Erkenntnisse aus Fukushima für die Zukunft erforderlich sind. Erst dann können weitere Bauvorhaben genehmigt werden.

Die Schweiz hat dem zunächst geplanten Neubau von Kernkraftwerken eine Absage erteilt und will mit einem Ausstiegsgesetz die Laufzeiten der bestehenden Anlagen begrenzen. In Belgien gab es seit 2003 ein Gesetz, mit dem ein Ausstieg aus der Kernenergie festgelegt worden war. Im Rahmen der weltweiten Diskussion um eine Renaissance der Kernenergie war auch dieses Gesetz zuletzt in Frage gestellt worden. In der Folge des Ereignisses in Fukushima wurde jedoch der bereits beschlossene Ausstieg aus der Kernenergie erneut bestätigt. In Italien, das bereits nach Tschernobyl aus der Kernenergie ausgestiegen war, kam es im Juni 2011 zu einer Volksabstimmung über den Wiedereinstieg in die Kernenergie. Hier stimmten fast 95 Prozent der Bevölkerung gegen die erneute Einführung.

Deutschland ist nach 2011 einen Schritt weiter gegangen als 1986. Das Land hat den nach Fukushima eingeleiteten Lernprozess genutzt und seine Sicherheitsstrategien für kerntechnische Anlagen überprüft [6]. Im Fokus standen dabei insbesondere solche – prinzipiell denkbaren – Ereignisse, die die Auslegung einer Anlage überschreiten, unabhängig von ihrer Eintrittswahrscheinlichkeit. So unterstellten die Experten außergewöhnliche Hochwasserereignisse, den gleichzeitigen Ausfall der externen Stromversorgung und aller Notstromdiesel oder einen Ausfall der gesamten Kühlwasserzufuhr und loteten aus, welche Handlungsmöglichkeiten in so einem Fall verbleiben. Auch der absichtliche Flugzeugabsturz auf die Anlagen wurde durchgespielt, um die tatsächlich vorhandenen Sicherheitsreserven zu testen. Im Ergebnis hätte keine der Anlagen alle angenommenen Ereignisse sicher beherrscht. Die Bundesregierung hat in der Folge beschlossen, die älteren Kernkraftwerke sofort vom Netz zu nehmen und für die neueren eine gestaffelte Laufzeitbeschränkung in das Atomgesetz aufzunehmen, siehe Kap. 1.

Der Erkenntnis, dass wir die Kernenergie nicht brauchen, um die Treibhausgase relevant zu verringern, wird in Deutschland unter dem Stichwort Energiewende Rechnung getragen. Der Umbau der Energiewirtschaft hin zu erneuerbaren Energien ist in Gang. Allerdings sind noch viele Aufgaben in den nächsten Jahren zu lösen, um die gesteckten Ziele zu erreichen.

Die Ziele der deutschen Energie- und Klimapolitik (Stand Oktober 2011):

- Gegenüber dem Basisjahr 1990 sollen die klimaschädlichen Treibhausgase bis 2020 um 40 Prozent, bis 2030 um 55 Prozent, bis 2040 um 70 Prozent und bis 2050 um 80 bis 95 Prozent sinken.
- Der Primärenergieverbrauch soll bis zum Jahr 2020 um 20 Prozent und bis 2050 um 50 Prozent verringert werden.
- Bezogen auf den Endenergieverbrauch soll die Energieproduktivität um 2,1 Prozent pro Jahr steigen.
- Gegenüber dem Jahr 2008 soll der Stromverbrauch bis 2020 um zehn Prozent und bis 2050 um 25 Prozent sinken.
- Gegenüber dem Jahr 2008 soll in Gebäuden der Wärmebedarf bis 2020 um 20 Prozent reduziert werden und bis 2050 der Primärenergiebedarf um 80 Prozent.
- Erneuerbare Energien sollen bis 2020 einen Anteil von 18 Prozent, bis 2030 von 30 Prozent, bis 2040 von 45 Prozent und bis 2050 von 60 Prozent am Bruttoendenergieverbrauch erreichen.
- Der Anteil der erneuerbaren Energien am Bruttostromverbrauch soll bis 2020 mindestens 35 Prozent betragen. Bis 2030 soll er auf 50 Prozent, bis 2040 auf 65 Prozent und bis 2050 auf 80 Prozent steigen.

Weiterführende Literatur

[1] International Energy Agency (IEA): 2010 Key World Energy Statistics, Paris 2010.

[2] Bundesministerium für Wirtschaft und Technologie (BMWI): Energiedaten – internationale und nationale Entwicklung, Stand März 2012.

[3] Öko-Institut e. V.: Treibhausgasemissionen und Vermeidungskosten der nuklearen, fossilen und erneuerbaren Strombereitstellung, Darmstadt 2007. Sowie: Öko-Institut e.V., Aktualisierung von Ökobilanzdaten für Erneuerbare Energien im Bereich Treibhausgase und Luftschadstoffe – Endbericht, Darmstadt 2012.

[4]   Deutsches Institut für Wirtschaftsforschung (DIW) Berlin: Fachgespräch zur
       Bestandsaufnahme und methodischen Bewertung vorliegender Ansätze zur
       Quantifizierung der Förderung erneuerbarer Energien im Vergleich zur Förde-
       rung der Atomenergie in Deutschland, Abschlussbericht, Berlin 2007.
[5]   Bundesministerium für Wirtschaft und Technologie (BMWI), Bundesministe-
       rium für Umwelt, Naturschutz und Reaktorsicherheit (BMU): Energiekonzept
       für eine umweltschonende, zuverlässige und bezahlbare Energieversorgung,
       Berlin 2010. Dieselben: Energiewende 2011, Berlin 2011.
[6]   Reaktorsicherheitskommission: Anlagenspezifische Sicherheitsüberprüfung
       (RSK-SÜ) deutscher Kernkraftwerke unter Berücksichtigung der Ereignisse
       in Fukushima-I (Japan). Stellungnahme vom 16.05.2011, Bonn 2011.
       http://www.rskonline.de

Stichwortverzeichnis

A

Abfälle
    Abfälle mit vernachlässigbarer
        Wärmeentwicklung, 162
    wärmeentwickelnde Abfälle,
        162, 180
Abklingen, 42
Abluft, 78
Abraumhalden, 155
Abwasser, 78
Aktinide, 29, 38, 164
Aktivierung, 49, 164
Alterung, 111
anlageninterne Notfallmaßnahmen,
    116
anomaler Betrieb, 98
Asse, 15, 174
Atomkonsens, 7, 169
Atomprogramm, 6
Ausstieg, 7

B

Barrieren, 95, 101
Barsebäck, 104

Betriebsabfälle, 163
Brennelement, 67, 152
    Brennelement, abgebranntes,
        67, 164

C

CANDU-Reaktor, 73
Castoren, 170
Castor-Transporte, 15, 168
CO_2-Emissionen, 218

D

Davis Besse, 98, 111
Diversität, 111
Dosis, 51, 59, 80, 118
    Dosis, effektive, 52
    Folgedosis, 53
    Kollektivdosis, 53
Dosis-Wirkungs-Zusammenhang,
    59
druckführende Umschließung, 95
Druckwasserreaktor, 65, 102
Dual-Use, 194

J.M. Neles, C. Pistner, *Kernenergie*, Technik im Fokus
DOI 10.1007/978-3-642-24329-5, © Springer-Verlag Berlin Heidelberg 2012

E

Einzelfehler, 110
Elektronenvolt, 23
Endlagerbedingungen, 177
Endlagerung, 172
Energiewende, 222
Evakuierung, 118, 134
Exposition, 51

F

Forsmark, 107, 184
Fukushima, 3, 9, 58, 109, 126,
   163, 220

G

gefilterte Druckentlastung, 118, 129
gestaffeltes Sicherheitskonzept, 96
Glaskokillen, 168
Gorleben, 12, 179

H

Halbwertszeit, 25, 42
   biologische Halbwertszeit, 54
   physikalischen Halbwertszeit, 54
Haldenlaugung, 156
Hiroshima, 58, 199
Hochtemperaturreaktor, 83
Hüllrohr, 66, 95

I

In-situ-Laugung, 149, 157
Internationale Atomenergie-
   Organisation, 3, 190, 220
Inventar, 51, 78
Investitionskosten, 211
Isotop, 24

K

Kernfusion, 28, 200
Kernschmelze, 92, 116
Kernspaltung, 2, 29, 198
Kernwaffen, 34, 190
   Kernwaffenstaaten, 191
Kettenreaktion, 31
Konditionierung, 170
Konrad, 15, 176
Kontamination, 53
Konversion, 150
Kritikalität, 32
kritische Masse, 32
Kühlmittelverluststörfälle, 99

L

langfristige Umsiedlung, 119
Leichtwasserreaktoren, 34, 65
Leukämie, 58
Liquidatoren, 126

M

Magnox-Reaktor, 74
Massendefekt, 26
Moderation, 34

N

Nachzerfallswärme, 37, 70, 92
Nagasaki, 58, 199
Natürliche Strahlenbelastung, 79
Neutronen, 23, 49
   schnelle Neutronen, 34
   thermische Neutronen, 34
Nichtverbreitung, 3, 190
Not- und Nachkühlsystem, 103·
Notspeisesystem, 102
Notstandseinrichtungen, 116
Notstromsystem, 106
Nukleonen, 23
Nuklide, 24

O

Olkiluoto, 82, 212
Östhammar, 184

P

Plutonium, 37, 50, 76, 167, 197
Primärenergieverbrauch, 216
Proliferation, 190
Protonen, 23

R

Radioaktivität, 24, 42
Radioaktivitätsgehalt, 163
Radionuklide, 42, 51
Radon, 79, 153
RBMK-Reaktor, 75, 122
Reaktivität, 32, 94
Reaktivitätsstörfälle, 99
Reaktorschutzsystem, 105
Redundanz, 110
Rückbauabfälle, 164

S

Safeguards, 191
Schnellabschaltsystem, 102
Schneller Brüter, 14, 38, 76, 86, 167
Schutzziele, 94
Schwellenwert, 57, 59
Sicherheitsbehälter, 69, 95
Sicherheitsebenen, 97
Sicherheitsmanagement, 114
Sicherheitssystem, 101
Siedewasserreaktor, 71, 127
Spaltprodukte, 37, 164
Spontanspaltung, 30, 200
Störfall, 98
Strahlenrisiko, 58
Strahlenschäden, akute, 51, 57
Strahlenschäden, stochastische, 57

Strahlung, 42
    Alpha-Strahlung, 44
    Beta-Strahlung, 47
    Gamma-Strahlung, 48

T

Tagebau, 148
Tailings, 146, 148, 153
Three-Mile-Island, 3, 100, 220
Transienten, 99
Transmutation, 184
Tschernobyl, 122

U

Uran
    abgereichertes Uran, 151
    angereichertes Uran, 65, 150
    hochangereichertes Uran, 76,
        196, 203
    niedrigangereichertes Uran, 196
Urananreicherung, 33, 67, 150, 196
Uranbedarf, 145
Uranhexafluorid, 150
Urantrennarbeit, 151
Uranvorkommen, 146

W

Wackersdorf, 15
Wasserstoff, 117
Wasserstoffexplosionen, 131
Wasserstoffrekombinatoren, 117
Wettrüsten, 3
Wiederaufarbeitung, 8, 86, 167, 205
Wirtschaftlichkeit, 213
Wirtsgestein, 173
Würgassen-Urteil, 10
Wyhl, 11

Y

Yellow cake, 148
Yucca Mountain, 183

Z

Zwischenlagerung, 171